页岩气开发地面工程

“十三五”国家重点图书

中国能源新战略——页岩气出版工程

编著：陈晓勤　李金洋

華東理工大學出版社
EAST CHINA UNIVERSITY OF SCIENCE AND TECHNOLOGY PRESS
·上海·

图书在版编目（CIP）数据

页岩气开发地面工程/陈晓勤，李金洋编著. —上海：华东理工大学出版社，2016.9

（中国能源新战略：页岩气出版工程）

ISBN 978-7-5628-4469-3

Ⅰ.①页… Ⅱ.①陈… ②李… Ⅲ.①油页岩-油田开发-地面工程 Ⅳ.①P618.130.8

中国版本图书馆CIP数据核字（2015）第284614号

内容提要

全书共分十一章，第1章为绪论，简要概述了国内外页岩气资源开发现状及远景规划，并介绍了页岩气地面工程建设的基本内容；第2章是页岩气地面建设技术现状、发展趋势及风险；第3章是页岩气地面布站及地面集输；第4章为页岩气地面集输管网；第5章是页岩气净化；第6章是页岩气凝液的回收；第7章为页岩气田增压；第8章是压裂返排液地面处理及再利用；第9章为页岩气田自动控制；第10章为页岩气地面工程SHE；第11章为页岩气地面工程建设投资明细。

本书可作为油气储运专业高年级本科生和研究生的学习参考书，也可供从事页岩气生产和管理，页岩气地面集输、处理以及压裂返排液处理和再利用等的工程技术人员作为工具书阅读和参考。

项目统筹 / 周永斌　马夫娇
责任编辑 / 徐知今
书籍设计 / 刘晓翔工作室
出版发行 / 华东理工大学出版社有限公司
地　址：上海市梅陇路130号，200237
电　话：021-64250306
网　址：www. ecustpress. cn
邮　箱：zongbianban@ecustpress. cn
印　刷 / 上海雅昌艺术印刷有限公司
开　本 / 710mm × 1000mm　1/16
印　张 / 25
字　数 / 398千字
版　次 / 2016年9月第1版
印　次 / 2016年9月第1次
定　价 / 98.00元

《中国能源新战略——页岩气出版工程》

编辑委员会

总序一

能源矿产是人类赖以生存和发展的重要物质基础，攸关国计民生和国家安全。推动能源地质勘探和开发利用方式变革，调整优化能源结构，构建安全、稳定、经济、清洁的现代能源产业体系，对于保障我国经济社会可持续发展具有重要的战略意义。中共十八届五中全会提出，“十三五”发展将围绕“创新、协调、绿色、开放、共享的发展理念”展开，要“推动低碳循环发展，建设清洁低碳、安全高效的现代能源体系”，这为我国能源产业发展指明了方向。

在当前能源生产和消费结构亟须调整的形势下，中国未来的能源需求缺口日益凸显。清洁、高效的能源将是石油产业发展的重点，而页岩气就是中国能源新战略的重要组成部分。页岩气属于非传统（非常规）地质矿产资源，具有明显的致矿地质异常特殊性，也是我国第172种矿产。页岩气成分以甲烷为主，是一种清洁、高效的能源资源和化工原料，主要用于居民燃气、城市供热、发电、汽车燃料等，用途非常广泛。页岩气的规模开采将进一步优化我国能源结构，同时也有望缓解我国油气资源对外依存度较高的被动局面。

页岩气作为国家能源安全的重要组成部分，是一项有望改变我国能源结构、改变我国南方省份缺油少气格局、“绿化”我国环境的重大领域。目前，页岩气的开发利用在世界范围内已经产生了重要影响，在此形势下，由华东理工大学出版社策划的这套页岩气丛书对国内页岩气的发展具有非常重要的意义。该丛书从页岩气地质、地球物理、开发工程、装备与经济技术评价以及政策环境等方面系统阐述了页岩气全产业链理论、方法与技术，并完善了页岩气地质、物探、开发等相关理论，集成了页岩气勘探开发与工程领域相关的先进技术，摸索了中国页岩气勘探开发相关的经济、环境与政策。丛书的出版有助于开拓页岩气产业新领域、探索新技术、寻求新的发展模式，以期对页岩气关键技术的广泛推广、科学技术创新能力的大力提升、学科建设条件的逐渐改进，以及生产实践效果的显著提高等，能产生积极的推动作用，为国家的能源政策制定提供积极的参考和决策依据。

我想，参与本套丛书策划与编写工作的专家、学者们都希望站在国家高度和学术前沿产出时代精品，为页岩气顺利开发与利用营造积极健康的舆论氛围。中国地质大学（北京）是我国最早涉足页岩气领域的学术机构，其中张金川教授是第376次香山科学会议（中国页岩气资源基础及勘探开发基础问题）、页岩气国际学术研讨会等会议的执行主席，他是中国最早开始引进并系统研究我国页岩气的学者，曾任贵州省页岩气勘查与评价和全国页岩气资源评价与有利选区项目技术首席，由他担任丛书主编我认为非常称职，希望该丛书能够成为页岩气出版领域中的标杆。

让我感到欣慰和感激的是，这套丛书的出版得到了国家出版基金的大力支持，我要向参与丛书编写工作的所有同仁和华东理工大学出版社表示感谢，正是有了你们在各自专业领域中的倾情奉献和互相配合，才使得这套高水准的学术专著能够顺利出版问世。

中国科学院院士

2016年5月于北京

总序二

进入21世纪，世情、国情继续发生深刻变化，世界政治经济形势更加复杂严峻，能源发展呈现新的阶段性特征，我国既面临由能源大国向能源强国转变的难得历史机遇，又面临诸多问题和挑战。从国际上看，二氧化碳排放与全球气候变化、国际金融危机与石油天然气价格波动、地缘政治与局部战争等因素对国际能源形势产生了重要影响，世界能源市场更加复杂多变，不稳定性和不确定性进一步增加。从国内看，虽然国民经济仍在持续中高速发展，但是城乡雾霾污染日趋严重，能源供给和消费结构严重不合理，可持续的长期发展战略与现实经济短期的利益冲突相互交织，能源规划与环境保护互相制约，绿色清洁能源亟待开发，页岩气资源开发和利用有待进一步推进。我国页岩气资源与环境的和谐发展面临重大机遇和挑战。

随着社会对清洁能源需求不断扩大，天然气价格不断上涨，人们对页岩气勘探开发技术的认识也在不断加深，从而在国内出现了一股页岩气热潮。为了加快页岩气的开发利用，国家发改委和国家能源局从2009年9月开始，研究制定了鼓励页岩气勘探与开发利用的相关政策。随着科研攻关力度和核心技术突破能力的不断提高，先后发现了以威远-长宁为代表的下古生界海相和以延长为代表的中生界陆相等页岩气田，特别是开发了特大型焦石坝海相页岩气，将我国页岩气工业推送到了一个特殊的历史新阶段。页岩气产业的发展既需要系统的理论认识和配套的方法技术，也需要合理的政策、有效的措施及配套的管理，我国的页岩气技术发展方兴未艾，页岩气资源有待进一步开发。

我很荣幸能在丛书策划之初就加入编委会大家庭，有机会和页岩气领域年轻的学者们共同探讨我国页岩气发展之路。我想，正是有了你们对页岩气理论研究与实践的攻关才有了这套书扎实的科学基础。放眼未来，中国的页岩气发展还有很多政策、科研和开发利用上的困难，但只要大家齐心协力，最终我们必将取得页岩气发展的良好成果，使科技发展的果实惠及千家万户。

这套丛书内容丰富，涉及领域广泛，从产业链角度对页岩气开发与利用的相关理论、技术、政策与环境等方面进行了系统全面、逻辑清晰地阐述，对当今页岩气专业理论、先进技术及管理模式等体系的最新进展进行了全产业链的知识集成。通过对这些内容的全面介绍，可以清晰地透视页岩气技术面貌，把握页岩气的来龙去脉，并展望未来的发展趋势。总之，这套丛书的出版将为我国能源战略提供新的、专业的决策依据与参考，以期推动页岩气产业发展，为我国能源生产与消费改革做出能源人的贡献。

中国页岩气勘探开发地质、地面及工程条件异常复杂，但我想说，打造世纪精品力作是我们的目标，然而在此过程中必定有着多样的困难，但只要我们以专业的科学精神去对待、解决这些问题，最终的美好成果是能够创造出来的，祖国的蓝天白云有我们曾经的努力！

中国工程院院士

2016年5月

总序 三

页岩气属于新型的绿色能源资源，是一种典型的非常规天然气。近年来，页岩气的勘探开发异军突起，已成为全球油气工业中的新亮点，并逐步向全方位的变革演进。我国已将页岩气列为新型能源发展重点，纳入了国家能源发展规划。

页岩气开发的成功与技术成熟，极大地推动了油气工业的技术革命。与其他类型天然气相比，页岩气具有资源分布连片、技术集约程度高、生产周期长等开发特点。页岩气的经济性开发是一个全新的领域，它要求对页岩气地质概念的准确把握、开发工艺技术的恰当应用、开发效果的合理预测与评价。

美国现今比较成熟的页岩气开发技术，是在20世纪80年代初直井泡沫压裂技术的基础上逐步完善而发展起来的，先后经历了从直井到水平井、从泡沫和交联冻胶到清水压裂剂、从简单压裂到重复压裂和同步压裂工艺的演进，页岩气的成功开发拉动了美国页岩气产业的快速发展。这其中，完善的基础设施、专业的技术服务、有效的监管体系为页岩气开发提供了重要的支持和保障作用，批量化生产的低成本开发技术是页岩气开发成功的关键。

我国页岩气的资源背景、工程条件、矿权模式、运行机制及市场环境等明显有别于美国，页岩气开发与发展任重道远。我国页岩气资源丰富、类型多样，但开发地质条件复杂，开发理论与技术相对滞后，加之开发区水资源有限、管网稀疏、人口稠密等不利因素，导致中国的页岩气发展不能完全照搬照抄美国的经验、技术、政策及法规，必须探索出一条适合于我国自身特色的页岩气开发技术与发展道路。

华东理工大学出版社策划出版的这套页岩气产业化系列丛书，首次从页岩气地质、地球物理、开发工程、装备与经济技术评价以及政策环境等方面对页岩气相关的理论、方法、技术及原则进行了系统阐述，集成了页岩气勘探开发理论与工程利用相关领域先进的技术系列，完成了页岩气全产业链的系统化理论构建，摸索出了与中国页岩气工业开发利用相关的经济模式以及环境与政策，探讨了中国自己的页岩气发展道路，为中国的页岩气发展指明了方向，是中国页岩气工作者不可多得的工作指南，是相关企业管理层制定页岩气投资决策的依据，也是政府部门制定相关法律法规的重要参考。

我非常荣幸能够成为这套丛书的编委会顾问成员，很高兴为丛书作序。我对华东理工大学出版社的独特创意、精美策划及辛苦工作感到由衷的赞赏和钦佩，对以张金川教授为代表的丛书主编和作者们良好的组织、辛苦的耕耘、无私的奉献表示非常赞赏，对全体工作者的辛勤劳动充满由衷的敬意。

这套丛书的问世，将会对我国的页岩气产业产生重要影响，我愿意向广大读者推荐这套丛书。

中国工程院院士

胡文瑞

2016年5月

总序 四

绿色低碳是中国能源发展的新战略之一。作为一种重要的清洁能源，天然气在中国一次能源消费中的比重到2020年时将提高到10%以上，页岩气的高效开发是实现这一战略目标的一种重要途径。

页岩气革命发生在美国，并在世界范围内引起了能源大变局和新一轮油价下降。在经过了漫长的偶遇发现（1821—1975年）和艰难探索（1976—2005年）之后，美国的页岩气于2006年进入快速发展期。2005年，美国的页岩气产量还只有1134亿立方米，仅占美国当年天然气总产量的4.8%；而到了2015年，页岩气在美国天然气年总产量中已接近半壁江山，产量增至4291亿立方米，年占比达到了46.1%。即使在目前气价持续走低的大背景下，美国页岩气产量仍基本保持稳定。美国页岩气产业的大发展，使美国逐步实现了天然气自给自足，并有向天然气出口国转变的趋势。2015年美国天然气净进口量在总消费量中的占比已降至9.25%，促进了美国经济的复苏、GDP的增长和政府收入的增加，提振了美国传统制造业并吸引其回归美国本土。更重要的是，美国页岩气引发了一场世界能源供给革命，促进了世界其他国家页岩气产业的发展。

中国含气页岩层系多，资源分布广。其中，陆相页岩发育于中、新生界，在中国六大含油气盆地均有分布；海陆过渡相页岩发育于上古生界和中生界，在中国华北、南方和西北广泛分布；海相页岩以下古生界为主，主要分布于扬子和塔里木盆地。中国页岩气勘探开发起步虽晚，但发展速度很快，已成为继美国和加拿大之后世界上第三个实现页岩气商业化开发的国家。这一切都要归功于政府的大力支持、学界的积极参与及业界的坚定信念与投入。经过全面细致的选区优化评价（2005—2009年）和钻探评价（2010—2012年），中国很快实现了涪陵（中国石化）和威远-长宁（中国石油）页岩气突破。2012年，中国石化成功地在涪陵地区发现了中国第一个大型海相气田。此后，涪陵页岩气勘探和产能建设快速推进，目前已提交探明地质储量3805.98亿立方米，页岩气日产量（截至2016年6月）也达到了1387万立方米。故大力发展页岩气，不仅有助于实现清洁低碳的能源发展战略，还有助于促进中国的经济发展。

然而，中国页岩气开发也面临着地下地质条件复杂、地表自然条件恶劣、管网等基础设施不完善、开发成本较高等诸多挑战。页岩气开发是一项系统工程，既要有丰富的地质理论为页岩气勘探提供指导，又要有先进配套的工程技术为页岩气开发提供支撑，还要有完善的监管政策为页岩气产业的健康发展提供保障。为了更好地发展中国的页岩气产业，亟须从页岩气地质理论、地球物理勘探技术、工程技术和装备、政策法规及环境保护等诸多方面开展系统的研究和总结，该套页岩气丛书的出版将填补这项空白。

该丛书涉及整个页岩气产业链，介绍了中国页岩气产业的发展现状，分析了未来的发展潜力，集成了勘探开发相关技术，总结了管理模式的创新。相信该套丛书的出版将会为我国页岩气产业链的快速成熟和健康发展带来积极的推动作用。

中国科学院院士

2016年5月

丛书前言

社会经济的不断增长提高了对能源需求的依赖程度，城市人口的增加提高了对清洁能源的需求，全球资源产业链重心后移导致了能源类型需求的转移，不合理的能源资源结构对环境和气候产生了严重的影响。页岩气是一种特殊的非常规天然气资源，她延伸了传统的油气地质与成藏理论，新的理念与逻辑改变了我们对油气赋存地质条件和富集规律的认识。页岩气的到来冲击了传统的油气地质理论、开发工艺技术以及环境与政策相关法规，将我国传统的“东中西”油气分布格局转置于“南中北”背景之下，提供了我国油气能源供给与消费结构改变的理论与物质基础。美国的页岩气革命、加拿大的页岩气开发、我国的页岩气突破，促进了全球能源结构的调整和改变，影响着世界能源生产与消费格局的深刻变化。

第一次看到页岩气（Shale gas）这个词还是在我的博士生时代，是我在图书馆研究深盆气（Deep basin gas）外文文献时的“意外”收获。但从那时起，我就注意上了页岩气，并逐渐为之痴迷。亲身经历了页岩气在中国的启动，充分体会到了页岩气产业发展的迅速，从开始只有为数不多的几个人进行页岩气研究，到现在我们已经有非常多优秀年轻人的拼搏努力，他们分布在页岩气产业链的各个角落并默默地做着他们认为有可能改变中国能源结构的事。

广袤的长江以南地区曾是我国老一辈地质工作者花费了数十年时间进行油

气勘探而"久攻不破"的难点地区，短短几年的页岩气勘探和实践已经使该地区呈现出了"星星之火可以燎原"之势。在油气探矿权空白区，渝页1、岑页1、酉科1、常页1、水页1、柳页1、秭地1、安页1、港地1等一批不同地区、不同层系的探井获得了良好的页岩气发现，特别是在探矿权区域内大型优质页岩气田（彭水、长宁-威远、焦石坝等）的成功开发，极大地提振了油气勘探与发现的勇气和决心。在长江以北，目前也已经在长期存在争议的地区有越来越多的探井揭示了新的含气层系，柳坪177、牟页1、鄂页1、尉参1、正西页1等探井不断有新的发现和突破，形成了以延长、中牟、温县等为代表的陆相页岩气示范区和海陆过渡相页岩气试验区，打破了油气勘探发现和认识格局。中国近几年的页岩气勘探成就，使我们能够在几十年都不曾有油气发现的区域内再放希望之光，在许多勘探失利或原来不曾预期的地方点燃了燎原之火，在更广阔的地区重新拾起了油气发现的信心，在许多新的领域内带来了原来不曾预期的希望，在许多层系获得了原来不曾想象的意外惊喜，极大地拓展了油气勘探与发现的空间和视野。更重要的是，页岩气理论与技术的发展促进了油气物探技术的进一步完善和成熟，改进了油气开发生产工艺技术，启动了能源经济技术新的环境与政策思考，整体推高了油气工业的技术能力和水平，催生了页岩气产业链的快速发展。

该套页岩气丛书响应了国家《能源发展"十二五"规划》中关于大力开发非常规能源与调整能源消费结构的愿景，及时高效地回应了《大气污染防治行动计划》中对于清洁能源供应的急切需求以及《页岩气发展规划（2011—2015年）》的精神内涵与宏观战略要求，根据《国家应对气候变化规划（2014—2020）》和《能源发展战略行动计划（2014—2020）》的建议意见，充分考虑我国当前油气短缺的能源现状，以面向"十三五"能源健康发展为目标，对页岩气地质、物探、工程、政策等方面进行了系统讨论，试图突出新领域、新理论、新技术、新方法，为解决页岩气领域中所面临的新问题提供参考依据，对页岩气产业链相关理论与技术提供系统参考和基础。

承担国家出版基金项目《中国能源新战略——页岩气出版工程》（入选《"十三五"国家重点图书、音像、电子出版物出版规划》）的组织编写重任，心中不免惶恐，因为这是我第一次做份量如此之重的学术出版。当然，也是我第一次有机会系统地来梳理这些年我们团队所走过的页岩气之路。丛书的出版离不开广大作者的辛勤付出，他们以实际行动表达了对本职工作的热爱、对页岩气产业的追求以及对国家能源行业发展的希冀。特别是，丛书顾问在立意、构架、设计及编撰、出版等环节中也给予了精心指导和大力支持。正是有了众多同行专家的无私帮助和热情鼓励，我们的作者团队才义无反顾地接受了这一充满挑战的历史性艰巨任务。

该套丛书的作者们长期耕耘在教学、科研和生产第一线，他们未雨绸缪、身体力行、不断探索前进，将美国页岩气概念和技术成功引进中国；他们大胆创新实践，对全国范围内页岩气展开了有利区优选、潜力评价、趋势展望；他们尝试先行先试，将页岩气地质理论、开发技术、评价方法、实践原则等形成了完整体系；他们奋力摸索前行，以全国页岩气蓝图勾画、页岩气政策改革探讨、页岩气技术规划促产为己任，全面促进了页岩气产业链的健康发展。

我们的出版人非常关注国家的重大科技战略，他们希望能借用其宣传职能，为读者提供一套页岩气知识大餐，为国家的重大决策奉上可供参考的意见。该套丛书的组织工作任务极其烦琐，出版工作任务也非常繁重，但有华东理工大学出版社领导及其编辑、出版团队前瞻性地策划、周密求是地论证、精心细致地安排、无怨地辛苦奉献，积极有力地推动了全书的进展。

感谢我们的团队，一支非常有责任心并且专业的丛书编写与出版团队。

该套丛书共分为页岩气地质理论与勘探评价、页岩气地球物理勘探方法与技术、页岩气开发工程与技术、页岩气技术经济与环境政策等4卷，每卷又包括了按专业顺序而分的若干册，合计20本。丛书对页岩气产业链相关理论、方法及技术等进行了全面系统地梳理、阐述与讨论。同时，还配备出版了中英文版的页岩气原理与技术视频（电子出版物），丰富了页岩气展示内容。通过这套丛书，我们希望能为页岩气科研与生产人员提供一套完整的专业技术知识体系以促进页岩气理论与实践的进一步发展，为页岩气勘探开发理论研究、生产实践以及教学培训等提供参考资料，为进一步突破页岩气勘探开发及利用中的关键技术瓶颈提供支撑，为国家能源政策提供决策参考，为我国页岩气的大规模高质量开发利用提供助推燃料。

国际页岩气市场格局正在成型，我国页岩气产业正在快速发展，页岩气领域中的科技难题和壁垒正在被逐个攻破，页岩气产业发展方兴未艾，正需要以全新的理论为依据、以先进的技术为支撑、以高素质人才为依托，推动我国页岩气产业健康发展。该套丛书的出版将对我国能源结构的调整、生态环境的改善、美丽中国梦的实现产生积极的推动作用，对人才强国、科技兴国和创新驱动战略的实施具有重大的战略意义。

不断探索创新是我们的职责，不断完善提高是我们的追求，“路漫漫其修远兮，吾将上下而求索”，我们将努力打造出页岩气产业领域内最系统、最全面的精品学术著作系列。

丛书主编

张金川

2015年12月于中国地质大学（北京）

前言

美国经过30年的开发，证明了页岩气远景资源在经济上是可行的。以前曾被认为没有价值的页岩，如今正在为美国提供大量的天然气。10年前，从富有机质页岩中进行天然气商业开采并不常见。美国得克萨斯州中部Barnett页岩的成功开采，引发了人们对页岩的全新思考。开采Barnett页岩气的技术被应用到北美那些条件有利于从源岩开采天然气的其他盆地。不久，美国和加拿大许多地区都成功实现了页岩气开采，由此引发了全球对页岩气勘探的兴趣，诸多公司都希望能够复制Barnett页岩的成功。

美国过去10年的发展已经证明，开始于Barnett页岩的一场革命没有就此停止。随着技术的进步，页岩气革命将成为全球努力的方向。

我国对页岩气的开发还处于起步阶段，虽然目前在西南地区页岩气勘探取得重大突破，但距北美页岩气的成功开发还有相当大的差距。而页岩气地面工程是页岩气开发不可缺少的重要生产过程之一，页岩气地面建设的技术水平，如页岩气地面集输及处理、水力压裂返排液地面处理技术等，工程质量和建设投资额，生产运行费用以及生产中安全和环境保护措施的有效性等直接影响到具体页岩气气田开发的可行性。

全书分为11章，全面介绍了页岩气的概念，页岩气和常规天然气的差异，国内外页岩气地面开发现状、前景及技术挑战。全书围绕页岩气的地面集输、处理和水力压裂返排液处理再利用而开展，可供从事页岩气生产和管理、页岩气地面集输、处理、压裂返排液处理再利用等工程技术人员阅读和参考。希望通过本书能给工程技术人员一个关于页岩气地面工程的总体概念和技术路线。

本书由陈晓勤和李金洋共同编写，陈晓勤负责统稿。

在本书的编写中，得到了中石油勘探院国际项目评价研究所领导和同事的帮助和支持，特别是得到了王建君所长和齐梅副所长的大力支持，工程技术室易成高主任、陈荣、白建辉、夏海波、史洺宇在资料筛选和编写过程中提供了大量的帮助，在此一并表示感谢。编者参考了大量有关页岩气的公开资料和文献，但由于目前国内还没有这方面的详细资料和专著，在编写中，主要根据编者参与的美国页岩气项目的实际运行情况，同时参考天然气地面集输和处理、油气田污水处理技术专著等。

限于编者水平有限，虽尽全力，书中难免存在不足之处，恳请读者批评指正。

目录

页岩气
开发
地面工程

第 1 章

绪论

1.1 引言

1.1.1 页岩气概念

页岩气是聚集于有机质富集的暗色泥页岩或高碳泥页岩（包括黏土及致密砂岩）中、以热解气或生物甲烷气为主、以游离气形式赋存于孔隙和裂缝中，或者以吸附气形式聚集于有机质或黏土中、连续的自主自储的非常规油气资源。一般由自由气、吸附气和溶解气三部分构成，吸附的天然气含量为20% ～ 85%。页岩气的形成和富集有着自身独特的特点，往往分布在盆地内厚度较大、分布广的页岩烃源岩地层中。与常规天然气相比，页岩气需采用非常规方式开采，其开发具有开采寿命长和生产周期长的优点，大部分产气页岩分布范围广、厚度大，且普遍含气，这使得页岩气井能够长期地以稳定的速率产气。

常规天然气通常以游离态和溶解态赋存于常规储层中，采用常规开采方式开采。

1.1.2 页岩气与常规天然气开发的差异

1. 页岩气组分

从化学组分来看，页岩气是典型的由甲烷组成的干气（甲烷占90%以上），但是也有一些地层产湿气。各地区页岩气组分不同，一般通过其中的甲烷、乙烷及丙烷的相对含量来区别生物气、热解气，因为在微生物作用下泥页岩主要生成以标志物甲烷为主的碳氢化合物。

从目前美国页岩气的开发和国内页岩气的研究和试采来看，页岩气没有发现含H_2S或SO_2组分，但含有微量CO_2，重烃含量甚微，所以页岩气只需进行气水分离即可，在井口需增设气液分离设施。地面成本相对较低。

表1-1、表1-2和表1-3分别是美国福特沃斯（Fort Worth）盆地、新奥尔巴尼

(New Albany)盆地及密歇根盆地的Antrim页岩气组分样品(数据来自美国能源信息署已发表研究资料)。

表1-1 福特沃斯(Fort Worth)盆地生产井页岩气组分

井号	地层	油气区	CH_4/%	C_2H_5/%	C_3H_8/%	N_2/%	CO_2/%	O_2/Ar/%	H_2S/%	δ 13C_1/‰	δ 13C_2/‰
Gaswell 1	Barnett	纽瓦克东	77.82	11.34	4.96	1.39	0.31	0.2	无	~47.59	~32.71
Cole Trust C 1	Barnett	纽瓦克东	93.05	2.56	0.02	0.98	2.68	0.15	无	~41.13	~32.7
Jerry North 1	Barnett	纽瓦克东	77.02	7.77	2.2	7.56	1.35	1.97	无	~44.18	~29.52
Peterson 1	Barnett	纽瓦克东	90.9	4.4	0.42	1.05	2.25	0.21	无	~41.82	~29.63

美国福特沃斯(Fort Worth)盆地页岩气以甲烷为主,所占比例为52%~93%;氮气、二氧化碳等非烃类气体含量小于7%。

表1-2 新奥尔巴尼(New Albany Basin)盆地米德郡页岩气样品组分

样品号	深度/m	CH_4/%	C_2H_5/%	C_3H_8/%	CO_2/%	δ 13C_1/‰	δ 13C_2/‰	δ 13C_{co_2}/‰
1	286	92.42	0.97	0.65	5.55			
2	286	90.22	0.96	0.65	7.35	~50.3	~42.8	11.3
3	287	86.29	1.69	2.47	7.96	~48.4	~43.7	10
4	289	55	6.23	11.98	5.01			
5	291	86.38	0.82	0.83	10.23	~50.8	~41.8	2.6
6	292	53.32	5.43	10.6	8.01			
7	296	31.23	16.12	14.32				
9	299	43.05	20.23	17.25				
10	306	43.05	16.02	12.68	5.99			
11	308	54.22	18.52	12.91	8.01	~52.3	~45.8	9.7

表1-3 密歇根盆地的Antrim页岩气组分

地区	样品号	CH_4,/%	C_2H_5/%	C_3H_8/%	N_2/%	CO_2/%	$\delta 13C_1$/‰
北部	1	77.34	3.96	0.92	14.33	3.27	～54.2
	2	90.81	1.4	0.3	5.32	2.09	～55
	3	86.46	0.15	0.05	7.58	5.76	～54.1
	4	79.6	0.01	0.01		0.01	～57.4
南部	1	66.3	6.46	2.63		0.04	～54
	2	64.99	11.92	4.9	12.87	0.17	
	3	71.46	8.8	3.49	0.51	0.12	

2. 常规天然气组分

常规天然气绝大多数是由气体化合物与气体元素组成的混合体，特殊情况下，才由单一气体组分组成。天然气常见的气体化合物和元素有：烃类气体（$C_{1\sim4}$）、二氧化碳、氮、硫化氢、汞蒸气、氢、氧、一氧化碳、二氧化硫和稀有气体（氦、氖、氩、氪、氙）。

根据中国20世纪70年代出版的《天然气工程手册》，将天然气划分为干气和湿气（按C_5含量界定）；贫气和富气（按C_3含量界定）；酸性天然气和清洁气（按CO_2和硫化物含量界定）。

干气（dry gas）：指在1 m^3（S）（CHN）（325 kPa、20℃下计量的气体体积，中国气体计量采用的标准，又称基方）井口流出物中，C_5以上烃液含量低于13.5 cm^3的天然气。

湿气（wet gas）：指在1 m^3（S）井口流出物中，C_5以上烃液含量高于13.5 cm^3的天然气。

贫气（lean gas）：指在1 m^3（S）井口流出物中，C_3以上烃类液体含量低于94 cm^3的天然气。

富气（rich gas）：指在1 m^3（S）井口流出物中，C_3以上烃类液体含量高于94 cm^3的天然气。

酸性天然气（acid gas）是指含有显著量的硫化物和CO_2等酸气，这类气体必须经处理后才能达到管输标准或商品气气质指标的天然气。

清洁气（sweet gas）是指硫化物含量甚微或根本不含的气体，它不需净化就可外输和利用。

为达到管输的目的,常规天然气一般要进行脱重烃和脱硫处理,这部分在天然气地面成本中占到相当大的比例。

通常在实际中我们也把含游离水的天然气称为湿天然气。

3. 页岩气和常规天然气的差异

1）开发方式的差异

由于页岩气的赋存方式,要实现有效开发需采用水力压裂方式,其结果是大排量设备、大水量、砂和多种化学添加剂,给地面建设带来大机组、大场地、大水源、大污染的问题。

常规天然气采用一般压裂方式,开发对地面要求不高。

2）地面工程建设的差异

（1）页岩气

页岩气的开发给钻完井、压裂、地面集输和处理带来了严峻的挑战。由于国内页岩气气藏分布的位置交通等基础设施薄弱，几乎没有天然气处理系统和天然气外输管网,因此需要大量的基础设施投资,以实现钻机、压裂设备、地面设施等的快速转移。如果页岩气田附近没有充足的基础设施,开发初期投资会很大。

另外由于气藏开发初期产量很高，后期产量会急剧下降，气井的各种干扰效应难以预测,并且页岩气组成比较特殊,因此,与气藏相关联的页岩气输送、压缩、计量、干燥、脱水、汇集和处理系统都需要精心设计，目前还没有规范和标准。这些系统可能会有20～80年的使用寿命。为了实现其最大的现金流，系统必须具有很强的适用性，采用最好的现代控制技术进行模块化统一设计。页岩气气藏的开发不同于常规气藏的开发,其经济风险更大。由于页岩气气藏在开发初期产量很高,而后急剧下降，因此通过设备的流量变化很大，尤其在钻井工作暂停的区域更为严重。为使设备效率达到最高,必须采用模块化设计。在页岩气田开发中,则要通过采用大量小型设备组或列来提高调节效率。页岩气地面开发设计中的经验法则是：单个设备列的额定值为设备总设计值的$\frac{1}{7}\sim\frac{1}{5}$，装置中的固定配件及其设计，应该能够保证在装置中有序地添加或拆除设备。在设计过程中，尽量做到以下几点才可能达到上述要求：井口系统和管架的尺寸合适、阀门安装得体、有足够的空间移动设备、输电线和接线盒以及新增设备调节标记。

页岩气在脱水方面和常规天然气没有分别，没有脱硫系统。

页岩气要采用水力压裂开发就需要在地面增加供水系统、压裂返排液处理及再利用系统。占地面积大，水资源紧张等急需研究和解决，目前这部分的技术也是世界性的难点技术。

（2）常规天然气

常规天然气气田一般紧靠其他油气产区，拥有现成的基础油气设施，交通便利，可以实现气田建设各种设备和设施的快速转移。如果气田附近有充足的基础设施，开发初期投资会减少很多。另外国内天然气地面集输和处理技术已相当成熟，天然气产区已建相关基础设施和天然气输气管网，与气藏相关联的天然气输送、压缩、计量、干燥、脱水、脱硫、汇集和处理系统的设计都有严格规范和标准。常规气田开发过程中，通过扩大设备和装置的规模来获取规模经济效益。

3）投资组成的差异

（1）页岩气

页岩气气藏的勘探开发投资由四部分组成：勘探部分+钻完井部分+水力压裂部分+地面部分，对于水平井而言，其钻完井部分的费用和水力压裂的部分费用相当，和常规天然气相比地面部分除页岩气地面集输、处理和压缩外输外还需增加压裂供水设施、压裂返排液的处理及再利用设施及费用。北美地区页岩气开发中由于技术进步和市场竞争，钻井与储层改造费用逐年下降。目前开发成熟区的1亿立方米产能建设投资约折合人民币（2.5 ～ 3）亿元，Barnett页岩气开发单井费用为（250 ～ 350）万美元，储层改造和钻井费用基本相当，两者占总成本的80%以上。

（2）常规天然气

常规天然气气藏的勘探开发投资由三部分组成：勘探部分+钻完井部分+地面部分，部分气田气井需采用常规压裂，地面部分没有压裂供水和压裂返排液的处理及再利用费用，但天然气净化处理有时会有脱硫处理及硫黄回收部分的费用。

4）对气田周围环境污染的差异

（1）页岩气

页岩气要高效开发，采用水平井及水力压裂技术，需要钻很多井，大批量钻完井会破坏地表植被；排放物、产出气会污染空气；压裂液会污染水层；水力压裂用水会威胁到饮用水；水力压裂会引发地震等。

（2）常规天然气

常规天然气在不发生事故的情况下，气田产出物采用密闭流程地面集输和处理，除气田排放物、产出气会污染空气外其开发对周围环境造成污染和危害很小。

1.2 国外页岩气资源开发现状及远景规划

1.2.1 国外页岩气开发现状

1. 美国页岩气开发现状

美国是世界上最早进行页岩气资源勘探开发的国家，开采历史可以追溯到1821年。但是，页岩致密低渗的特点导致页岩气开采难度大、成本高，在21世纪以前，页岩气大规模开发并不具有经济上的可行性。随着水平井技术和水力压裂技术的成熟，开采成本大幅下降，页岩气的商业化开发具备了可行性。美国从20世纪中叶开始进行页岩气开采活动，直到最近10年，页岩气才随着技术进步开始具备商业开发可行性。随着页岩气产量的提高，美国天然气产量在2009年和2010年超过俄罗斯，成为世界最大的天然气生产国。美国是目前全世界页岩气开发最早、最成功的国家。由于储量丰富、开发技术先进，美国的页岩油气资源开发已渐成规模，2000—2010年间，美国页岩气干气产量由110亿立方米提高至1 378亿立方米；美国的天然气消费中页岩气的比例也从2000年的1%跃升到目前的30%。2012年其页岩气产量达到2 600亿立方米，占美国天然气总产量的38%。

近年来美国页岩气勘探开发的发展速度惊人。2004年，美国页岩气井仅有2 900口，2005年不超过3 400口，2007年暴增至41 726口，到2009年，页岩气生产井数达到了98 590口。而且，这种增长势头还在继续保持，2011年仅新建页岩油气井数就达到了10 173口。

美国页岩气资源量为(4.2～5.26)$\times 10^5$亿立方米，但目前商业开采主要集中在5个盆地，即密歇根盆地的Antrim页岩、阿巴拉契亚盆地的Ohio页岩、福特沃斯盆地的Barnett页岩、伊利诺伊盆地的New Albany页岩和圣胡安盆地的Lewis页岩。已建成5大页岩气盆地的地面设施：页岩气地面集输管网、页岩气处理设施、水力压裂返排液处理及综合利用设施、页岩气增压和外输管网，完善的天然气管网设施支持了页岩气的输配需求。发达的天然气管网设施使页岩气应用简单快捷。截至2008年底，美国本土48个州管线长度达49×10^4千米，其中，州际管道34.9×10^4千米，州内管道14.1万千米。从1998—2011年实际建设里程和预测来看，管网年增幅度在2%，管道敷设密度将进一步提高。依托发达的天然气输送通道，油气生产商几乎可以为48个州的任何地区输送天然气。另外，值得注意的是，许多页岩气的开发紧邻常规油气田，可以方便地借用现成的天然气基础管网设施，将页岩气直接进入管网进行销售与应用。

美国目前已建成：210多条天然气管道，总长49×10^4千米，天然气管道覆盖每一个主要市场和页岩气区；1 400多个天然气压缩站；400多个天然气储集库；11 000多个天然气管道终端交付点；24个天然气市场中心。

2. 加拿大页岩气开发现状

加拿大是继美国之后第二个实现页岩气商业化开采的国家，2010年的产量已达到134亿立方米。加拿大页岩气开发还处于初级阶段，尚未进行大规模的商业性开采。按照CSUG主席Michael Dawson在2009年9月一次报告的观点，加拿大的页岩气区带中只有Montney达到了他所称的商业开发阶段，霍恩河盆地则部分处于先导生产试验阶段，部分还处于先导钻探阶段；魁北克低地、新不伦瑞克省以及新斯科舍省的页岩气还处于其所称的早期评价阶段。

3. 其他国家

目前全球已有三十多个国家展开页岩气的勘探开发工作，但是北美以外国家的页岩气开发总体上仍处于初级阶段。

欧洲页岩气主要集中在英国的威尔德盆地、波兰的波罗的盆地、德国的下萨克森盆地、匈牙利的Mako峡谷、法国的东巴黎盆地、奥地利的维也纳盆地以及瑞典的寒武系明矾盆地等。其中，英国和波兰是欧洲页岩气开发前景最好的国家。近年来，欧洲启动了多项页岩气勘探开发项目。2010年，欧洲又启动了9个页岩气勘探开发项目，其中5个在波兰，波兰的马尔科沃利亚1号井1 620米深处已出现页岩气初始气流。

1.2.2 国外页岩气开发远景规划

美国：随着技术的进步及探明储量的持续增加，未来页岩气开采将进入暴发式增长期，带动美国的天然气生产进入“黄金时代”。根据EIA的测算，到2035年，美国页岩气产量预计将增至3 885亿立方米，占天然气总产量的49%。而国际能源署的测算则更为乐观，其认为至2035年美国非常规天然气（主要是页岩气）的产量有望达到6 700亿立方米，将占美国天然气总产量的2/3。总体来看，未来美国页岩气产量的快速上升将有效抵补其他种类天然气逐步下降的开采量，并满足天然气需求的持续增加，不断降低美国天然气进口需求，预计美国将在2021年成为天然气净出口国。

加拿大：位于魁北克的Utica将投入开发，预计到2020年，页岩气产量达到310亿立方米；到2030年，页岩气产量达到900亿立方米。

未来10年，页岩气的产量仍将大致仅限于北美地区，此后，各个大陆将普遍建立页岩气和非常规油气生产基地，而且会逐步成为全球碳氢化合物生产不可或缺的一部分。

欧洲（除俄罗斯以外）页岩气技术可采资源量相对较低，但分布广泛，主要集中在波兰、法国、挪威、乌克兰和瑞典等国。波兰的页岩气可采资源量为欧洲之最，预计未来10 ～ 15年波兰每年可提供200 ～ 300亿立方米天然气。此外，德国、英国、西班牙等国也已开始开展页岩气研究和试探性开发，部分企业已着手商业性勘探开发。但在法国，由于担心页岩气的开采会对水资源管理带来较大负面影响，已暂时停止相关开采活动。总体来看，由于欧洲缺少大型石油服务行业，人口稠密，政治限制多，且存在更严格的环保要求，因此欧洲距离实现页岩气大规模商业开发仍为时尚早。

综合来看，除了美国之外，未来页岩气可能在两类国家得到更快推广。一类国家包括波兰、土耳其、乌克兰、南非、摩洛哥和智利等。这些国家天然气消费高度依赖进口，已有部分天然气生产设施，且页岩气资源量相对其消费量十分丰富。另一类国家是页岩气资源量超过6×10^4亿立方米的国家，包括中国、加拿大、墨西哥、澳大利亚、利比亚、阿尔及利亚、阿根廷和巴西等。页岩气开发将成为这些国家天然气工业的重要组成部分。

1.3 国内页岩气资源开发现状及远景规划

1.3.1 国内页岩气开发现状

1.3.1.1 总体开发现状

据国土资源部初步估算，我国页岩气资源潜力为（2.5 ～ 3.5）$\times10^5$亿立方米。根据美国能源信息署的评估结果，我国页岩气的地质资源量为1×10^6亿立方米，可采资源量3.6×10^5亿立方米。近几年来，我国加大了页岩气开发的力度。

由于页岩气开发具有高技术、高投入、高风险的三高特点，我国目前还没有形成从钻井、完井、压裂、生产到地面集输的一体化程序，目前的开发还处于起步和示范阶段。

2012年9月24日，全国首个页岩油气产能建设项目——中石化梁平页岩油气勘探开发及产能建设示范区8个钻井平台全面开钻。

中石油已建成两个国家级页岩气开采示范区：四川长宁—威远和云南昭通国家级页岩气示范区，累计投资超过40亿元。其中，长宁201水平井获得高产，成为我国第一口具有商业价值的页岩气水平井。目前，四川长宁—威远示范区已完钻16口井，完成压裂试气12口井，直井日产量0.2 ～ 3.3万立方米，水平井日产量1 ～ 16万立方米；云南昭通示范区完钻7口井，完成压裂试气2口井，直井日产0.25万立方米，水平井日产1.5 ～ 3.6万立方米。

中石化则在四川盆地陆相勘探、四川盆地海相以及东部断陷盆地古近系取得突破，累计完成投资23亿元。目前已实施二维地震4 505千米，实施页岩气钻井26口（水平井17口），完钻23口（水平井15口）。

目前我国有长宁—威远、昭通、富顺—永川、延长、渝东南、涪陵等页岩气开发示范区。截至2012年3月22日，中国石油西南油气田公司威远页岩气示范区已产气580万立方米，其中440万立方米实现了商用。如今，中国石油西南油气田公司长宁页岩气示范区也开始供气。

据公开数据显示，2012年我国页岩气产量达到0.5亿立方米，通过天然气管网销售页岩气1 500万立方米，累计销售3 000万立方米。已施工页岩气水平井中，中石油在四川长宁201水平井获得高产，成为我国第一口具有商业价值的页岩气水平井；中石化在重庆涪陵的水平井获得20万立方米高产量，稳定产量在11万立方米。

1.3.1.2 中石化涪陵焦石坝区块页岩气试采评价

1. 项目勘探开发概况

根据现有地质资料和产能评价，涪陵页岩气田资源量为2.1×10^4亿立方米，是中国首个大型页岩气田。

涪陵焦石坝区块五峰组-龙马溪组一段2012年钻第1口页岩气探井——焦页1HF井，测试日产量20.3万立方米，取得页岩气勘探的突破。

2013年9月，国家能源局正式批准设立涪陵国家级页岩气示范区；11月，中石化启动示范区建设。

2013年开始试采，共部署开发水平井17口，当年累计产页岩气1.43亿立方米，销售商品气1.34亿立方米，建成产能6亿立方米地面设施。

到2014年2月共计投入试采井18口，日产页岩气达到220万立方米。

到2014年9月10日累计产页岩气8.335亿立方米。

2. 地面条件

1）地表地貌

涪陵地区地处四川盆地和盆边山地过渡地带，境内地势以低山、丘陵为主，横跨长江南北、纵贯乌江东西两岸。地势大致东南高而西北低，西北-东南断面呈向中部长江河谷倾斜的对称马鞍状。涪陵地区海拔最高1 977 m，最低138 m，多为200 ～ 800 m。涪陵焦石坝区块工区总体丘陵、山地、具有北东高、南西低特点，海拔最高851m，最低200 m，多为400 ～ 700 m。

2）交通条件

涪陵地区交通较为方便，公路通车里程达到4 346 km，其中高速公路21 km，涪陵城区可通过国道及高速公路西至重庆、成都，东达万州、宜昌、武汉以及上海，距重庆江北国际机场80 km；涪陵位于乌江与长江汇合处，历来是川东南水上交通枢纽和乌江流域最大的物资集散地，区内港口23个。

页岩气田位于重庆市涪陵焦石镇、白涛镇境内，气田周边北有S05省道经焦石镇与外部相连，南有G319国道过白涛镇与外部相通，东有X182县级公路与气田伴行，气田内部也有众多可利用的乡村道路，交通便利。

3）水源条件

涪陵地区境内的溪河属长江水系。长江自西向东横贯涪陵市境北部，略成“W”形，乌江由南向北于涪陵城东汇入长江，略成“S”形，两江支流众多。按河道汇流关系分：直接汇入长江的一级支流有35条（含乌江），直接汇入乌江的一级支流有10条。其中流域面积大于100平方公里的河流有乌江、梨香溪、小溪、渠溪河等12条。境内河流大多为雨源补给型，径流因季风降水而比较丰富，多夏洪秋汛，暴涨暴落，水位变化大。

涪陵地区属于典型的喀斯特地貌，溶洞发育丰富，焦石镇周边地区水源条件好。

（1）水库

岩缝沟水库库容15万立方米。该水库距离焦页1HF井3.8 km。

金钗堰水库位于涪陵区清溪镇，最大库容548万立方米，目前库容水量为200万立方米。该水库距离焦石镇直线距离为13 km。

（2）河流

麻溪河是涪陵周边最大的一条河流，河流上有3座小型水电站，日流水量约为5万立方米，取水点至焦页1HF井距离约6 km，高度差约500 m。

纸厂水源位于罗云乡境内，在省道S105路边，距离焦石镇6 km。该水源是一股从溶洞流出的长流水，经测算日流量为2 000立方米，利用该水源，需要把水汇集，再抽取。

乌江水量充足，距离焦石镇约25 km，气田开发建产压裂用水均取自乌江，取水点位于涪陵区白涛镇。

4）周围天然气管道情况

涪陵页岩气焦石坝区块周围天然气管输条件良好，主要天然气管道有川气东送管道在梁平分输站分输的川气东输管道、川维支线管道、长南管道以及梓白管道。

3. 气体组分

涪陵焦石坝区块五峰组-龙马溪组一段气体组分以甲烷为主，甲烷含量97.22% ～ 98.41%，平均为98.11%；乙烷含量0.545% ～ 0.801%，平均为0.702%；低含二氧化碳，含量0 ～ 0.374%，平均0.17%；不含硫化氢。具体见表1-4。

表1-4 涪陵焦石坝区块五峰组-龙马溪组一段气藏页岩气分析表

井号	井段/m	页岩气分析											
		相对密度	摩尔分数/%									临界温度/K	临界压力/MPa
			甲烷	重烃			硫化氢	二氧化碳	氮	氦	氢		
				乙烷	丙烷	C3+							
焦页1HF	2 660 ～ 3 653	0.567	97.22	0.55	0.005	0.002	—	0.000	2.197	0.031	—	189.7	4.580
		0.563	98.34	0.68	0.015	0.001	—	0.100	0.840	0.032	—	190.9	4.600
		0.563	98.34	0.66	0.023	0.011	—	0.116	0.812	0.034	—	190.9	4.600
		0.562	98.41	0.68	0.019	0.003	—	0.052	0.797	0.04	—	190.8	4.600
		0.563	98.26	0.68	0.020	0	0	0.180	0.820	0.037	0.003	191.1	4.634
		0.564	98.22	0.68	0.020	0	0	0.220	0.820	0.037	0.003	191.2	4.635
		0.564	98.23	0.69	0.020	0	0	0.200	0.820	0.037	0.006	191.2	4.634
		0.564	98.21	0.68	0.020	0	0	0.220	0.830	0.037	0.002	191.2	4.635
		0.566	98.1	0.59	0.232	0.037	—	0.196	0.816	0.037	0.000	191.4	4.598
焦页1-2HF	2 634.79～4 139	0.565	98.00	0.66	0.055	0.004	0	0.336	0.907	0.035	0.004	191.1	4.600
焦页1-3HF	2 769 ～ 3 772	0.563	98.26	0.73	0.024	0.013	0	0.130	0.806	0.033	—	191.0	4.600
		0.563	98.23	0.71	0.026	0.015	0	0.124	0.861	0.033	—	191.0	4.600
		0.564	98.23	0.72	0.032	0.032	0	0.127	0.819	0.034	—	191.1	4.600
		0.563	98.31	0.75	0.024	0.002	0	0.066	0.842	0.032	—	190.9	4.600
焦页6-2HF	2 814 ～ 4 350	0.566	98.98	0.74	0.024	0.003	0	0.374	0.839	0.035	0.000	191.3	4.600
焦页7-2HF	3 158 ～ 4 065	0.565	98.05	0.71	0.024	0.002	0	0.287	0.879	0.046	0.000	191.1	4.600
焦页8-2HF	2 662 ～ 4 121	0.565	98.01	0.8	0.020	0.001	0	0.244	0.884	0.040	0.000	191.1	4.600
焦页9-2HF	3 882～4 017.26	0.564	98.00	0.75	0.025	0.003	0	0.257	0.841	0.046	0.078	191.0	4.600

4. 测试情况

到2014年6月30日共计投入试采井28口，平均单井日测试产量32.36万立方米，最高日测试产量54.7万立方米，已完成压裂并获得无阻流量10 ～ 156万立方米/天，平均单井无阻流量58.22万立方米/天。

5. 试采评价

经济性是页岩气开发的目的。与页岩气开发的经济性关联度较大的指标有地表与地貌条件、页岩气层的埋深、页岩气藏的丰度、水源条件、交通条件以及管网条件等。

涪陵焦石坝区块地貌地形条件一般，但气田周围水源充足，道路交通较为便利，周围天然气管网通畅，有利于区块开发井网的建设。

针对涪陵气田地层复杂、易井漏、水平段长、页岩易垮等诸多开发难题，项目以国家重大专项为依托，敢为人先，从零起步，展开攻关，初步形成3 500米以浅页岩气开发水平段钻井、压裂技术系列，自主研发了3000型压裂车、桥塞等国产化装备，实现页岩气开发技术和装备全部国产化；积极探索页岩气开采规律，已试气井均获得较高产能，焦页1HF井6万立方米/天已持续生产659天，焦页6-2HF井投产一年已累计产气1.15亿立方米，成为国内首口产量破亿的页岩气井；坚持资源开发与生态保护并重，在保护水源、降低污染、集约用地、减少噪声等方面下功夫，努力建设绿色气田、生态工程，构建了大气田与大巴山的大和谐，走出了一条绿色低碳开发之路。

1.3.1.3 中石油西南油气田分公司蜀南气矿威204井区页岩气脱水站介绍

1. 开发规模

根据《威远区块龙马溪组页岩气开发方案》，威204井区部署钻井平台48个，部署水平井位286口，实施生产井数107口，2015年投产井40口，2015～2020年补充井67口，单井配产8万立方米/天，开采规模达300万立方米/天。

2. 气井测试资料

根据威204井气质组分分析表明，威远区块页岩气中不含硫化气和液态烃，其页岩气气质组分详见表1-5所示。

表1-5 威204井区页岩气组分分析表

组　分	体积分数/%	组　分	体积分数/%
甲烷	97.28	己烷以上	0
乙烷	0.527	氮	0.416

（续表）

组　分	体积分数/%	组　分	体积分数/%
丙烷	0.019	氦	0.024
异丁烷	0	氢	0.021
正丁烷	0	氧+氩	0.004
异戊烷	0	硫化氢	0
正戊烷	0	二氧化碳	1.717

3. 地面总体规划

根据威远区块页岩气开发规划，随着周边井站陆续开钻，后期开发的页岩气通过管线输至威204井区页岩气脱水站进行分离和脱水处理，处理后产品气大部分通过威204井区页岩气集输干线输至徐家冲配气站后进行外输，少部分经过调压后用作站场工艺区燃料气和生活燃料等。

4. 脱水站

脱水站的设计规模为300万立方米/天；工程内容有集气装置1座、脱水装置1座。

1）总工艺流程

从周边井站产出的页岩气通过天然气管道输至威204井区脱水站，原料气经站内集气装置（卧式气液分离器）分离处理，将天然气中的游离水分离，分离处理后的

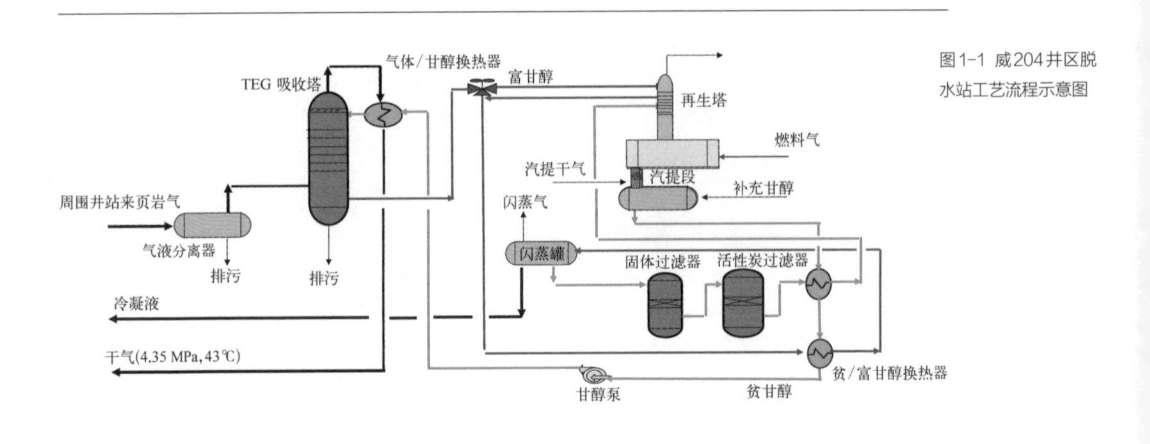

图1-1 威204井区脱水站工艺流程示意图

天然气自下部进入TEG(三甘醇)吸收塔。在塔内湿净化天然气自下而上与自上而下的TEG贫液逆流接触，脱除天然气中的饱和水。脱除水分后的天然气出塔后经产品气分离器分离后，进入调压至4.35 MPa(g)，约43℃条件下出装置，产品气水露点<−5℃(在出站压力条件下)。

2）选择TEG(三甘醇)脱水工艺的原因

(1) 工程投资和操作费用低；

(2) 三甘醇再生的工艺流程及自动控制系统较简单，其再沸器可采用简单的火管加热炉直接加热；

(3) 吸水容量大，三甘醇水溶液容易再生且水溶液蒸汽压低，携带损失量小；

(4) 工艺成熟、可靠，操作、检修容易；

(5) 露点降较大，完全能满足本工程天然气输送的水露点要求；

(6) 三甘醇的物理化学性质较稳定，毒性较小。

3）脱水站产出水处理

气田产出水处理工艺：根据天然气气质报告，威204井区的页岩气含水率很低，因此经卧式分离器分离出的气田水量约为10立方米/天，排入生产污水池后定期由罐车拉运至威寒105井(距离约45 km)回注，不外排。

污水处理指标：即污水回注指标，见表1-6。

表1-6 气田水污水回注指标表

项　目	指　标
悬浮固体含量/(mg/L)	< 25
悬浮物颗粒直径中值/μm	< 10
含油/(mg/L)	< 30
pH	6～9

4）自控控制系统

脱水站过程控制系统(图1-2)采用DCS系统(Distributed Control System)，对威204井脱水站内的工艺装置的过程参数和设备运行状况进行数据采集、监视、实时控制并进行显示、报警、报表打印及运行参数的设定，同时利用站场通信接口，将数据信息上传至各级管理单位。

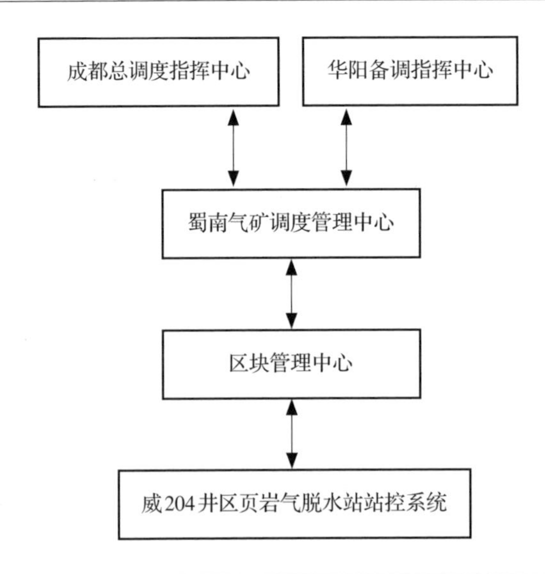

图1-2 威204井区脱水站自动控制流程示意图

1.3.2 国内天然气管网建设现状

国内天然气管道运营仍以中石油、中石化、中海油三大石油公司为主。以长度来计算，三大石油公司拥有的天然气管道长度约占国内天然气干线总长度的97%。目前，国内天然气资源仍然以常规气田为主，非常规油气资源并未实现大规模开采。截至2013年，国内95%的天然气产自三大石油公司，陆地上则以中石油、中石化两大石油巨头为主。目前国内气源主要集中在这几家公司，陆地上天然气管道建设也自然以两大石油公司为主。目前长距离（跨省级）天然气管道的建设和运营还没有放开，且运输的天然气也通常先卖给下游体制内的燃气公司（例如昆仑燃气）或者省级分销公司，然后才进入城市配气管网。因此，为向下游运输天然气，两大石油公司铺设管线，体制内单位承揽建设，在管道的投资及建设两方面形成垄断格局。

2002—2007年，国内天然气管道里程数从1.2万千米提高到3.1万千米，年均增速约17%；2008—2013年，天然气管道里程数从3.1万千米提高到7.8万千米，年均增速约20%。目前国内天然气管道建设处在快速发展期，截至2013年底，我国天然气干线管道总长为7.8万千米，约为美国的16.6%。我国天然气管道、管网建设仍处在初期发展阶段（表1-7）。

从2014年年底开始，我国将进入天然气干线管道集中建设期。目前国内拟建及在建的主要天然气管道干线包括新粤浙、陕京四线、中俄天然气管线和西气东输四线，四条管线总长度约1.6万千米。陕京四线预计2014年10月开始建设；中俄天然气管线预计将在2014年年底前开始建设；新粤浙管线在2015年初开始建设；西气东输四线2014年上半年已经获得路条，在2015年开始建设。其中，中俄天然气管线并不在“十二五”规划当中。因此，中俄天然气管线将在未来4年内使我国每年天然气干线管道长度在原本每年新增8 000千米的基础上额外增加1 000千米。

目前我国天然气管道建设中需要的原材料已经实现全部国产化。以中石油宝鸡钢管厂和中石化沙市钢管厂为代表的国内钢管生产商可以生产满足要求的天然气运输中档质量的管体；国内仪表厂生产的压力及流量仪表已经正常应用在运行的油气管道中；提供天然气运输动力的压缩机目前也可以实现国产化生产，不存在技术壁垒。

表1-7 国内部分天然气管道建设参数表

天然气管道名称	管道总长度/km	管道规格/mm	输送能力/(亿立方米/年)
川渝地区环形管网	7 000		200
西气东输一线	4 200	1 016	120
陕京一线	866		33
陕京二线	966		120
西气东输二线	9 102	1 219	300
川气东输管道	2 800	1 016	120
永唐秦管道	320	1 016	90
横琴岛—澳门天然气管道	12.8	406.4	2
福建LNG外输管道	369		
南堡—唐山天然气管道及宁河支线	51.6	660	25
大庆—齐齐哈尔天然气管道	155.72	406.4	8.2

（续表）

天然气管道名称	管道总长度/km	管道规格/mm	输送能力/(亿立方米/年)
采育—通州天然气管道	41.382	1 016	
应县—张家口天然气管道	283	508	12
长岭—长春—吉化管道	221	711/610	28
榆林—济南天然气管道	1 012	610/711	30
西气东输三线	7 378	1 219	300
西气东输四线	2 454	1 016/1 219	300
中缅天然气管道(境内)	1 874	1 016	100
中俄天然气管道(境内)	3 060	914/1 219	230
江苏LNG及外输管道	265	1 016	120
大连LNG及外输管道	335	711	42
唐山LNG及外输管道	121		120
山东管网	660	1 016	80
东北管网	991	1 016	120
中贵联络线	1 598	1 016	150
中部区域管网	410	914	10
金华—温州管道	258	813	45
香港供气管道	20	914	60
冀宁联络线	900	1 016/711	110
涩宁兰管线	953	660	20
淮武线	475		15
中沧线	362		

1.3.3 国内页岩气开发远景规划

根据国家《页岩气发展规划(2011—2015年)》,"十二五"期间,我国将完成探明页岩气地质储量6 000亿立方米,可采储量2 000亿立方米,实现2015年页岩气产量65亿立方米,2020年力争达到页岩气年开采量为600～1 000亿立方米。如果这一目标得以实现，我国天然气自给率有望提升到60% ～ 70%，并使天然气在我国一次能源消耗中的占比提升至8%左右。这将有助于扭转我国过度依赖煤炭的能源结构，并减少能源对外依存度。

其中，中石油规划：在2013—2015年间，钻水平井122口，投产113口，到2015年完成页岩气商品气产量15亿立方米，日产气量538万立方米；2020年实现页岩气产量200亿立方米，2030年达到500亿立方米。中石油还计划投资3.5亿元，在长宁、昭通区块建成15亿立方米/年的页岩气外输能力，威远区块的页岩气则接入常规气管道。

中石化规划：以中国南方两套主力页岩为勘探开发对象，到“十二五”末新增页岩气探明储量500亿立方米，新建页岩气产能1.5亿立方米，实现页岩气年产量1.3亿立方米，利用量1.0亿立方米。利用方面，一方面依靠页岩气发电实现气田内部发电，另一方面，在天然气管输基础条件较好的地方直接进入天然气管网，并规划建设输气规模为50万立方米/日的管网将页岩气进行外输。

但2014年8月份，国家能源局对外宣布，下调中国2020年页岩气产量，从原先预计的600亿立方米下调到300亿立方米。

1.4 页岩气地面工程建设的目的、工作内容和作用

1.4.1 页岩气地面工程建设概述

页岩气气藏因其储层物性差、孔隙度和渗透率极低，需要应用水力压裂技术才能经济开采。2003年，随着水平井成为页岩气开发的主要完钻井方式，水力压裂开始成为页岩气水平井主要增产措施。水力压裂是利用含有减阻剂、黏土稳定剂和必要的表面活性剂的水作为压裂液，这项技术可以在不减产的前提下节约30%的开发成本，在低渗透油气藏储层改造中取得了很好的效果。

页岩气开发地面工程围绕着页岩气的地面集输、处理、压缩、外输和水力压裂而

开展，其中水力压裂注入系统及压裂液的应用决定了页岩气开发的经济效益，这是一项非常重要的开发环节。水是页岩气开发压裂液中的必要组成部分，压裂过程中需要消耗大量的水量，随着人类对环保的日益重视，将返排液处理净化后可以进行循环利用已成为一种共识。一方面避免了污染排放，另一方面提高了页岩气的开发效益，目前返排液地面处理和再利用已成为页岩气经济开发的一项关键技术。

页岩气地面工程是页岩气开发不可缺少的重要生产过程之一，页岩气地面建设的技术水平，如页岩气地面集输及处理，水力压裂返排液地面处理技术等；工程质量和建设投资额；生产运行费用；生产中安全和环境保护措施的有效性等直接影响到具体页岩气气田开发的可行性。

1.4.2 页岩气地面集输及处理生产的目的、主要工作内容和主体生产设施

1. 目的和主要工作内容

1）目的

在符合安全、经济、环境保护要求和能够充分利用随页岩气采出地面的各种有用资源的情况下，按照合理页岩气总体流向，把气田或一定区域内各气井产出的页岩气汇集到集中设置的页岩气净化厂，并通过最终的净化处理将站场形态的页岩气转化为满足用户使用和管道输送要求的商品页岩气。

2）页岩气地面集输及处理生产的主要工作内容

（1）页岩气的采集和输送

页岩气在站场条件下的采集和输送统称为地面集输，但其中的“输”不包括净化处理以后的商品页岩气输送。严格地讲，页岩气从井口通过集气站到达净化厂入口的整个密闭流动过程（其间需要接受站场预处理）都可视为集气过程。在站场条件下的“集”和“输”是既有一定区别又相互关联的两个概念，难以截然分开。“集”可以理解为页岩气从气井到集气站的汇集过程，但“集”中有输，页岩气通过从气井到集气站的采气管道输送到了集气站。“输”可以理解为把已在集气站经过站场预处理的页岩气输送到净化厂作为原料，但“输”中有集，在各集气站和单井站经站场预处

理的页岩气在输送中进一步汇集到净化厂入口处。两者的区别仅在于气质条件上的差异，“集”的是气井产出后未经站场预处理的页岩气；“输”的却是经过站场预处理后已符合净化厂原料气要求的原料气。

（2）站场预处理

页岩气站场预处理是指页岩气在接受集中的净化处理前，在集气站或单井站内进行的各种预处理，主要有3个方面的工作：一是节流降压、气－液分离、调压、计量、进行腐蚀控制及防止页岩气水合物生成等处理，保证集气过程正常连续进行，满足净化厂对原料气的要求和地面集输生产管理上的需要；二是回收、利用已随页岩气采出地面的其他各种有经济利用价值的资源；三是全面采集页岩气地面集输及处理生产中与气田开发直接相关的各种生产数据，为不断调整和优化已有的气田开发方案提供可靠的资料。

（3）页岩气净化

目的是脱除页岩气中对使用无效的组分；降低页岩气中易凝组分的含量；使商品页岩气满足用户的使用要求，并能在输送过程中始终保持干燥状态。

无效组分主要指N_2和CO_2。无效组分的过量存在既影响使用功能，又浪费输送过程中的能量消耗，还会降低页岩气作燃料使用时的热效率。

易凝组分指页岩气中处于气相状态的重烃和水。在系统压力一定的情况下页岩气中易凝组分的露点温度随该组分在气相中的分子分率的降低而下降，将它们的含量脱除到一定的限度以内就能使页岩气的烃露点和水露点的温度下降到要求的数值以下，保证页岩气在预计的最高输送压力和可能达到的最低输送温度下仍能保持无腐蚀的干燥状态，最大限度发挥管道的输送能力。

页岩气净化是页岩气地面生产过程中必不可少的过程之一。即使页岩气中不含过量的无效组分，除去页岩气中的部分气相水以降低水露点是页岩气重要的净化处理过程。

2. 主体生产设施

1）地面集输管网

地面集输管网是对气田或一定产气区域内，由气井井口到集气站的采气管道和由集气站、单井站到页岩气净化厂之间的原料气输送管道所构成的网状管路系统的统称。它覆盖所有产气井，为页岩气采集、采集过程中以相对集中的方式对页岩气进行站场预处理和最终将页岩气汇集到净化厂作为原料提供通道，是页岩气地面生产过程中必不可少的生产设施。其结构形式与气井的分布状况、采用的集气工艺技术、气田所在地的地形和公路交通条件、产气区与净化厂间的相对位置关系等因素有关，但所有的地面集输管网都是密闭而统一的连续流动通道系统，在使用功能上是一致的。

2）地面集输站场

地面集输站场是为了满足页岩气采集和站场预处理以及与地面集输及处理生产直接有关的其他生产操作的需要而定点设置的专用生产场所。按使用功能的不同，可分为集气站（含单井站）、站场脱水站、站场增压站、清管站和阴极保护站等。站场的种类、数量、布点以及站内的生产工艺流程和设备配置等，与页岩气的气质条件、气井的分布状况和采用的地面集输及站场预处理工艺的具体需要有关。在同一位置设置不同功能的地面集输站场时，大都统一建设成一个具有综合功能的站场。

3）页岩气净化厂

净化厂是对经过站场预处理的页岩气进行最终的集中净化处理的场所。净化工作的内容、所需采用的净化工艺方法、各生产装置的生产流程和工艺设备的配置，主要由气质条件和由气质条件所决定的净化要求来确定。页岩气的净化主要是脱水装置。

4）自动控制和数据采集系统

各种地面集输及处理生产过程在生产场所高度分散的条件下同步进行，工作参数相互紧密相关，任何一个部位的工作异常都会对其他部分产生影响。页岩气特有的物性、苛刻的地面集输及处理工作条件又使整个生产过程面临很大的安全风险。因此，对生产安全和各生产过程间的工作协调一致性有很高的要求。只有具备统一的、贯穿地面集输及处理全过程的生产自动控制和信息传输系统，能够对各生产过程和它们之间的工作关系做全面的实时监控，才能保证地面集输及处理生产在安全和各部分间协调一致的情况下进行，并提高生产管理工作的水平和减少生产操作人员的人数。

对地面集输及处理过程的监视、控制是在连续采集、传递、储存和加工处理各种生产数据的基础上进行的。适用于对分散进行而又彼此相关的工业生产过程作自动控制的监视控制和数据采集（SCADA）技术，目前已在天然气的地面集输及处理生产中得到了广泛应用。

1.4.3 水力压裂返排液地面处理及再利用的目的、主要工作内容

1. 目的

水力压裂需要大量的水资源，其中50%～70%的水在过程中消耗，30%以上的水会随压力液返排至地面。在符合安全、经济、环境保护的要求下，回收水力压裂返排液，把气田单井、井组，或一定区域内压裂返排液回收到单个或集中设置的水力压裂返排液处理厂，并通过最终的净化处理，处理后的水可重复用于水力压裂，处理后的淤泥可通过无害化处理埋存至地下。

2. 主要工作内容

（1）水力压裂供水系统

开采页岩气所用水力压裂中的压裂液主要由高压水、砂和化学添加剂组成，水和砂含量达99%以上，水量达90%。开发页岩气用水量极大，每口页岩气井需耗费（4～5）$\times 10^2$万加仑（1加仑约合3.78 升）的水才能使页岩断裂。为水力压裂系统供水是页岩气开发地面不可或缺的一部分，考虑到水力压裂的间歇性和短期性特点，所以不论是单井、井组或平台井组均采用储水罐或蓄水池，车拉或敷设供水管线等解决供水问题。用完后储水设施可拉走重复利用。

（2）压裂返排液回收系统

水力压裂过程完成之后，30%以上压裂液会回流到地面，其中不仅有压裂液中的化学物质，还有地壳中原本含有的放射性物质和大量盐类。由于压裂液的返排是在产气前，所以压裂返排液的回收采用在井口建临时管线，将返排液排入水池，在现场进行预处理或转移到污水处理厂处理后再利用。

（3）压裂返排液预处理系统

压裂返排液预处理系统主要指在现场或污水处理厂所进行的各种预处理，预处理过程采用化学溶剂消除重金属和溶解在水中的固体颗粒，然后通过过滤去除有机

物和总悬浮固体物(TSS)。一部分返排液经该处理系统后可达到回收利用的水质条件,进入到热蒸馏装置回输至水池进行循环利用。

(4) 压裂返排液净化处理系统

压裂返排液净化处理系统主要指压裂返排液预处理后剩余的高浓度卤水的处理,可运输至盐场进行结晶提纯,其最终循环水回收率可达25%左右。

1.4.4 页岩气地面工程建设在页岩气开发工作中的作用

1. 形成符合要求的页岩气地面配套生产能力

气田开发方案依据页岩气资源条件、市场需求和勘探开发投入与产出间的最佳匹配关系规定了气田开发的生产规模和采气计划。按预期的建设投资和工期控制要求,通过地面集输及处理、水力压裂返排液回收再利用工程建设形成符合要求的页岩气地面配套生产能力,是实现页岩气勘探开发目标的必要条件之一。

2. 体现和提高气田开发工作的总体经济效益

(1) 直接体现气田开发工作的经济效益

气田开发是一项工程建设投资额高、建设周期和建设资金回收期长,投资风险很高的项目。其经济效益只能最终通过在能源市场销售商品页岩气来实现。在页岩气地质勘探、钻井工程和水力压裂工程完成后,正是页岩气地面集输、处理、压缩及外输、压裂液返排液处理再利用使气井产出的页岩气完成了从矿产物到商品的转变,集中体现了页岩气勘探开发全过程的经济效益。有了经济效益,才能为页岩气勘探开发积累更多的资金,推动和加快其发展。

(2) 水力压裂返排液的处理再利用技术是开发页岩气降低成本的关键因素

页岩气开发能否成功的关键之一就是大量水资源,中国页岩气田的分布与缺水地区的分布重合比较多。在水量相对充裕的长江流域,只在四川和江汉盆地发现了页岩气,而在西北、华北地区,页岩气储量丰富,水资源却相当紧张。压裂返排液的处理和再利用可节约25%的水资源,从水力压裂技术的生产成本和环境保护要求考虑,压裂返排液的处理再利用不仅降低了水力压裂液的成本,而且还减少了相关污染物的排放。但其工程建设工程量大，投资额高、周期长，生产运行期间安全生产的风险程度高，目前关键技术还在美国人手里，需要加强攻关和引进。

（3）页岩气地面集输、处理、压缩、输送等生产费用是影响页岩气生产成本和页岩气在能源市场竞争能力的主要因素

和一切工业产品生产一样，降低商品页岩气的生产成本是提高页岩气在能源市场的竞争能力和提高生产效益的关键。页岩气勘探开发的页岩气总生产成本中有相当一部分是在地面集输及处理过程中形成的，因而提高页岩气地面集输及处理工程建设的技术水平和工程建设质量、缩短工程的建设周期，降低生产运行期间的能量、物料和人工消耗，提高地面集输及处理生产的安全可靠性和生产设施的使用寿命，对提高页岩气勘探开发的总体经济效益有着十分重要的作用。

1.5 页岩气地面工程建设的特点和一般要求

1.5.1 页岩气地面集输及处理工程建设的特点

1. 生产工作条件比较苛刻

（1）工作介质中含有腐蚀性物质和有毒物质

页岩气是地层中自然形成的矿产品中的一种，在未经净化处理前常含有某些不利于地面集输及处理生产安全的有害物质，使地面集输及处理生产面临生产设施和人身安全的风险。

（2）地面集输及处理过程中的页岩气通常处于被水饱和的湿状态，为腐蚀作用的发生和天然气水合物的生成提供了条件

页岩气在井底处于温度和压力都很高的状态，温度高使页岩气在井底时的饱和含水量大。采出气到井口的过程中页岩气的强度大幅度下降到接近常温的程度，压力也有一定程度的降低。但温度下降带来的饱和含水能力下降幅度远大于压力降低带来

的含水能力上升幅度，降温降压的综合效果是页岩气在采出过程中有凝结水析出并由高速流动的气流带出地面。随后的气－水分离在平衡状态下进行，除去液相水但不能改变页岩气所处的被水饱和的湿状态，除非在站场对页岩气进行了干燥处理。液相水的存在为腐蚀作用的发生提供了条件。页岩气在降低温度的过程中，还会在0℃以上与水形成冰雪状的水合物，阻塞气体流动通道，影响地面集输生产的连续进行。

（3）页岩气易燃、易爆

页岩气是可燃气体混合物，地面集输及处理生产中的泄漏和事故时的自然泄放易于引发燃烧事故。当外界的空气进入管道和设备内部或外泄的页岩气在密闭的工作空间内与空气形成符合一定比例的均匀混合物时，还可能遇火发生着火爆炸事故。

（4）工作压力高

由于页岩气的密度远低于原油，气井的井口压力比油井的井口压力高得多，一般为数十兆帕，也有可能高达100 MPa以上。为了在地面集输和以后的商品天然气输送中充分利用页岩气在井口处已自然具有的压力能，减少地面集输及处理生产设施的尺寸并降低地面集输及处理生产设施的占地面积和金属耗量，一般都使页岩气在地面集输及处理过程中的工作压力维持在比较高的水平。高的工作压力也使发生内压爆破事故的可能性和事故的危害作用加大。

2. 生产的分散性强、工程建设和生产运行管理涉及的地域范围大，不同生产设施之间在工作状态、工作参数上紧密相关

（1）地面集输管网覆盖整个产气区域，各种地面集输站场在管网的有关节点上分散设置

气井分散，地面集输管网须覆盖所有的产气井。为使页岩气采集过程能以不间断的方式连续进行，必须在采集的过程中以相对集中的方式及时对页岩气进行必要的站场预处理，在管网的某些节点处分散设置地面集输站。这会给地面集输及处理工程的建设和生产运行管理都带来一些困难，建设施工需要在大面积范围内以野外施工为主的方式进行，而且需要使管道通过某些自然和人为障碍区；露天埋地敷设的管道易于因自然环境条件变化或意外的人力作用受到损坏；管道发生爆破事故时还可能使邻近的居民受到人身伤害和蒙受财产损失。

（2）不同生产过程之间紧密相关和相互影响，要求生产过程各部分协调一致

页岩气地面集输及处理工作的对象是同一页岩气物流。虽然井组或井场有所不同，但所有的地面集输及处理工作都是在页岩气通过相互连通的地面集输管网做连续流动的过程中完成的。在接受最终的净化处理前，相邻生产过程之间互为条件，在工作参数、运行状态、生产安全等方面彼此关联和相互影响，前一过程能正常顺利进行和达到预期要求是实现后一生产过程的必要条件。因此，生产设施自身在使用功能上的完善和配套程度，不同生产设施之间在生产运行中的协调一致性对整个生产过程的监视和自动控制水平，都有比较高的要求。

3. 事故的危害作用大、影响范围广

（1）危害作用大

管道、设备发生内压爆破时处在受压状态的页岩气和其他气体一样在瞬间释放出它所有的压力能。由于地面集输中的页岩气压力高、气量大，爆破会对周围环境形成很强的冲击破坏作用。爆破中外泄的页岩气还有遇火发生燃烧、着火爆炸等后续事故的危险，由于页岩气的热值比较高，燃烧事故发生时的高温辐射作用比较强，着火爆炸时的压力也比较高。

（2）事故危害作用的影响范围广

管道、设备发生爆破事故时大量自然外泄的页岩气以及其中含有的有毒物质随空气流动向周围的地区扩散，使事故危害作用区的地域范围扩大。各类破坏性事故使生产设施受到损坏，生产操作人员受到人身伤害，还可能危及邻近区域居民的公共安全和影响到对自然环境的保护。天然气进入空气后，其中的甲烷比空气轻，易于上升到大气的外层空间影响到对臭氧层的保护，近地空气层中的页岩气也会对环境质量产生一定程度的不良影响。

1.5.2 页岩气地面集输及处理工程建设的一般要求

1. 页岩气的资源和销售市场可靠

1）一定规模的页岩气资源量是进行相应规模的页岩气地面集输及处理工程建

设的物质基础

在规划开发期内采出符合预期要求数量的页岩气，是页岩气地面集输及处理工程建设获得经济效益的前提条件，而地层中具备可靠的页岩气可采储量是保证采出目标实现的物质基础。因此，地层中具备可靠的可采储量是实施地面集输及处理工程建设的先决条件。

2）在一定的区域范围内存在可靠的页岩气销售市场

页岩气和天然气一样，一般情况下只能通过输送管道向用户提供，用户在管道能够到达和建造商品页岩气输送管道的费用在经济上可被接受的情况下形成。页岩气销售市场的存在表现在两方面：一是要有足够的用户、总用气量与地面集输及处理生产的规模相一致；二是用户区处在产气区合适的输送半径以内，且页岩气的销售价格能够为用户所接受。

页岩气售价主要由页岩气的勘探开发成本（勘探、钻完井、压裂、地面集输及处理），产气区输到用户区的输送费用和销售商的销售利润这三部分组成。前两种成本对售价影响最大，即使勘探和开发的成本足够低，过长的输送距离也可使页岩气的输送费用上升到用户难以接受的程度。在页岩气经济输送范围内存在用气量足够大的用户，这是实施地面集输及处理工程建设必须具备的第二个基本条件。

2. 要求页岩气地面集输及处理工程建设与气田自身的产气特点和所在地的环境条件相适应

1）与气田的气质条件相适应

（1）气质条件对地面集输及处理工程建设的影响

这里的气质主要指井口处页岩气的组分构成；气井凝液的组成和数量；气田水产量和气田水中溶解物的种类和浓度，也包括页岩气在井口处的流动压力和流动温度等物理因素。它与地面集输及处理工作的内容、适宜生产工艺方法的选取以及生产中安全和环境保护措施的制定都有密切的关系。

（2）采用与气质条件相适应的腐蚀防护技术

腐蚀防护对保证地面集输生产过程的安全持续进行，提高生产设施的使用寿命，降低页岩气生产成本以及增强对大气环境的保护效果都具有重要的作用。地面集输及处理过程中腐蚀作用的机理和作用的强弱程度与页岩气中腐蚀性物质的种类、含量和页岩气所处的干湿状态有关，在某些情况下也与地面集输及处理所采用的生产工艺技术方法和生产流程的安排有关。依据气质条件选择合适的腐蚀防护技术方案，有助于提高防护效果和降低防护费用。

注入缓蚀剂减缓腐蚀性物质对金属材料的电化学腐蚀速度；用耐腐蚀的涂层材料把腐蚀性物质与金属材料隔离开来；对酸性气体含量较高的页岩气进行站场干燥处理使腐蚀性物质在干燥状态下失去腐蚀作用，都是可行的腐蚀控制方法，以其中的第一和第三种最为常用。

由于使页岩气干燥要花费较多的工程建设投资和生产运行费用，多数情况下地面集输生产是在湿状态下进行的。但干燥除具有最好的腐蚀防护效果外还兼有能防止地面集输管道低点积液和防止页岩气水合物生成的功能。当页岩气中的酸性气体含量较高，用干燥以外的其他方法控制腐蚀的效果不太可靠，且地面集输管道经过地区的地形起伏变化特别大，防止水合物生成和管道低点积液的总费用也很高时，采用干燥页岩气的方法来防止腐蚀常常是适宜的。

(3) 根据气质条件选择适宜的地面集输及处理工艺技术和安排生产流程

集气过程中的气液分离应在常温下进行还是在低温下进行；从页岩气中回收和利用哪些有用的物质和用它们来生产哪些产品；需要从页岩气中脱除哪些有害和无效的组分以及应该采用何种净化工艺方法；如何安排各种具体的生产工艺流程，这都需要由页岩气的气质条件来决定。这样才能充分利用资源，并在地面集输及处理工程建设投资和生产运行费用低、环境保护效果好的情况下最大限度提高地面集输及处理工程建设的经济和社会效益。

2) 使地面集输管网的结构和地面集输站场的布局与气井分布状况、单井产量、井数、井间距、气田所在地的自然地理条件和当地的社会经济发展状况相适应

尽可能使相互邻近的一组气井共用一个集气站以减少集气站的数目，灵活采用放射状、树枝状和这两种方式相结合的集输管网结构形式以适应气井的分布状况和降低管网的总钢材耗量。多井集气时尽可能采用高压集气以简化井场的集气生产设施和避免在井场设置常驻的生产操作人员。把这些原则与实际相结合常常能取得很好的技术经济效果。

地面集输管网覆盖区的地形，工程地质条件的差异，江河流动、现有公路的走向，居民分布状况以及工程建设和生产运行中的社会依托条件，也都会对管网的理想布局产生影响和形成某些限制。同样需要把这些因素有机结合起来，谋求最佳的地面集输管网和站场的布局方案。

3. 与气田开发方案和钻井部署相结合，根据开发方案、开发井部署和产量开发指标统一规划，分期实施

1）按气田开发方案的要求，结合钻井部署统一规划地面集输及处理工程建设，使生产设施的使用功能和生产能力合理配套

由于地面集输及处理生产的工作场所分散，各部分生产之间紧密相关，统一规划能使各部分生产设施在生产能力、使用功能、相互关系上协调一致。这样就不会出现局部性的生产能力和使用功能不足，也不会出现这两方面的过剩和不必要的重复设置，既达到开发方案要求的配套生产能力，又最大限度降低工程建设一次性投资。

2）根据用户在不同时期对用气量的不同需要分阶段形成不同的页岩气生产能力，缩短对工程建设资金的占用期

当用户用气量由小到大分阶段增长时，最好使地面集输及处理工程建设在统一规划的指导下分期实施、分阶段形成要求的生产能力。缩短对工程建设资金的占用量和占用期，使投资尽快见到效果，也降低了用户用气量不符合预期给工程建设的经济效益带来的风险。

4. 有关环境保护（E）、安全生产（S）、职业卫生（H）的要求符合国家的有关规定

1）ESH要求的强制执行性

国家以颁布有关法律、行政法规的方式对环境保护、安全生产、职业卫生这三个方面的要求作出了强制性的规定，并设置了专门的监察机构或指定政府机构中有监察职能的部门对这些规定的执行情况进行日常的监督和管理。符合这些规定、满足这些规定中的各项具体要求，是进行任何工程建设和工业生产必须首先具备的条件，任何违背上述要求的单位和个人都要被追究法律责任。

2）对环境保护工作的主要要求

编制和报批地面集输及处理工程建设的环境影响报告，以已经批复的环境影响

报告为依据，按照“三同时”的原则完成报告中规定的各项环境保护工作，将工程建设和生产运行对自然环境和自然界生态平衡的影响降低到允许的限度以内。具体表现在维护地表原有的自然状态，使之不会因为工程建设而发生不允许的人为改变；控制生产运行期间的大气污染物和水污染物等的排放，使其符合国家环境保护标准中的有关要求。

3）对安全生产的要求

地面集输及处理中的安全生产包括生产操作人员和邻近地区居民的人身安全、地面集输及处理生产设施的安全这两个方面。控制腐蚀以提高管道、设备在内压下工作的安全可靠性；避免埋地管道和管道穿跨越结构因自然环境条件发生变化或意外人力作用而受到损坏；防止页岩气燃烧和着火爆炸的发生；防止页岩气泄漏和发生事故时的自然泄放造成人体急性中毒。

在安全生产工作中需要对生产设施的安全和防止泄漏给予高度的重视。人身伤害和管道、设备外部的燃烧及着火爆炸事故一般都是因生产设施受到破坏或存在严重的页岩气泄漏所引起的。

4）对职业卫生的要求

职业卫生是指与劳动者所从事的职业劳动直接有关的那一部分人体卫生要求。国家在工业生产中。以强制方式施行职业卫生管理，保证劳动者工作环境内的各项职业卫生条件符合要求，劳动者的健康不会因从事职业劳动的原因而受到损害。

职业卫生要求与工作环境中可能出现的有毒、有害物质的种类和影响人体健康的其他各种因素有关，在国家颁布的职业卫生标准中有具体规定。页岩气地面集输及处理中的职业卫生要求，主要是指有噪声发生的工作场所的噪声等级；工作地空气中的粉尘物含量等。

5. 提高地面集输及处理工程建设的经济效益

在实际达到的地面集输及处理生产规模和商品页岩气销售量与预期值相符的情况下，工程建设投资额、建设资金占用期、生产运行费用、生产设施的安全和使用寿命，是影响地面集输及处理工程建设经济效益的主要因素。

1）降低地面工程建设投资额，缩短对建设资金的占用期

采用成熟、先进和符合气田开发实际需要的地面集输及处理生产工艺技术；简

化地面集输及处理生产的工艺流程、降低地面集输管网和各种工艺设备的金属耗量；减少生产人员和降低生产过程的能耗，这是降低地面集输及处理工程建设投资额的根本性措施。

按用户对用气量的实际需要和用气增长趋势分阶段形成不同的页岩气地面配套生产能力和缩短工程建设周期，有利于减少建设资金占用量、缩短贷款付息期和尽快回收建设投资，也是提高地面集输及处理工程建设经济效益的有效措施。

2）降低地面集输及处理生产过程中的操作费用

（1）优化工程设计，为降低操作费用创造条件

操作费用是生产运行中所花费的各种经常性开支，主要由能量、物料消耗和人工费用这三部分构成。它和固定资产折旧费一样，是影响页岩气地面集输及处理生产成本高低的重要因素。能量消耗包括燃料、电力和新鲜水的耗量（其中的水耗量折合为能耗量计入）。物料消耗包括控制腐蚀、防止水合物生成和页岩气净化中使用的缓蚀剂、水合物抑制剂、固体吸附剂、催化剂以及其他化学药剂等。人工费与劳动力的市场价格和用工人数相关，在劳动力价格一定的情况下随生产操作人员的人数上升成正比例增加。

工程设计中采用物料、能量消耗低的先进生产工艺技术和选用低能耗设备；使整个生产过程具有足够高的自动控制水平以减少生产操作人员的数量，是降低生产操作和人工费用的关键。

（2）不断改进和完善生产管理机制，通过提高生产的运行管理水平来降低物料、能量消耗和人工费用

在生产工艺技术一定的情况下，生产中的能量、物料和人工消耗还与生产管理机制、生产操作人员的技术熟练程度、生产管理工作的水平有关。完善的生产管理和熟练的操作不仅能保证设计规定的各项消耗指标得到控制，还能实现比设计值更低的消耗，并继续改进现用的生产工艺技术。

3）防止生产事故发生和延长生产设施的使用寿命

（1）避免因生产事故造成经济损失

事故造成的经济损失包括更换在事故中受到损坏的设备、医治和赔偿事故中受

到人身和财产伤害的人员、事故中的页岩气放空以及事故造成的一定时期的生产停顿所带来的全部损失。它们将被计入页岩气地面集输及处理的生产成本中去，影响到地面集输及处理生产的经济效益。

（2）使生产设施达到或超过合理的预期使用寿命，避免因提前更换生产设施增大生产费用

生产设施在未达到合理使用寿命前出现安全工作能力不足的现象或受到损坏时将被迫提前对它进行更换，使固定资产的投资额上升，影响到地面集输及处理生产的成本和经济效益。正确的使用和操作，特别是腐蚀防护措施的有效执行，可使地面集输及处理生产设施达到甚至超过预期的使用寿命。不合理的提前更换生产设施除增加费用外还会造成一定的停工期，影响到地面集输及处理生产的年开工率，使经济损失进一步增大。

（3）充分利用随页岩气采出地面的各种有用资源，增大气田开发的经济效益

气井凝液和矿化度高的气田水中常含有多种有用物质，在页岩气组分中除甲烷外也存在某些比甲烷更具经济利用价值的烃类组分、甚至是稀有的气体（如氦气）。在有市场需求和经济效益的情况下回收和利用这些物质，向市场提供更多种类的商品，可以为地面集输及处理生产带来更多的经济效益。

钻井过程中有时会意外发现只产高浓度卤水的盐井或只产温泉水的水井，这两类资源也同样具有经济利用价值。

（4）使地面集输及处理生产设施长周期满负荷工作和减少生产过程中的页岩气损耗，提高页岩气的年地面集输及处理量和页岩气的商品率

生产设施的生产能力和生产操作人员的数量都是以达到设计预期的页岩气年地面集输及处理量为目标来配置的，所花费的费用不会因年实际生产量的降低而减少。能量和物料消耗随页岩气的年产量下降会有所降低，但下降率达不到与年生产量下降率成正比例的程度。因此，通过长周期满负荷工作以提高页岩气的年地面集输及处理量是提高地面集输及处理生产经济效益的有效措施。

页岩气商品率是指最终形成并实现销售的商品页岩气量占页岩气年采气总量的百分比，它是页岩气地面集输及处理生产工艺技术和生产管理完善程度的重要标志。在年采气量一定的情况下，页岩气的销售收入与商品率成正比。

1.5.3 水力压裂返排液处理再利用地面建设特点和要求

1. 水力压裂返排液处理再利用地面建设特点

（1）大水量，大面积

水力压裂需用大量清水，其中返排液占30%，这些都发生在井场或生产井平台周围，需建清水蓄水池或储罐，返排液蓄水池或储罐，水资源和井场占地存在风险。

（2）临时性

水力压裂作业具间歇性和短期性，压裂返排液的处理和再利用也具短期性，地面建设占地具临时性。

（3）大污染

由于压裂液化学添加剂有250余种，压裂液在进入地层后，经历了高温高压，与地层水和地层矿物组分充分接触后，返排时其物理化学性质会发生改变，而且变化很难预测。经过水力压裂后，其返排液不仅夹带着溶解的固体颗粒（氯、硫酸盐和钙），金属（钙、镁、钡、锶），还有放射性物质，使返排液地面周围环境均存在相当大的污染。

2. 水力压裂返排液处理再利用地面建设要求

（1）页岩气开发与气田所在地环境条件相适应

首先水资源可靠，根据目前开采技术，页岩气气田区域或周围没有水资源就无法进行页岩气的高效开发；其次井场或生产井平台地面条件要能满足供水和压裂返排液处理的要求，否则很难保障页岩气的正常生产和可持续发展。

（2）地面设施可搬迁和重复利用

压裂返排液处理再利用地面设施宜采用可拆卸的撬装式设备，在排液高峰期可以多并联几组装置，在排液末期可以直接将空闲的装置拆卸运走，重复利用。

（3）有关环境保护的要求符合国家有关规定

编制和报批水力压裂及压裂返排液工程建设环境影响报告，以已经批复的环境影响报告为依据，按照“三同时”的原则完成报告中规定的各项环境保护工作，将工程建设和生产运行对自然环境和自然界生态平衡的影响降低到允许的限度以内。具体表现在维护地表原有的自然状态，使之不因工程建设发生不允许的人为改变；控制生产运行期间的大气污染物和水污染物等的排放，使其符合国家环境保护标准中的有关要求。

3. 压裂返排液处理再利用可减少水资源和环境保护成本

压裂返排液的处理方法主要是重复利用。从水力压裂技术的生产成本和环境保护要求考虑，水资源的重复利用将是未来发展的趋势。因此提高现有水资源的重复利用率，从而减少对淡水资源的依赖性。这种方式不仅降低了处理压裂返排液的成本，而且还减少了相关污染物的排放。

第2章

页岩气地面建设技术现状、发展趋势及风险

2.1 国内天然气地面集输及处理技术现状和发展趋势

2.1.1 技术现状

1. 国内已形成一整套符合中国陆上气田开发实际情况、能满足地面集输且处理生产需要的天然气地面集输及处理生产工艺技术

（1）天然气的采集和站场预处理技术能够满足生产的需要；

（2）现有的天然气净化技术能够满足国家标准对商品天然气的气质要求；

（3）地面集输及处理生产过程的自动控制技术已达到比较高的水平；

（4）现有的腐蚀防护技术已能基本适应酸性气田开发中腐蚀防护工作的需要。

2. 国内液化天然气（LNG）技术和装备日趋成熟，已形成具有中国特色的LNG技术产业链

随着LNG 液化技术的进步和运输成本的降低，国际LNG 贸易得到了空前的发展。从2001年中原油田建成的第一套商业化天然气液化装置开始，到目前10多年的时间，我国LNG应用技术得到了快速发展，建立起了涉及天然气液化、储存、运输、气化和终端使用，以及配套装备各个方面，具有中国特色的LNG产业，成为我国天然气工业发展中的一个重要方面。

目前，我国已建成近20套LNG生产工厂，总规模达到了年产LNG 146万吨，在建和待建的还有10套，总规模达到了年产LNG 120万吨。前期的工厂大都是在引进国外技术的基础上，通过消化吸收与国内技术相结合完成，中原天然气液化装置由法国索菲燃气公司设计，使用丙烷和乙烯为制冷剂的复叠式制冷循环。新疆广汇天然气液化装置由德国林德公司设计，采用混合制冷剂循环。而国内已建和拟建的中小型LNG液化工厂，其液化设备除主要设备外基本以国产设备为主，配套国产化设备已达到60%。近年来，随着多套小型液化装置的建设，我国已完全能自行设计、制造、安装和调试LNG生产装置。

2.1.2 天然气地面集输及处理技术发展趋势

天然气地面集输及处理技术发展趋势具体如下：

（1）与地面集输及处理生产相关的安全生产和环境保护技术受到越来越多的重视。

（2）继续提高地面集输及处理生产装备的技术性能、制作和安装技术水平。

（3）应用有关过程控制的各种最新技术成果，继续扩大地面集输及处理生产自动控制的工作范围、提高控制技术水平，增强控制效果，在安全生产和环境保护中发挥更多作用。

（4）适用于高酸性气田开发的地面集输及处理生产工艺技术在逐步完善和配套，其他行业已有的各种新技术也不断在地面集输及处理生产中得到推广和应用。

（5）数字化技术在地面集输及处理工程中的应用日益广泛，技术水平不断提高。

2.2 水力压裂返排液地面处理再利用技术现状及发展趋势

压裂返排液具有黏度大、稳定性高、悬浮物多、矿化度高和成分复杂等特点。压裂返排液采用间歇式排放。压裂返排液直接排放会对气田生产和生态环境发展造成不可估量的损失，若不进行妥善处理，对页岩气开发的长远发展将造成不可估量的损失。因此，研究页岩气压裂返排液处理再利用技术，对于缓解开发区块的水资源和环境问题显得格外重要，同时对于保障页岩气的正常生产和可持续发展具有重要意义。

2.2.1 国内水力压裂返排液地面处理及再利用技术现状

国内对压裂返排液的处理方法主要是自然风干和化学处理。

自然风干是将压裂返排液储存在专门的返排液池中，采取自然蒸发的方法进行干化，最后直接填埋。这种方式不仅耗费大量时间，而且填埋后的污泥块依然会渗出油、重金属、醛、酚等污染物,存在严重的二次污染。

化学处理是将返排液集中进行加药絮凝、过滤等预处理,然后将返排液回注到地层中,这种方法的处理工艺流程复杂,应用范围有一定的局限性。由于国内页岩气的开采地区均属于新开发区块,附近没有合适的回注井,需要运输至较远的井场,此方式在无形中增加了处理成本。由此看出,目前国内对于页岩气压裂返排液的处理还没有形成系统的有效解决方法。为了保护生态环境的需要,促进页岩气得到更好更快的发展,因此研究压裂返排液处理的新技术势在必行。

2.2.2 国外水力压裂返排液地面处理及再利用技术现状

1. 美国对压裂返排液的处理方式

美国是页岩气商业开发最成功的国家,对于水力压裂返排液的处理有三种方式:回注(深井灌注)、重复利用及外排,具体如下。

1) 回注(深井灌注):同石油和天然气开发过程中产生的伴生水一样,页岩气压裂返排液可通过深井灌注进行处置。

2) 外排:外排包括采用市政污水处理厂处理后外排,现场或中心建厂处理后外排。

(1) 采用市政污水处理厂处理后外排。根据Lutz等的统计,2008年在Marcellus页岩区共有超过40万立方米的气田废水(以压裂返排液为主)经市政污水处理厂处理后外排。

(2) 现场或中心建厂处理后外排。针对多次回用后水质不再适合继续回用的返排液,或者因为实际原因如回用成本较高的情况,现有的水处理服务技术能够达到外排标准要求。目前也有研究进行"零排放"处理技术的尝试,并回收氯化钠等副产品。

3) 重复利用:现场或中心建厂处理后回用。根据相关研究结果显示,随着Marcellus页岩区开发规模的扩大和环保要求的日趋严格,返排液回用比例从2008年的不到10%上升到2011年的70%以上。该区域主要的油气开发公司如Range Resources、Anadarko、Atlas Energy和Chesapeake Energy等均以压裂返排液全部回用作为目标。以Range Resources公司为例,早在2009年,该公司使用的约60万立方米压裂液中就有28%为回用的返排液，17%以上的页岩气井压裂施工中进行了返排液回用，包括25口高产井中的近一半，期间并没有出现影响产气效果的情况（表2-1）。

表2-1 美国主要页岩盆地压裂返排液处理和再利用方式

页岩盆地	水管理政策	可　用　性	备　　注
Barnett	重复利用　　Ⅱ级注入井	商业和非商业　就地重复利用	处理后用于其他井的压裂液
Fayetteville	重复利用　　Ⅱ级注入井	非商业　就地重复利用	处理后用于其他井的压裂液
Haynesville	Ⅱ级注入井	商业和非商业	
Marcellus	Ⅱ级注入井 处理和排放重复利用	商业和非商业市政污水处理厂 就地重复利用	处理后用于其他井的压裂液

2. 北美页岩气压裂返排液处理技术介绍

压裂返排液处理后再利用需通过物理分离、化学沉降、过滤等方式除去返排液中的悬浮固体、杂质，使其水质满足压裂液配液水质要求，返排液处理后的排放除了采用再利用处理技术外，还需采用生物反应、膜分离、反渗透、离子交换、蒸馏等技术，进一步除去返排液中的溶解固体、有机物等，以满足外排水水质标准，返排液处理外排的主要技术难点在于脱盐工艺。一般来说，脱盐处理的难度和成本随着总溶解固体含量（TDS）的增加而增加。

近年来，国外研究开发出一些压裂返排液处理的新技术，如MVR蒸馏技术、电絮凝技术和臭氧催化氧化、RO反渗透技术等。这些新技术能有效处理压裂返排液，去除石油类、悬浮物以及难降解有机物，无论从经济上还是从处理效果上，都能达到重复利用的要求和排放标准。

1）MVR蒸馏技术

当TDS含量在40 000 ～ 100 000 mg/L时，机械蒸汽再压缩蒸发（Mechanical Vapor Recompression，简称为MVR）脱盐工艺表现出了较好的处理效果和稳定性。该技术将需要冷凝的二次蒸汽通过压缩机压缩再次利用以替代新鲜蒸汽作加热源，回收了潜热，提高了热利用效率，降低了蒸发成本。此外，该工艺不需另设冷却塔，减少了占地面积，能进行橇装式运行；与结晶器联用时能做到液体零排放，并回收氯化钠以节省工艺成本。MVR蒸馏由蒸发器、换热器、压缩机及离心机等部件构成,主要去除压裂返排液中的重金属离子,从而降低总矿化度。具体工作原理是利用从蒸发器蒸发出来的二次蒸汽,经过压缩机压缩,压力和温度得到升高,同时热焓增加。然后送到蒸发器的加热室作为加热蒸汽的热源使用,使液体维持沸腾状态,而压缩后的蒸汽将被冷凝成蒸馏水。这样原先要被废弃的蒸汽得到了充分的利用,回收了潜热,提高了热利用效率。

MVR蒸馏技术相比传统蒸馏技术,在能源节约上的优势体现在:蒸汽被加热室利用一次后,产生的二次蒸汽中蕴含大部分的低品质能量,经过压缩机收集起来,并在花费很小电能的基础上,将这部分二次蒸汽提高为高品质能量,送回蒸发器作为热源使用,因此可以达到能量循环利用的目的。目前,美国fountain quail公司正利用MVR蒸馏技术处理压裂返排液。该公司通过撬装设备首先回收蒸发或浓缩过程中损失的热量,然后再将回收的热量用来为另外的蒸发过程提供燃料,这样可以提高能源效率。压裂返排液经过处理后,就能得到纯净的蒸馏水,而留下的是少量浓缩的盐溶液,其中包含压裂过程中的所有污染物和残留物。美国Aquapure公司的NONAD 2000蒸发装置使用该项技术,已在一些压裂液处理工程中推广应用,提供同类型产品的还有GE Water & Process、Aquatech等公司。

2)电絮凝技术

电絮凝(Electric Flocculation)技术是利用电能的作用,在反应过程中同时具有电凝聚、电气浮和电化学的协同作用,由电源、电絮凝反应器、过滤器等部件构成,主要去除压裂返排液中的悬浮物和重金属离子。具体工作原理是首先在电源的作用下,利用铁板或铝板作为电絮凝反应器的阳极,经过电解后阳极失去电子,发生氧化反应而产生铁、铝等离子。然后经过一系列水解、聚合及亚铁的氧化反应生成各种絮凝剂,如羟基配合物、多核羟基配合物以及氢氧化物,使污水中的胶体污染物、悬浮物在絮凝剂的作用下失去稳定性。最后脱稳后污染物与絮凝剂之间发生互相碰撞,生成肉眼可见的大絮体,从而达到分离。目前,美国halliburton公司采用cleanwave技术,通过车载电絮凝装置破坏压裂返排液中胶状物质的稳定分散状态。当压裂返排液进入该装置时,阳极释放带正电的离子,并和胶状颗粒上带负电的离子相结合,产生凝聚。同时,在阴极产生气泡附着在凝结物上,使其漂浮到水面,再由分离器除去,而较重的絮凝物沉到水底后排出。

3）臭氧催化氧化技术

臭氧催化氧化技术是利用臭氧与活性炭联用的处理技术，由催化反应器、空气气源处理系统、冷却水系统、臭氧发生器等部件组成，主要用来去除压裂返排液中的难降解有机物和细菌。传统的臭氧氧化技术是利用臭氧超强的氧化能力，打断各种难降解有机物的碳链结合键，使其快速氧化，合成为新的化合物。与常用的化学氧化剂相比，臭氧氧化电位为2.07 V，作为氧化电位最高、氧化能力最强的物质，因此常用作处理难降解有机物。但是传统的臭氧氧化技术在应用范围上有一定的局限性，在处理过程中，臭氧对污染物的去除表现出选择性，将优先与反应速率快的污染物进行反应而将其去除，从而使反应速率低的污染物不能被去除。但是羟基却可以避免此问题，因此臭氧要与其他氧化技术组成催化氧化体系，其中臭氧与活性炭就是典型的联用技术。该技术采用活性炭表面附载纳米MnO_2金属氧化物作为催化剂，以提高其催化活性。同时加以超声波协同，发生水力空化反应，促进臭氧分解生成羟基，使难降解有机物的去除率显著提高。水力空化是指水进入含有超声波的反应器时，由于超声波振动产生数以万计的微小气泡，并逐渐长大，最后发生剧烈的崩溃，从而产生羟基去除难降解有机物。目前，美国ecosphere公司采用以超声波催化，活性炭与臭氧氧化协同作用的处理方式，不使用化学药剂，用臭氧破坏细胞壁，从而杀灭细菌、抑制结垢。该装置为车载形式，可以根据页岩气开发的具体要求，提高或者降低处理速率，以满足不同的环境要求。

4）RO反渗透技术

RO（Reverse Osmosis）反渗透工艺是一种广泛用于高纯工业用水和海水淡化等的脱盐技术，也在压裂返排液脱盐处理中得到了商业化应用。但是，由于膜面结垢等因素，在当进水TDS高于40 000 mg/L时的技术经济性较差。

5）FO正渗透膜技术

低能耗、高效率的FO（Forward Osmosis）正渗透膜技术正越来越得到学术界和工业界的重视，北美已有研究开始探索其应用于页岩气后期返排液脱盐处理的可行性。

6）MD膜蒸馏技术

MD（Membrane Distillation）膜蒸馏技术作为近10年来迅速发展的一种新型高效膜分离技术，应用于TDS含量超过120 000 mg/L的高盐水脱盐处理时被认为具有显著优势，但目前尚未见到工程应用报道。

2.2.3 水力压裂返排液地面处理再利用技术发展趋势

根据国外资料研究，采用机械处理为主、化学处理为辅的方式将成为未来水力压裂返排液处理的主要发展方向。该方式可结合新型物化处理方法与高级氧化技术，提高处理效果。同时可根据处理要求，工艺流程采用模块式组合，满足由于开发区块变化而引起的压裂返排液组分变化。有效解决不同污染物组分的压裂返排液污染问题，节约处理成本，保护生态环境。

2.3 国内页岩气开发地面建设存在的风险和机遇

2.3.1 国内页岩气开发地面建设存在的风险

（1）页岩气开发存在经济效益风险

页岩气富集地区地表地形复杂，地面建设条件差，耕地肥沃，交通和水源有限，人口相对密集。所以不仅井场选择受限，基础工程量大，造成钻井、工程作业及地面建设困难，开采成本高。

（2）国内天然气管网的欠缺和不足造成页岩气下游市场风险

页岩气资源富集区很多集中在中西部山区，需建设天然气管道，而管网建设难度大、成本高，不利于页岩气地面集输利用和下游市场开拓。我国目前天然气管道总长度约为7.8万千米,而美国则达49万千米。

(3)水力压裂返排液处理再利用存在技术风险

目前国内在这方面还处于试验研究阶段,没有投入现场运行,急需压裂返排液处理再利用成熟可靠的技术。

(4)页岩气开采过程中存在生态环境风险

页岩气开采使用的水力压裂法具有很大争议:一是水力压裂技术需要耗费大量水资源,二是压裂液对周围环境存在风险。

2.3.2 国内页岩气开发地面建设存在的机遇

目前国内页岩气开发地面建设存在如下机遇:

(1)北美页岩气开发技术基本成熟,为我国开发页岩气提供了借鉴。北美已形成了一套先进有效的页岩气开采技术,这些先进技术的大规模应用,降低了成本,实现了页岩气低成本的高效开发。国外页岩气的成功开发模式,也为我们提供了重要的技术研究思路和现场数据,有利于我国页岩气实现快速、高效、经济的开发。

(2)国内天然气需求旺盛,为页岩气提供了良好的市场前景。

(3)国内已有成熟先进的天然气地面集输及处理技术。

(4)天然气储运设施不断完善,有利于页岩气的规模开发,部分页岩气资源富集区已有管网设施,且小型LNG和CNG技术不断成熟,为页岩气早期开发和就地利用提供了技术支持。

第3章

页岩气地面布站及地面集输

3.1 页岩气地面布站总体规划

3.1.1 页岩气地面布站总体规划指导原则

(1) 严格遵守国家法律、法规,贯彻国家建设方针和建设程序。

(2) 正确处理工业与农业、城市与乡村、近期与远期、协作与配合等方面的关系。

(3) 地面建设必须与地下资源条件相匹配,根据储量、油藏构造形态、生产井分布情况及自然地形特点等情况,合理确定页岩气地面厂、站布局。

(4) 节约土地,充分利用荒地、劣地、丘陵、空地,不占或少占耕地。

(5) 页岩气开发地面建设要为产量递补预留空间,根据页岩气田产能接替的具体情况,近期和远期产能目标统一规划。

(6) 充分评估和利用页岩气田周围已建基础设施,重视下游资源的开发和利用。

3.1.2 页岩气地面布站方式及总体规划选择

页岩气地面建设包括页岩气地面集输及处理、压裂液供水、压裂返排液处理再利用、供配电系统、供排水系统、消防系统、道路交通、生产生活土建等,所以页岩气的地面布站方式还不同于天然气的布站方式,由于页岩气开采方式复杂,需通过压裂,而且产量下降很快,为保证产量需打很多井,井多是其特点,为满足经济开采,以井组开采为主,考虑到井组的压裂返排液处理再利用设施,所以地面布站中以井组站WPB(Well Pad Battery)或单井站SWB(Single Well Battery)为单元。

1. 美国页岩气田地面布站

美国页岩气田的组成单元一般包括:单井(井组)、井场、集气站(增压站)、中心处理站及水处理中心。开采出来的页岩气经井口节流降压后通过采气管道汇聚到相应井场，在井场进行除砂、气液分离等简易处理后，通过集气支线进入相应集气增压站进行二次气液分离、增压；从集气增压站出来的页岩气通过集输干线进入中心处理站，经过增压、脱水等处理过程后，大部分页岩气经过计量后外输，还有一部分页岩气用作气举气返输至井场。此外，井场、集气增压站、中心处理站产出水和污水均进入水处理中心进行处理。美国Barnett页岩气田地面总体工艺流程如图3-1所示。

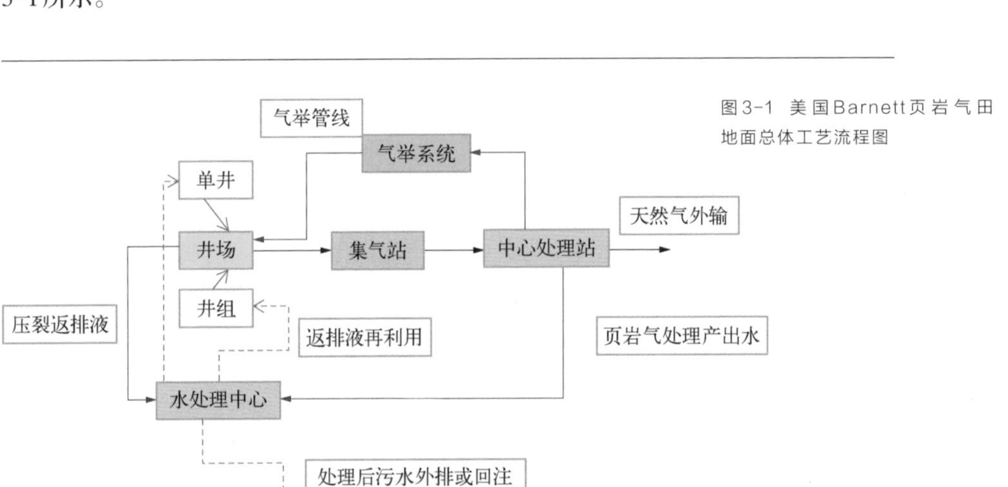

图3-1 美国Barnett页岩气田地面总体工艺流程图

2. 页岩气上游地面设施

由于页岩气的水处理主要指压裂返排液的处理再利用，水处理一般在井场周围进行，第8章将单独进行分析，这里主要指页岩气地面集输及处理。

页岩气从气井产出，经过一系列的地面集输站对页岩气进行降压、除尘、除液处理后，再由单井或井组集气管线、集气干线输至页岩气净化处理厂或长输管道首站，这一系统称为页岩气地面集输系统，由页岩气地面集输站和页岩气地面集输管网组成。

页岩气地面集输站由单井站（SWB）、井组站（WPB）、集气站（GGS — Gas Gathering station）、中心处理站（CPF — Central Production Facility）、中心集气站（CGF — Central Gathering Facility）（增压站）、中心凝液回收站（CLRF — Central Liquid Recover Facility）、中心销售点（CDP — Centrai Delivery Point）等组成。

3. 页岩气田周围或附近有天然气地面集输管道或通过新建天然气管道可到用户

由于页岩气以C_1和C_2为主，但其组分中仍含有C_3、C_4及C_4以上组分，需要回收C_3、C_4及C_4以上组分，有两种布站方案可选择。

（1）选择在中心处理站回收C_3和C_4，其总体布站如图3-2所示。

（2）因为是干气，C_5及以上组分含量甚微，选择在中心凝液回收站集中回收C_3、C_4及C_4以上组分，其总体布站如图3-3所示。

图3-2 页岩气上游地面总体规划图1

（CPF回收C_3、C_4及C_4以上组分）

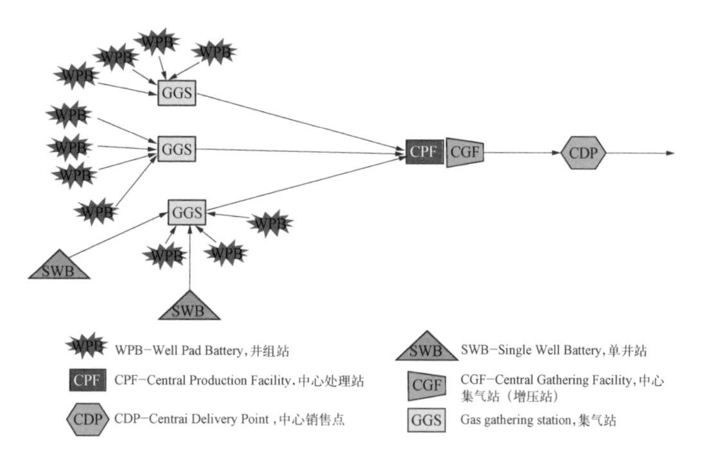

图3-3 页岩气上游地面总体规划图2

（CLFR回收C_3、C_4及C_4以上组分）

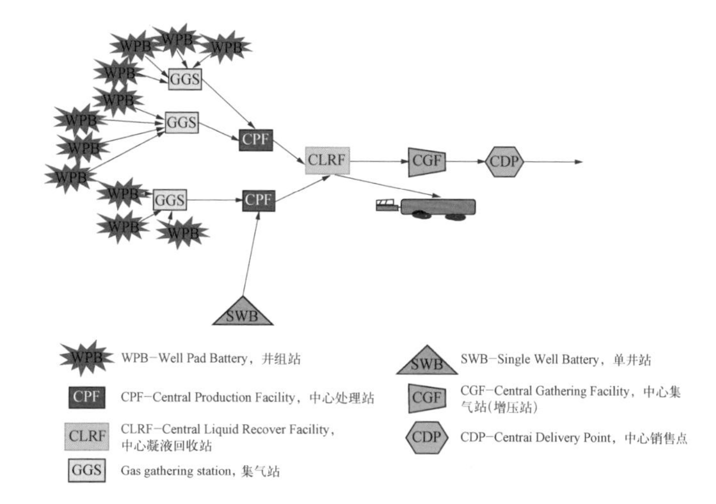

4. 页岩气田周围或附近没有天然气地面集输管道或无法建天然气管道到用户

对于页岩气田周围或附近没有天然气地面集输管道或无法建天然气管道的气田，可考虑建压缩天然气装置，简称CNG（Compressed Natural Gas）或液化天然气装置，简称LNG（Liquefied Natural Gas），见图3-4和图3-5。

图3-4 上下游一体化地面总体规划图（a）

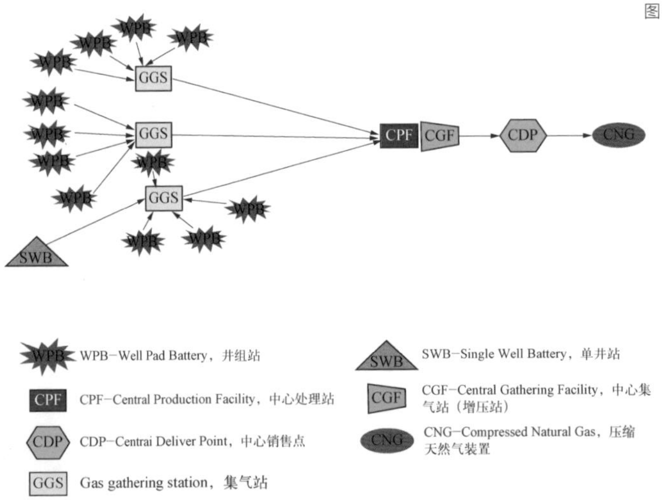

WPB GGS CPF CGF CDP CNG SWB

WPB－Well Pad Battery，井组站

CPF－Central Production Facility，中心处理站

CDP－Centrai Deliver Point，中心销售点

GGS Gas gathering station，集气站

SWB－Single Well Battery，单井站

CGF－Central Gathering Facility，中心集气站（增压站）

CNG－Compressed Natural Gas，压缩天然气装置

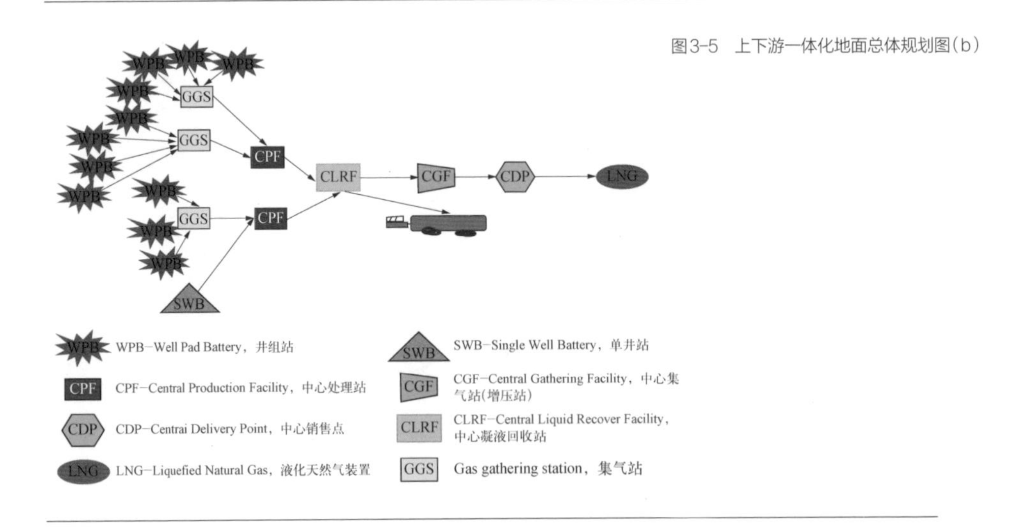

图3-5 上下游一体化地面总体规划图（b）

3.2 页岩气地面集输站种类、作用和一般要求

3.2.1 地面集输站的种类和作用

1. 气井设备

页岩气井设备分为井下结构和井口装置两部分，井下结构包括井底（即完井方法）和井身结构。

井口装置主要有采气树、两个主要阀门、一个三通和翼阀（wing valve）。

2. 页岩气气井井场

气井井场包括试井、页岩气取样、计量和井场分离。

从地层中开采出来的烃类混合物，在其组成、压力和温度条件下，将形成油气共存的混合物。同时也含有液体（游离水或地层水）和固体物质（岩屑、腐蚀物以及压裂残留物）。为了加工、储存和进行长距离运输的方便，有必要对它们进行井场分离。尽管各种分离设备的名称不同，形状也各异，但都是为了一个基本目的：从气流中分离掉液体和固体；从油流中分离掉固体以及游离水。

井场是页岩气地面集输工程中的重要组成部分。典型页岩气井场布局为气井布置在井场中间，生产设施布置在一边，同时需要考虑后续钻井、压裂、试采等操作所需空间，每个页岩气井场所管辖的页岩气井或井组的数量一般为4 ～ 20口。美国Barnett页岩气田典型井场工艺流程示意如图3-6所示。

从图3-6可看出，页岩气井产气首先经过气液分离器进行分离，一般一口井配置一个气液分离器。在实际生产中，还需要在气液分离器进口设置除砂装置，以防止气液分离器被沙砾堵塞。分离出来的液烃则就地储存在专用储罐中，定期运输至液烃提炼厂进行处理。气液分离后的页岩气计量后通过集气管线输至集气增压站或中心处理站。

页岩气井场内一般还设有气举系统，因为气井投产的前几周产水量很大，需要通过气举排液来投产。此外，当气井关井时间较长时，也需采用气举的方式实现再启动。气举用气体来自中心处理站经压缩后的天然气，气举设施一般布置在

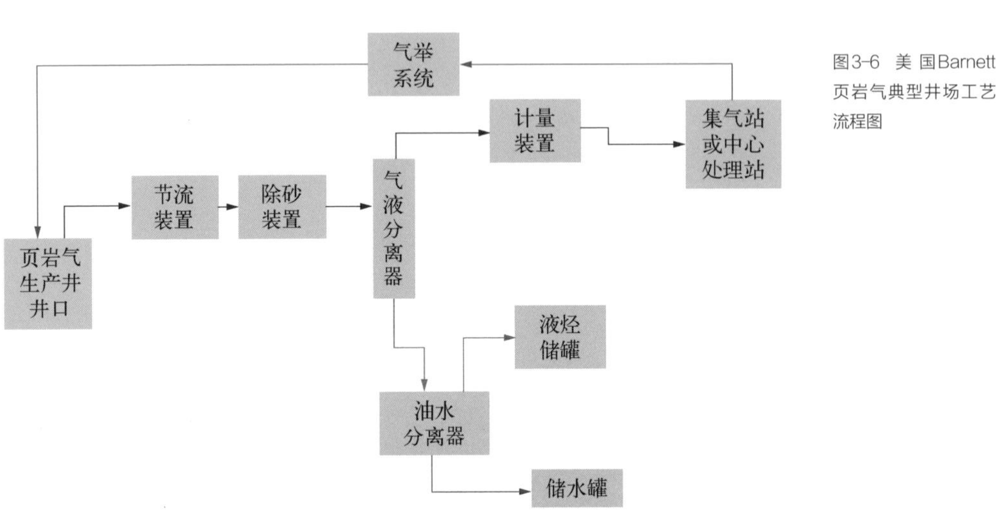

图3-6 美国Barnett页岩气典型井场工艺流程图

某个区域的中心位置，尽量增大气举设施的覆盖范围以降低地面设施建设成本。页岩气井初期产量、压力较高时，可将节流装置设置在井口，以应对短时间的高产量和高压力。如果有水合物生成风险，还需设置水套加热炉或水合物抑制剂注入装置。

此外，美国页岩气井场设施大多采用标准化、模块化设计，井场内每口气井均设有数据远传装置，在离井场不远的操作控制室以及页岩气田远程控制中心均设有数据接收装置，便于实时监控每口井的产量、压力等的变化情况，实现页岩气开发的自动化管理。

页岩气井场分为单井站和井组站两种。

1）单井站（SWB）

单井站指的是由1口井组成的井站场。

其井场分离包括两种方法：相分离和机械分离。

（1）相分离：在一定的压力和温度下，气液混合物将形成一定比例和组成的液相和气相，即相分离。

（2）机械分离：用机械分离的方法把液相（或固相）和气相分开，称之为机械分离。

2）井组站（WPB）

井组站指的是丛式井或平台（PAD）布井，一般为8～10口井，有时也会达到20～30口井，其井站场的作用同单井站。

3. 集气站（GGS）

单井或井组来的页岩气在集气站进行汇集，增压后外输至中心处理站，有时一个井组站就是一个集气站，可和井组站或单井站合并。

4. 中心处理站（CPF）

从地层采出的页岩气，通常处于被水饱和的状态。页岩气中液相水存在时，在一定条件下会形成水合物，堵塞管路、设备，影响地面集输生产的正常进行。另外，对于含有CO_2等酸性气体的页岩气，由于液相水的存在，会造成设备、管道的腐蚀。因此，有必要建立中心处理站脱除页岩气中的水分，或采取抑制水合物生成和控制腐蚀的其他措施。

美国页岩气田的中心处理站一般布置在整个气田中心区域，方便接收页岩气田各井场或集气增压站来气。美国页岩气田较为典型的中心处理站工艺流程示意如图3-7所示。从图3-7可看出，页岩气田中心处理站一般包括入口气液分离、脱酸、脱水、气体计量、压缩装置等。页岩气在进入中心处理站后，首先通过气液分离器进行分离，分离出的液体中若含有凝析油，还需通过油水分离器进行二次分离，分离出的凝析油定期运输至液烃提炼厂进行处理。分离出的产出水如果较少，可就地储存，待

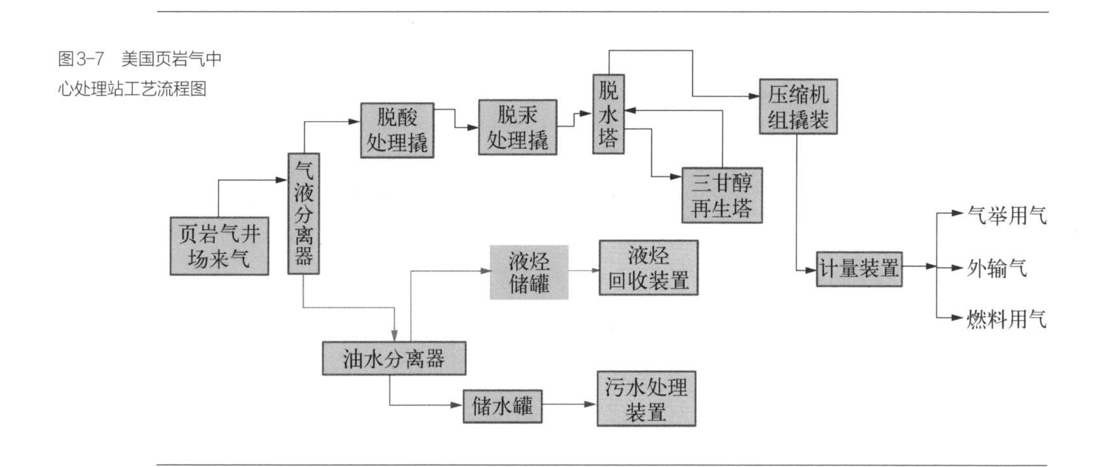

图3-7　美国页岩气中心处理站工艺流程图

储量较多时再运送至污水处理中心。气液分离后的页岩气经过脱酸、脱水等净化处理达到外输气质要求后，再通过压缩机组增压到外输压力要求，最后经计量后进入长输管道外输。需要说明的是，如果页岩气中还含有汞、氮气等杂质，还需要对其进行净化处理。

液烃回收装置和污水处理装置可建在中心处理站内，也可集中建站统一处理。

此外，美国页岩气田中心处理站压缩机组主要采用多级往复式、螺杆式、离心式等类型压缩机组，实际工程中一般选择多级往复式压缩机组。压缩机驱动方式主要有天然气驱动、电机驱动、柴油发动机驱动以及丙烷驱动，实际工程中以天然气驱动应用最为广泛。页岩气中心处理站采用的脱水方式主要有三甘醇脱水、分子筛脱水、甲醇或乙二醇脱水等，其中最常用的脱水方式为三甘醇脱水。页岩气计量装置主要有孔板流量计、科里奥利质量流量计等类型，用于外输计量、气举气计量、增压燃料气计量等。中心处理站中的脱水、计量、增压等装置一般均采用撬装设计，可根据页岩气产能的变化对相应撬装的数量进行调整，以适应页岩气田产能波动。

5. 中心凝液回收站（CLRF）

页岩气中除含有甲烷外，还含有一定量的乙烷、丙烷、丁烷以及更重烃类。为了满足商品气或管输气对烃露点的质量要求，或为了获得宝贵的化工原料，需将天然气中除甲烷外的一些烃类予以分离与回收。由页岩气中回收的液烃混合物称为天然气凝液，也称天然气液或天然气液体，简称凝液或液烃，习惯上称其为轻烃。通常，天然气凝液（NGL）中含有乙烷、丙烷、丁烷及更重烃类，有时还可能含有少量非烃类，其具体组成根据页岩气的组成、页岩气凝液回收的目的及方法而异。回收到的页岩气液或是直接作为商品，或是根据有关商品质量要求进一步分离成乙烷、丙烷、丁烷（或丙、丁烷混合物）及页岩汽油等产品。因此，页岩气液回收一般也包括了页岩气的分离过程。

6. 中心集气站（CGF）

中心集气站的作用以集气和增压为目的，通常增压站分为起点站场增压站，以及输气干线起点、中间增压站。在气田开发后期（或低压气田），当气井井口压力不能满足生产和输送所要求的压力时，就得设置站场增压站，将气体增压，然后再输送到页岩气处理厂或输气干线。此外,页岩气在输气干线中流动时,压力不断下降,要保证管输能力不下降就必须在输气干线的一定位置设置增压站,将气体压缩到所需的压力。增压站设在输气干线起点的叫起点增压站或首站,其任务是将处理厂来的页岩气,经除尘、计量、增压后输送到下一站。而增压站设在输气干线中间一定位置的叫中间增压站,其任务是将压力下降了的页岩气进行增压,继续往下一站输送。中间压气站可以有好几个。

7. 中心销售点(CDP)

净化后的页岩气在进入当地长输管道或LNG/CNG设施前需进行计量交接和测试。

8. 清管站

为清除管道内的积液和污物以提高管线的输送能力,常在输气干线和集气干线上设置清管站。

9. 其他

1)阴极保护站

为了防止和延缓埋在土壤内的输气管线的电化学腐蚀,在输气管线上每隔一定距离设置一个阴极保护站。

2)阀室

为方便管线的检修,减小放空损失,限制管线发生事故后的危害,在集气管线上,每隔一定的距离要设置线路截断阀室。在集气干线所经地区,可能有用户或可能有纳入该集气干线的气源,则在该集气干线上选择适当的位置,设置预留阀室或阀井,以利于干线在运行条件下与支线沟通。

3.2.2 页岩气地面集输站场的一般要求

(1)满足气田开发对地面集输处理的要求。

在气田开发方案和井网布置的基础上,地面集输管网和站场应统一考虑综合规划,分步实施,应做到既满足工艺技术要求又符合生产管理,集中简化和方便生活。

（2）采用先进适用的技术和设备。

（3）充分利用井场原有的场地和设备并与当地自然条件、交通条件相适应。

（4）地面集输系统的通过能力应协调平衡。

（5）地面集输系统的压力应根据气田压能和商品气外输首站的压力要求综合平衡确定。

（6）三废处理和流向应符合环保要求。

（7）产品应符合销售流向要求。

3.3 页岩气站场集输工艺总述

页岩气的地面集输工艺和天然气地面集输工艺是一致的。

3.3.1 气田集输工艺流程和集输系统总体布局

1. 气田集输系统的作用和范围

气田地面集输为实现气田地面开发的重要组成部分，是将分散的气井原料气经收集、处理和输送的全过程。气田集输工艺范围起于气井井口，然后到天然气中心处理厂，经过气田区域集中处理后至商品天然气贸易交接点。

气田集输站场包括集输管网和集输站场。集输管网负责井口页岩气的收集与输送。集输站场负责对原料气进行预处理，满足天然气处理厂原料气的气质要求，保障集输管网中的水力、热力流动性能，并取得气井生产动态数据。集输站场预处理一般有节流降压、分离、计量、加热、注入化学剂、腐蚀控制、增压等过程。

2. 气田集输系统总工艺流程

气田集输系统总工艺流程是指集输系统中各工艺环节间的关系及其管路特点的工艺组合。每个工艺环节的功能和任务、技术指标、工作条件和生产参数、各工艺环节的相互关系以及连接它们的管路特点均需在总工艺流程中明确规定。

1）制定气田技术系统总工艺流程的主要技术依据

（1）气藏工程及采气工程方案。其中最为重要的基础资料包括：气藏储量、气井分布、井流物全组分、油/水性质、单井产能、井口流量、压力和温度及其变化趋势等。

（2）天然气处理工艺及外输系统对气质的要求。

2）制定气田集输系统总工艺流程遵循的主要技术准则

（1）满足国家、行业和地方的有关法律、法规及标准规范要求，保证气田生产安全、环保、节能运行。

（2）合理确定建设规模、近远期结合，适应性强，一次规划，分期实施，避免重复建设。

（3）充分利用气藏天然能量，合理确定地面集输系统的压力等级，进行输送和处理。

（4）尽量简化工艺环节，提高系统的集中度和密闭性，方便管理与维护。

（5）将天然气集输与天然气处理、外输视为有机整体，达到综合效益最佳。

（6）集输主体工艺与配套系统协调配合。

3. 气田集输系统总体布局

气田集输系统总体布局主要确定以下内容：集输站场布点选址，集输管线宏观走向，水、电、信、路辅助设施分布及走向，气田行政管理、抢维修、生活依托设施分布情况等。进行气田总体布局时主要考虑以下因素：

（1）与气田集输系统总工艺流程和功能需求相适应。

（2）满足国家、行业和地方相关政策和规划要求。

（3）充分利用气田周边已有设施及社会资源。

（4）集输工艺站场选址场地气井分布、天然气处理及外输站场统筹协调，从系统上优化布局集输管道总体走向符合产品流向要求。

（5）站、线、路相结合，方便生产管理与维护抢修。

（6）水、电、信配套系统布局与集输主体工艺布局相结合，尽量共用走廊带。

（7）处理好与气田周边重要工矿企业及环境敏感区的关系。

（8）优化站场功能，尽量集中建站。

（9）与地形地貌、水文和工程地质、地震烈度、交通运输、人文社会、地方规划等条件相结合。

3.3.2 输送工艺

气田输送工艺分为湿气输送工艺和干气输送工艺，由于湿气工艺简单、投资少，宜优先选用，在湿气输送条件存在一定困难时，可考虑脱水后干气输送。当集输管网压力较低的情况下，可考虑增压输送。

1. 湿气输送和干气输送

页岩气湿气输送是指含游离水的湿页岩气通过管道输送的一种工艺，在天然气气田中广为应用，如在新疆塔里木的多个气田，集输系统均采用了湿气输送工艺，也是页岩气输送工艺的优先方案。大部分采用湿气输送的工艺采用了碳钢管材+缓蚀剂的防腐方案。

页岩气干气输送是指整个输送过程中页岩气温度始终保持在水露点之上的状态，是高酸性气田集输管道防止腐蚀、保证安全措施运行的常见措施之一，由于页岩气不是酸性气体，可不考虑干气输送方案。

2. 气液混输和气液分输

湿气输送工艺分为气液混输与气液分输。

1）气液混输

气液混输集气工艺是利用页岩气的压力将所携带的油、水等液体收集与输送，一般由集气支、干线混输至油气处理厂再进行处理。该工艺大大地简化了地面集输流程，节能降耗，站场设施少，操作简单，管理方便，节省投资。在采用气液混输工艺时，对于地形起伏大的地区，因流型变化多，气体压力波动大，需要适当提高集气系统的设计压力。气液混输管道为了防止清管工况下段塞流液体产生冲涌，在集气管道末端常需设置段塞流捕集设施。气液混输集气工艺适合以下几种情况：

（1）井间距较小，采、集气管道较短的集输管网。

（2）页岩气中含有凝析油、气田水，对井、站上分离的液体处理、输送困难，因此宜采用气液混输。

（3）井场至集气站采用气液混输，适用于高含硫气田，解决了井场含硫污水难以处理、维护费用高、污染环境等问题。

2）气液分输

气液分输工艺是先将页岩气在井场或集气站进行分离，分离后的气体、液体分别进行输送。对于液体输送常见的有泵压管输及汽车拉运等方式。气液分输集气系统复杂，设备较分散且集中度及密闭性低，一次投资及运行费用高，并给气田运行管理带来不便。气液分输工艺适用于：

（1）井间距离远，采气管线长的边远井宜用气液分输。

（2）采气管线高差较大，清管时巨大液量容易引起系统超压的工况，采用气液分输。

（3）单井产液量较大，液气比率较高，对下游水处理系统造成困难，宜采用气液分输。

3）增压输送

气藏压力低，集输压力不能满足页岩气处理工艺或外输商品气压力要求时，气田集输必须增压输送。气田开发中后期，气井压力降低，不能满足集输管网对输送压力的需求时，也将进入增压开采阶段。

气田增压按照增压地点位置的不同分为集中增压和分散增压。当气田内生产井井口压力、产量衰减幅度、衰减时间基本相同时，为方便运行管理，应优先考虑集中增压，将增压点选择在集气站或集气总站。

当气田内生产井井口压力、产量衰减幅度、衰减时间相差较大时，应优先考虑分散增压，以充分利用高压井剩余压力，并达到节能目的。

页岩气集输应尽可能依靠页岩气在地层中自身已具有的压力能来实现，只有当产出页岩气的压力低于页岩气净化厂对原料气压力的要求或某一低压产气区的页岩气压力低于集输管网的运行压力时才需要对页岩气增压。优化增压输送方案的最终目标是降低增压设施的工程建设投资和增压生产过程的运行费用，并使之有利于生产管理，优化工作的重点是增压站的分散或集中设置，增压点的位置、总压比、压缩机的级数和各级间的压比分配，压缩机的机型和动力配置等。如四川平落坝天然气田须二气藏开发在2006年后集输系统均相继低于外输管道输送压力，因此采用单井气举排水增压，并在集气站设置压缩机组集中增压，以解决平落坝气田单井压力低于外输压力后天然气的输送问题。

3.3.3 分离工艺

1. 分离目的

从井场开采的页岩气一般都含有液体（水、页岩油）、固体（泥沙、岩石颗粒等），由于以下原因，这些杂质需从页岩气中分离。

（1）保障集输管网的输送效率和其他工艺设备正常工作。

（2）降低腐蚀和腐蚀产物的影响。

（3）满足净化厂对原料气质量的需求。

（4）获取气井气、油、水产量动态数据。

（5）回收天然气凝液。

（6）降低集气站自身能耗（如水合物防止时的防冻剂量和加热时的热量）。

2. 分离工艺

分离工艺通常分为常温分离工艺和低温分离工艺。

1）常温分离

页岩气在水合物形成温度以上进行气液分离的工艺过程为常温分离。

常温分离工艺一般只需在集输站场进行节流降压和分离计量等操作就可以了，由于不需要注醇降低水合物形成温度，常温分离具有配套设施少、操作简单等优点，气田集输通常采用常温分离工艺。

常温分离工艺不能将凝析油分离出来，将凝析油从天然气中分离出来的工艺一般有吸收法、吸附法和低温分离法。

2）低温分离

页岩气在水合物形成温度以下进行气液分离的工艺过程为低温分离。

对于压力高、凝析油含量大的气井，采用低温分离可以分离和回收天然气中的水和凝析油，使管输天然气的烃露点达到管输标准要求，防止凝液析出影响管输能力。低温分离应在一定压力下降低操作温度而进行，采用低温分离工艺控制外输商品气的水、烃露点，根据气体组分及水、烃露点要求的不同，低温分离温度一般在-20℃以上。

为防止低温下天然气水合物的形成，一般需注入水合物抑制剂或先期脱水。低温分离回收天然气凝液或控制水、烃露点，需向原料气提供足够的冷量，使其降温至露点以下进行冷凝。当天然气只有可供利用的高压力能，也并不需要很低的冷冻温度时，一般采用节流阀（也称焦耳-汤姆孙阀）膨胀制冷低温分离工艺。

3）常温分离和低温分离集气工艺的选择

集气过程中天然气的气液分离一般应在常温下进行，只有当天然气中重烃组分含量高，回收利用重烃确有经济效益时才采用低温分离工艺。

采用低温分离工艺时，要对制冷方法、制冷中的主要工艺参数、生产流程、制冷设备选用等做多方案对比。根据工程建设投资和生产运行费用这两项主要指标选择最佳方案。

3.3.4 计量工艺

为了掌握各气井生产动态，需对气井生产的天然气、水及页岩气凝液进行计量，集输系统计量工艺可采用单井连续计量、多井轮换计量和移动计量三种方式，视气田开发不同情况和要求进行选取。

1. 单井连续计量

计量设施直接设于单井，对单井气液产量进行连续计量。

2. 多井轮换计量

在多井集气站或计量站，设置计量分离器，各单井来气定期轮换进入分离器进行周期性计量。采用轮换计量的气井，其计量周期一般为5～10天，每次计量的持续时间不低于24 h。

3. 移动计量

若对单井测试频率要求低，为简化井口固定计量设施，可采用移动分离计量工艺,配置车载式移动计量分离器橇装系统定期对单井的气、液分别计量。

3.3.5 水合物防止工艺

1. 防止水合物的目的

集输系统输送过程中气体温度低于水合物形成温度即会形成水合物,堵塞管道和设备,影响气田安全生产运行,因此,应采取必要的措施以防止集输系统中水合物的形成。

2. 防止水合物形成的措施

页岩气水合物的防止,可采用页岩气脱水、加热、保温或向页岩气中注入抑制剂等措施。

1)加热法

加热法是对气井产出的页岩气进行加热,保证节流和输送过程中页岩气最低温度高于水合物形成温度3℃以上。集输站场加热页岩气常用的设备有饱和蒸汽逆流式套管换热器、水套加热炉和真空加热炉,或与集气管线同沟敷设的热水伴热管线。

在集输气田井口采用加热炉方案时,凝析油和气田水不需分离,可简化工艺流程。井口加热可使单井集气管线设计压力较低,操作方便、灵活可靠。由于加热集气流程可采用较高的自动化控制手段,如加热温度与燃气量的联锁控制;自动熄火保护装置及参数远传等。通过定期巡查,可实现无人值守。

2)注醇法

一般采用计量泵向页岩气中注入抑制剂,常用的抑制剂主要有甲醇、乙二醇、二甘醇等。

(1)抑制剂的选择

甲醇由于沸点较低,宜用于较低温度的场合,温度高时损失大。甲醇富液经蒸馏提浓后可循环使用。甲醇具有中等程度的毒性,使用时应采取安全措施。集输系统分离出的含甲醇污水需适当处理后达标排放。

甘醇类的防冻剂(常用的主要是乙二醇和二甘醇)无毒,沸点较甲醇高,蒸发损失小,均能回收、再生后重复使用。但是甘醇类防冻剂黏度较大,在有凝析油存在时,操作温度过低会给甘醇溶液与凝析油的分离带来困难，增加了凝析油中的溶液损失和携带损失。

当气田水中含有较多的盐时，如果选用乙二醇作为水合物抑制剂，用常规再生法回收可以解决这一问题，但真空再生法为国外专利技术。甲醇再生装置可采用常规再生法，虽然也存在设备腐蚀问题，但甲醇在生产污水中累积而不会在塔底和贫液中累积。

（2）抑制剂的注入方式

抑制剂可采用自流或泵加注两种方式，自流方式采用的设备比较简单，较早曾在四川气田采用，但不能使抑制剂连续注入，且难以控制和调节注入量；采用计量泵加注，可克服以上缺点，而且抑制剂通过喷嘴喷入雾化、增大了接触面积，可获得更好的效果。

对于四川龙岗气田、新疆塔里木英买力等气田，通过计量泵在井口位置注醇，防止井口节流或者输送过程中水合物的形成。另外，投入工况也可以通过注醇解除地面设施的水合物。

3）井下节流防止水合物

井下节流工艺技术是依靠井下节流嘴实现井筒节流降压，充分利用地温地热，使节流后的气流温度基本恢复到节流前的温度，从而防止气流在井筒内形成水合物，在降低压力的同时，达到减少甲醇注入量，稳定气井生产能力的目的。采用井下节流工艺后，由于节流嘴以后油管到集气站的压力大幅度降低，天然气水合物形成初始温度随之降低，从而减少了水合物形成的机会。

井下节流工艺可使地面集输系统流程大为简化，近年来在长庆苏里格气田、四川广安须家河气田等开发中得到了应用。但井下节流器不易更换，因此提高投放、打捞节流器的成功率是该技术应用的关键。

3. 水合物防止方法选择

加热法、注醇法是集输系统常用的防止水合物的工艺。对井口节流防冻，均可用注醇和加热方式，如何选择，需结合上、下游条件及有关天然气处理工艺。根据气体中CO_2的含量和计算加热后天然气的温度，若气体中CO_2的含量较高，采用加热方法时应避免加热稳定在CO_2腐蚀最严重的温度范围内，必要时采用加注防冻剂的方法。防止井筒内形成水合物，可行的方法是向井筒内注入防冻剂。如果既要防止上游井筒内水合物的形成，又要防止下游天然气输送过程中水合物的形成，其适宜采用注醇措施，此时井口节流防水合物采用注醇方式较合理；单纯考虑井口节流防冻，注醇和加热均可。井口节流防冻采用加热方式，若井口压力高而温度较低时，对井口天然气进行一次或较少次节流而要求加热后天然气温度过高，需采用多次加热、节流的方式，防止加热后天然气温度过高。对于凝析气田，其凝析油凝固点大多较高，注醇只能解决水合物形成问题，而不能解决凝析油凝固的问题，因此宜采用加热方式来防冻。加热与注醇两种防冻措施均可适用的情况下，结合上、下游生产工艺并进行技术经济对比来选择防冻措施。集气站和集输管网运行中都需要防止水合物生成，必要时采用管道保温，以减少管线热损失，达到减少加热负荷或者注醇量的目的。

3.3.6 页岩气集输站场脱水

1. 脱水目的

对于页岩气开发，由于不含硫，可直接在场站设置脱水设施，净化后的页岩气满足商品气质要求后外输；为了降低酸性气田集输管线腐蚀风险，在站场设置脱水设施，从腐蚀机理上解决集输系统腐蚀问题；脱除页岩气中的水分，也避免了水合物形成而造成设备、管路堵塞的问题。

2. 脱水工艺方法

页岩气的脱水方法和天然气一致。天然气集输常用的脱水工艺方法有低温分离法、固体吸附法和溶剂吸收法。

1）低温分离法

目前在我国，高压凝析气或湿天然气经集气管线进入处理厂、站的压力高于干气出站压力时采用低温分离脱油脱水。当天然气采用低温分离法进行露点控制时，主要是满足管道输送，一般不需要很低的分离温度。如长庆榆林气田天然气含有少量的凝析油，通过采用节流膨胀低温分离工艺，既利用了开发前期的压力能，又达到了商品气外输时烃露点的要求，已于2001年试验成功。

2）固体吸附法

当要求露点降得更多、干气露点或水含量更低时，就必须采用固体吸附法。用于天然气脱水过程的吸附剂主要有活性铝土矿、活性氧化铝、硅胶、分子筛等，脱水后的干气中水含量可低于1 mL/m^3，水露点可达-60℃，并对进料气体温度、压力和流量的变化不敏感。

3）溶剂吸收法

与固体吸附法相比，溶剂吸附法具有投资较低，压降小，适用于集输系统压力富裕量不高的情况，采用甘醇（三甘醇）是最为普遍和较好的选择。如重庆气矿所属的万州作业区、开江作业区、梁平作业区、大竹作业区对所产的天然气在气田内建脱水站（大多设置橇装脱水装置），采用三甘醇脱水工艺，脱水规模50～200万立方米/天，原料气脱水后直接去输气干线。

3.4 单井站或井组站

单井站或井组站场工艺流程是表达单井站或井组站场的工艺方法和工艺过程。所表达的内容包括物料平衡量、设备种类和生产能力、操作参数，以及控制操作条件的方法及仪表设备等。

3.4.1 单井站或井组站的作用和类别

1. 作用

（1）汇集作用：对井组站，将两口以上的页岩气井用管线汇集并进行集中处理。

（2）预处理：由于从井场来的页岩气中含有页岩油、水、泥沙等杂质，为了不影响页岩气的输送和生产需要将页岩气在井组站进行预处理以脱除这些杂质。

（3）调压计量：由于井组站是对汇集两口以上气井的页岩气进行集中处理，每一口气井的压力均有差异，同时井场来气压力与集气站外输压力常常有压差，因此在井组站中需要调压。为了了解页岩气的产量，在井组站需要设置一些计量仪表计量页岩气的产量。

（4）防止生成水合物：由于页岩气中含有一定数量的水，在一定条件下形成水合物，堵塞管道、设备，影响地面集输生产的正常进行。因此在井组站中常常需要防止水合物的形成，防止方式有加热和注入防冻剂。

（5）防腐：由于页岩气中含有水和CO_2等腐蚀物，这些物质对集气管道和设备等具有很强的腐蚀性，因此在单井站或井组站中需要对管道和设备进行防腐。

2. 单井站或井组站的分类

1）按过程的温度和相变分为常温集气站和低温集气站

在单井站或井组站中如果需要控制页岩气中的水露点和烃露点，以及页岩气有足够的压差可利用时，地面集输站一般采用低温集气站的形式，反之采用常温集气站。

2）井组站或单井站的工艺流程

井组站或单井站流程有常温地面集输分离流程和低温地面集输分离流程两类。

3.4.2 单井站或井组站集气流程

1. 常温集气流程

1）特点及应用情况

常温分离地面集输站的功能是收集气井的页岩气；对收集的页岩气在站内进行气液分离处理；对处理后的页岩气进行压力控制，使之满足集气管道的输送要求。

对于页岩油含量很少的天然气，只需在地面集输站内进行节流调压和分离计量等操作，就可以输往用户了。在这种情况下，可以采用常温分离的地面集输站流程，以实现各气井来的页岩气的节流调压和分离计量等操作。

常温分离地面集输站由于比较简单，工艺技术成熟，目前在国内的天然气地面集输工艺中被广泛应用。

2）原理流程

（1）常温分离单井站地面集输站流程：如图3-8所示，常温分离单井集气站分离出来的液烃或水，根据量的多少，采用车运或管输方式，送至液烃加工厂或气田水处理厂进行统一处理。

常温分离单井站地面集输站通常是设置在气井井场。分离设备的选型可以选卧式或立式，前者一般为三相分离器，后者为气液分离器，因此使用条件各不相同。前者适用于页岩气中液烃和水含量均较高的气井，后者适用于页岩气中只含水或含较多液烃及微量水的气井。

图3-8 常温分离单井地面集输站工艺流程图

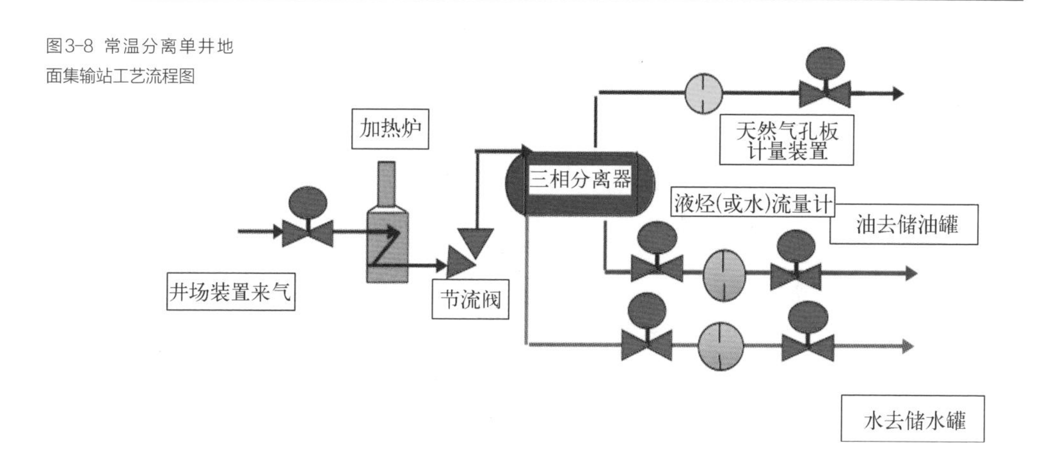

（2）常温分离井组集气站流程：常温分离井组集气站流程一般有两种类型，如图3-9和图3-10所示，两种流程的不同点在于前者的分离设备是三相分离器，后者的分离设备是气液分离器。两者的适用条件不同，前者适用于页岩气中页岩油和水的含量均较高的页岩气田，后者适用于页岩气中只有较多的水或较多的液烃的页岩气田。

（3）几种常温分离地面集输站实际流程分析

图3-11所示的流程，适用于气体中基本上不含固体杂质和游离（或者是在井场已对气体进行初步处理）的情况。其特点是二级节流、一级加热、一级分离。该流程是属于多井的地面集输站流程。各个气井都是通过放射状集气管网到地面集输站

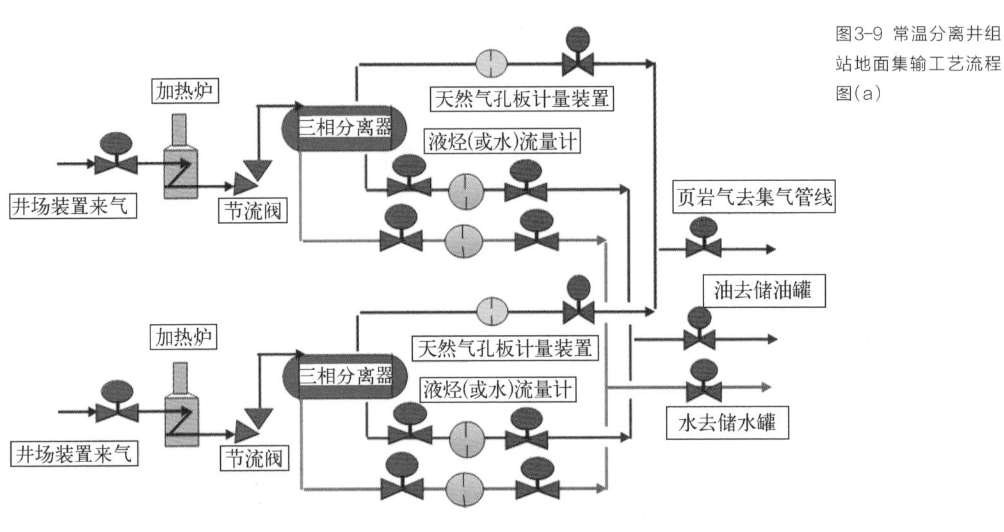

图3-9 常温分离井组站地面集输工艺流程图(a)

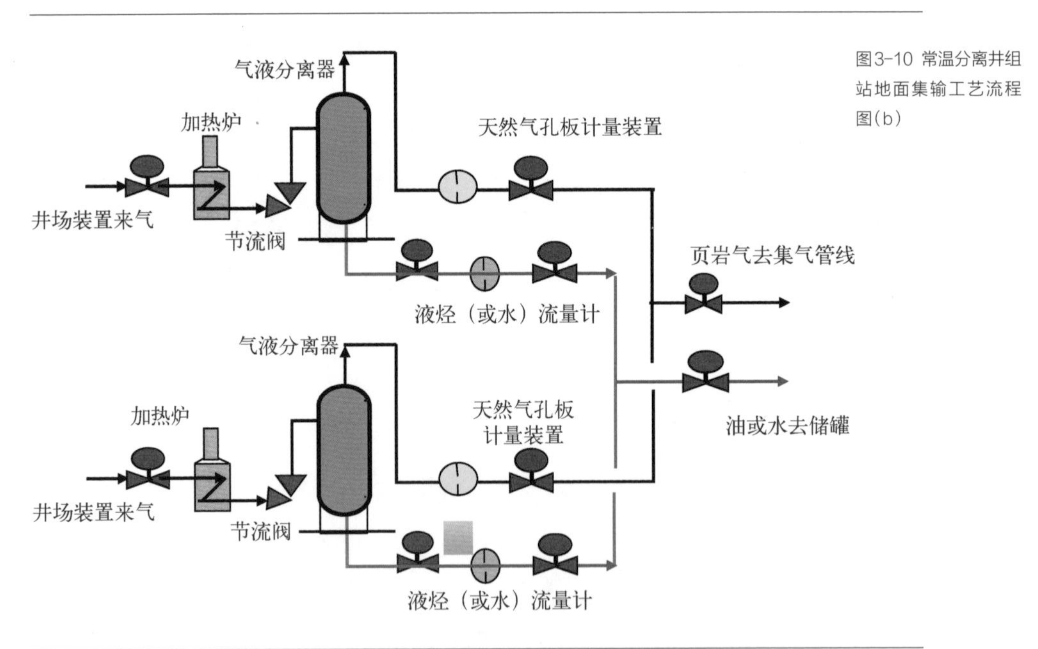

图3-10 常温分离井组站地面集输工艺流程图(b)

集中的。任何一口井的页岩气到地面集输站，首先经过一级节流，把压力调到一定的压力值(以不形成水合物为准)，再经过换热器加热页岩气使其温度提高到预定的温度，然后进行二级节流，把压力调到规定的压力值。尽管页岩气中饱和着水汽，但由于经过换热器的加热提高了页岩气的温度，所以节流后不会形成水合物而影响生产。

经过节流降压后的页岩气，再通过分离器，将页岩气中所含的固体颗粒、水滴和少量的页岩油脱除后，经孔板流量计测得其流量，通过汇管送入输气管线。而从分离器下部将液体（水和页岩油）引入计量罐，分别计量出水和页岩油数量后，再将水和页岩油分别送至水池和油罐。

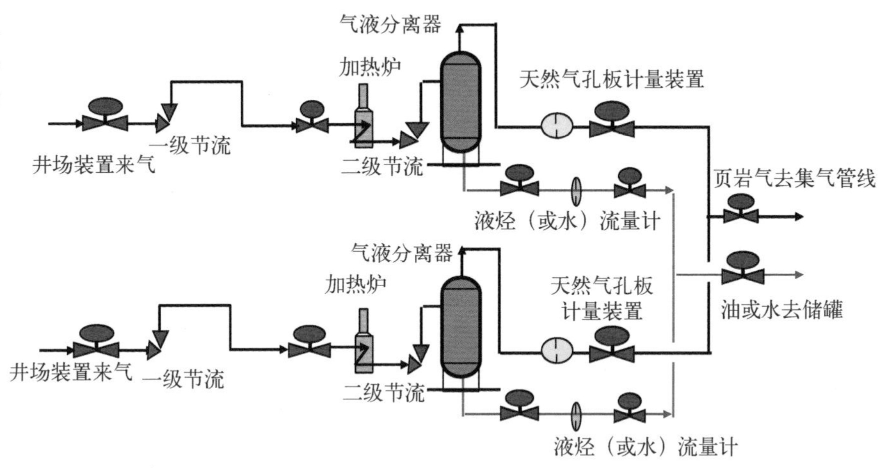

图3-11 二级节流常温分离井组站地面集输工艺流程图

多井常温分离地面集输站流程与单井井场地面集输流程相比，具有设备和操作人员少、人员集中和便于管理等优点，目前在天然气田得到了广泛应用。

2. 低温井组集气站流程

1）特点及应用情况

所谓低温分离，即分离器的操作温度在0℃以下，通常为–20 ～ –4℃。页岩气通过低温分离可回收更多的液烃。

低温分离地面集输站的功能有四个：收集气井的页岩气；对收集的页岩气在站内进行低温分离以回收更多的液烃；对处理后的页岩气进行压力调控以满足集气管线输送要求；计量。

为了要取得分离器的低温操作条件，同时又要防止在大压差节流降压过程中页岩气生成水合物，因此不能采用加热防冻法，而必须采用注抑制剂防冻法防止生成水合物。

页岩气在进入抑制剂注入器之前，先使其通过一个脱液分离器（因在高压条件下操作，又称高压分离器），使存在于页岩气中的游离水先行分离出去。

为了使分离器的操作温度达到更低的程度，故使页岩气在大差压节流降压前进行预冷，预冷的方法是将低温分离器顶部出来的低温页岩气通过换热器，与分离器的进料页岩气换热，使进料页岩气的温度先行下降。

因闪蒸分离顶部出来的气体中带有一部分较重烃类，故使之随低温进料页岩气进入低温分离器，使这一部分重烃能得到回收。

对于压力高、页岩油含量大的气井，采用低温分离可以分离和回收页岩气中的页岩油，使管输页岩气的烃露点达到管输标准要求，防止烃凝析液析出影响管输能力。

2）原理流程

比较典型的两种低温分离地面集输站流程分别如图3-12和图3-13所示。

图3-12流程图的特点是低温分离器底部出来的液烃和抑制剂富液混合物在站内未进行分离。图3-13流程图的特点是低温分离器底部出来的混合液在站内进行分离。前者是以混合液的形式直接送到液烃稳定装置去处理，后者是将液烃和抑制剂富液分别送到液烃稳定装置和富液再生装置去处理。

如流程图所示：井场装置通过采气管线输来气体经过进站截断阀进入低温站。页岩气经过节流阀进行压力调节以符合高压分离器的操作压力要求。脱除液体的页岩气经过孔板计量装置进行计量后，再通过装置截断阀进入汇气管。各气井的页岩气汇集后进入抑制剂注入器，与注入的雾状抑制剂相混合，部分水汽被吸收，使页岩气的水露点降低，然后进入气-气换热器使页岩气预冷。降温后的页岩气通过节流阀进行大压差节流降压，使其温度降到低温分离器所要求的温度。从分离器顶部出来的冷页岩气通过换热器后温度上升至0℃以上，经过孔板计量装置计量后进入集气管线。

从高压分离器的底部出来的游离水和少量液烃通过液位调节阀进行液位控制，流出的液体混合物计量后经装置截断阀进入汇液管。汇集的液体进入闪蒸分离器，闪蒸出来的气体经过压力调节阀后进入低温分离器的气相段。闪蒸分离器底部出来的液体再经液位控制阀，然后进入低温分离器底部液相段。

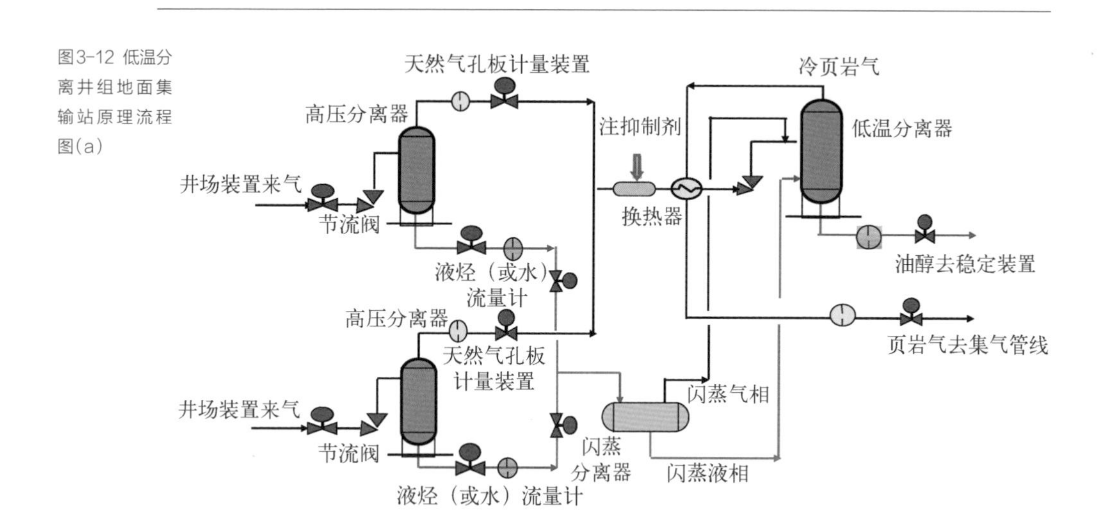

图3-12 低温分离井组地面集输站原理流程图(a)

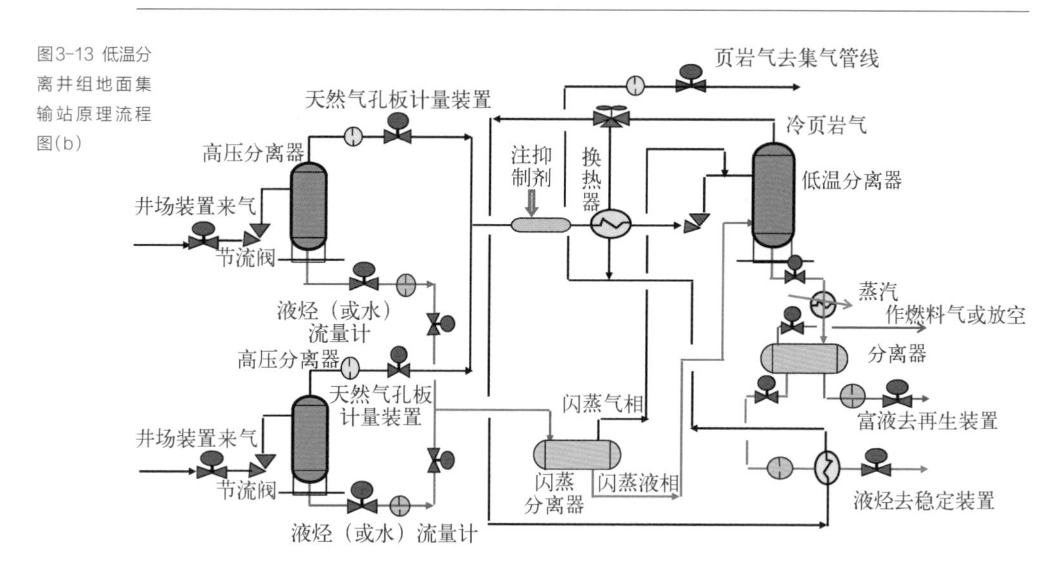

图3-13 低温分离井组地面集输站原理流程图(b)

3）低温地面集输过程中值得关注的几个问题

采用冷凝分离法回收页岩气液的特点之一是需要向原料气提供足够的冷量，使其降温至露点以下（即进入两相区）部分冷凝，而向原料气提供冷量的任务则是通过制冷系统来实现的，因此，冷凝分离法通常又是按照制冷方法的不同来分类的。

按照提供冷量的制冷系统不同，冷凝分离法可分为冷剂制冷法、直接膨胀制冷法和联合制冷法三种。

(1) 冷剂制冷法

冷剂制冷法也称为外加冷源法(外冷法),它是由独立设置的冷剂制冷系统向原料气提供冷量,其制冷能力与原料气无直接关系。根据原料气的压力、组成及页岩气的回收深度,冷剂(制冷剂或制冷工质)可以分别是氨、丙烷及乙烷,也可以是乙烷、丙烷等烃类混合物,而后者又称为混合冷剂(混合制冷剂)。制冷循环可以是单级或多级串联,也可以是阶式制冷(复叠式制冷)循环。

① 适用范围

在下列情况下可采用冷剂制冷法

a. 以控制外输气露点为主,并同时回收部分凝液的装置。通常,原料气的冷凝温度应低于外输气所要求的露点温度5℃以上。

b. 原料气较富,但其压力和外输气压力之间没有足够压差可供利用,或为回收凝液必须将原料气适当增压,所增压力和外输气压力之间没有压差可供利用,而且采用冷剂制冷又可经济地达到所要求的凝液收率。

② 冷剂选用的依据

冷剂选用的主要依据是原料气的冷冻温度和制冷系统单位制冷量所耗的功率,并应考虑以下因素:

a. 氨适用于原料气冷冻温度−30 ~ −25℃时的工况。

b. 丙烷适用于原料气冷冻温度−40 ~ −35℃时的工况。

c. 以乙烷、丙烷为主的混合冷剂适用于原料气冷冻温度−40 ~ −35℃时的工况。

d. 能使用凝液作冷剂的场合应优先使用凝液。

(2) 直接膨胀制冷法

直接膨胀制冷法也称膨胀制冷法或自制冷法(自冷法)。此法不另外设置独立的制冷系统,原料气降温所需的冷量由气体直接经过串接在该系统中的各种类型膨胀制冷设备来提供。因此,制冷能力直接取决于气体的压力、组成、膨胀比及膨胀制冷设备的热力学效率等。常用的膨胀制冷设备有节流阀(也称焦耳−汤姆孙阀)、热分离机及透平膨胀机等。

① 节流阀制冷

当气体有可供利用的压力能,而且不需很低的冷冻温度时,采用节流阀膨胀制冷是一种比较简单的制冷方法。当进入节流阀的气流温度很低时节流效应尤为显著。

节流过程的主要特征为，在管道中连续流动的压缩流体通过孔口或阀门时，由于局部阻力使流体压力显著下降，这种现象称之为节流。工程上的实际节流过程，由于流体经过孔口、阀门时流速快、时间短，来不及与外界进行热交换，可近似看做是绝热节流。如果在节流过程中，流体与外界既无热交换及轴功交换（即不对外做功），又无宏观位能与动能变化，则节流前后流体比焓不变，此时即为等焓节流。页岩气流经节流阀过程可近似看做是等焓节流。

图3-14为节流过程的示意图。流体在接近孔口时，截面积很快缩小，流速迅速增加。

图3-14　节流过程示意图

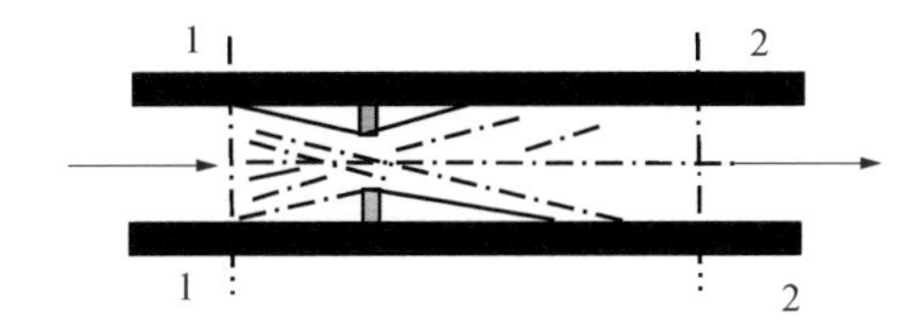

流体经过孔口后，由于截面积很快扩大，流速又迅速降低。如果流体由截面1-1流到截面2-2的节流过程中，与外界没有热交换及轴功交换，由绝热稳定流能量平衡方程得：

$$h_1+\frac{v_1^2}{2g}+z_1=h^2+\frac{v_2^2}{2g}+z_2 \tag{3-1}$$

式中　h_1、h_2——流体在截面1-1和截面2-2的比焓，kJ /kg（换算为m）；

v_1、v_2——流体在截面1-1和截面2-2的平均速度，m/s；

z_1、z_2——流体在截面1-1和截面2-2的水平高度，m；

g——重力加速度，m/s^2。

在通常情况下，动能和位能变化不大，且其值与比焓相比又极小，故式中的动能、位能变化可忽略不计，因而可得

$$h_1-h_2=0 \tag{3-2}$$

$$h_1=h_2 \tag{3-3}$$

式(3-3)说明绝热节流前后流体比焓相等,这是节流过程的主要特征。由于节流过程中摩擦与涡流产生的热量不可能完全转变为其他形式的能量,因此,节流过程是不可逆过程,过程进行时流体比熵随之增加。

在下述情况下可考虑采用节流阀制冷。

a. 压力很高的气藏气(一般为10 MPa或更高),特别是其压力会随开采过程逐渐递减时,应首先考虑采用节流阀制冷。节流后的压力应满足外输气要求,不再另设增压压缩机。如气藏气压力不够高或已递减到不足以获得所要求的低温时,可采用冷剂预冷。

b. 气源压力较高,或适宜的冷凝分离压力高于干气外输压力,仅靠节流阀制冷也能获得所需的低温,或气量较小不适合用膨胀机制冷时,可采用节流阀制冷。如气体中重烃较多,靠节流阀制冷不能满足冷量要求时,可采用冷剂预冷。

c. 原料气与外输气有压差可供利用,但因原料气较贫回收凝液的价值不大时,可采用节流阀制冷,仅控制其水露点及烃露点以满足管输要求。若节流后的温度不够低,可采用冷剂预冷。

② 热分离机制冷

热分离机是20世纪70年代由法国ELF-Bertín公司研制的一种简易有效的气体膨胀制冷设备,由喷嘴及接受管组成,按结构可分为静止式和转动式两种。自1980年代末期以来,热分离机已在中国一些天然气液回收装置中得到应用。在下述情况下可考虑用热分离机制冷。

a. 原料气量不大且其压力高于外输气压力,有压差可供利用,但靠节流阀制冷达不到所需要的温度时,可采用热分离机制冷。热分离机的气体出口压力应能满足外输要求,不应再设增压压缩机。热分离机的最佳膨胀比约为5,且不宜超过7。如果气体中重烃较多,可采用冷剂预冷。

b. 适用于气量较小或气量不稳定的场合,而简单可靠的静止式热分离机特别适用于单井或边远井气藏气的天然气液回收。

③ 透平膨胀机制冷

透平膨胀机是一种输出功率并使压缩气体膨胀,因而压力降低和能量减少的原动机。通常人们又把其中输出功率且压缩气体为水蒸气或燃气的这一类透平膨胀机称为蒸汽轮机或燃气轮机,而把只输出功率且压缩气体为空气、天然气等,利用气体能量减少获得低温实现制冷目的的这一类称为透平膨胀机(涡轮膨胀机)。由于透平膨胀机具有流量大、体积小、冷损少、结构简单、通流部分无机械摩擦件、不污染制冷工质(即压缩气体)、不需润滑、调节性能好、安全可靠等优点,故自20世纪60年代以来已在天然气液回收及天然气液化等加工装置中被广泛用作制冷机械。

当节流阀或热分离机制冷不能达到所要求的凝液收率时,可考虑采用膨胀机制冷。其适用情况如下:

a. 原料气量及压力比较稳定;

b. 原料气压力高于外输气压力,有足够的压差可供利用;

c. 气体较贫及凝液收率要求较高。

1964年美国首先将透平膨胀机制冷技术用于天然气液回收过程中。由于此法具有流程简单、操作方便、对原料气组成的变化适应性大、投资低及效率高等优点,因此近二三十年来发展很快。美国新建或改建的天然气液回收装置有90%以上采用了透平膨胀机制冷法。

(3) 联合制冷法

联合制冷法又称为冷剂与直接膨胀联合制冷法。顾名思义,此法是冷剂制冷法与直接膨胀制冷两者的联合,即冷量来自两部分:一部分由膨胀制冷法提供,一部分则由冷剂制冷法提供。当原料气组成较富,或其压力低于适宜的冷凝分离压力,为了充分、经济地回收天然气液而设置原料气压缩机时,应采用有冷剂预冷的联合制冷法。

由于中国的伴生气大多具有组成较富、压力较低的特点,所以自20世纪80年代以来新建或改建的天然气液回收装置普遍采用膨胀制冷法及有冷剂预冷的联合制冷法,而其中的膨胀制冷设备又以透平膨胀机为主。

3.4.3 井组集气站的分离、过滤

1. 分离、过滤是重要的工序

从井场开采的页岩气一般都含有许多液体(水、凝析油)和固体(如泥沙、岩石颗

粒等)，我们通常称之为天然气的杂质。这些杂质在页岩气中都需要除掉。因为：

(1) 保障地面集输管网的输送效率和其他工艺设备正常的工作；

(2) 降低腐蚀性和腐蚀产物的影响；

(3) 满足净化厂对原料气品质的需求；

(4) 回收有价值的轻烃；

(5) 为气田的开发提供气井产水、产烃数据；

(6) 降低集气站自身的能耗(水合物防止时的防冻剂量和加热时的热量)。

2. 常用的分离、过滤设备

1) 重力式气液两相分离器

重力式分离器有各种各样的结构形式，但其主要分离作用都是利用页岩气和被分离物质的密度差(即重力场中的重力差)来实现的，因而叫做重力式分离器。除温度、压力等参数外，最大处理量是设计分离器的一个主要参数。只要实际处理量在最大设计处理量的范围以内，重力分离器即能适应较大的负荷波动。在地面集输系统中，由于单井产量的递减、新井投产以及配气要求变化等原因，气体处理量变化较大，因而在地面集输系统中，重力式分离器应用也较为广泛。

重力式分离器的分类：如果是从整个液流中分离出气体，则称为“两相”分离器；如果还要将液流分离成原油部分(凝析油)和游离水，则称为“三相”分离器。根据液体流动的方向和安装形式，分离器又可分为卧式、立式和球形等。

2) 旋风(离心)式气液两相分离器

气流以切线方向从进口管进入分离器内，并在其内做旋转运动。由于气体和颗粒的密度不同，所以产生的离心力也就不同。结果是密度较大的颗粒被抛到外圈，就与气体分开了。被抛到器壁的颗粒，由于其重力和气流的带动，与气流一同向下运动，当到达圆锥体的底部时，颗粒就由排污口排出，而气流则折回向上形成内旋流从出口管流出。

3) 过滤和过滤分离器

过滤分离器的主要特点是在气体分离的气流通道上加上过滤介质或过滤元件，过滤掉气流中的固体杂质或液滴，常用的过滤介质或过滤元件有纤维制品、金属丝网、陶瓷和泡沫塑料等。过滤分离器常用于对气体净化要求较高的场合，如气体处理装置、压缩机站进口管路或涡轮流量计等较精密的仪表之前，一般过滤分离器前均应有一级分离器对气体进行初步分离。

4）油气水三相分离器

在油气开采的过程中，特别是在油气井开采的中后期，开采出的液体中常常是油中含水或水中含油，因而在生产过程中，不仅需要把气、液分离开，而且还需要把油和水（游离水）分离开，这种同时实现油、气、水分离的设备称为三相分离器。

三相分离器的分离原理是在两相分离（即气液分离）的原理基础上，考虑油和水的密度差异实现油和水的分离，通常在三相分离器中安装一些堰板或油槽挡板来实现油水分离。

3.4.4 集气站的调压、计量

1. 集气站调压、计量的目的

1）调压目的

（1）使各点压力符合站内工艺的要求和设备的设计要求

地面集输站是汇集两口以上气井的页岩气进行集中处理，每一口气井的压力均有差异，同时井场来气压力与集气站内工艺的要求压力有差异。另外，在地面集输站中的设备（如分离器、换热器）、阀门、管线等都有一个设计承压能力，因此在地面集输站中需要调压以满足工艺和设备管线的要求。

（2）满足规定的出站压力

经地面集输站处理后的页岩气一般就进入输气管线或到净化厂进一步处理，输气管线或到净化厂都有压力要求，因此在地面集输站中处理的页岩气必须满足规定的出站压力。

2）计量目的

（1）气田开发的需要：为了掌握页岩气的产量，了解气田的开发状态，在气田内部需要对页岩气进行单井和总产量的计量。

（2）自身经营管理的需要：气田的产量是气田生产业绩、经营状况的体现，掌握单井的产量和累积产量是企业自身经营管理的需要。

(3) 采用某些工艺措施的需要:单井的产量以及气田总的产量对采取什么样的工艺影响巨大,如采用常温地面集输站,或采用低温输气站,以及防止水合物的方式等对工艺措施都有较大的影响,因此需要计量天然气的产量。

2. 对集输站调压、计量的要求

1) 对地面集输站调压的要求

(1) 充分利用页岩气自身已有的压力来实现各种工艺措施的需要:在气田,开采的页岩气一般都具有较高的压力,从节能的角度出发,均应该充分利用页岩气的压力能来实现各种工艺措施的需要。

(2) 压力合理分级,减少水合物生成的可能,同时降低投资:由于在节流降压的过程中页岩气随节流降压产生温降,而且压降越大,温降也就越大,因此有可能形成水合物。同时也为了降低管线设备的承压能力,减少设备,减小管线的壁厚,降低投资,压力合理分级是必要的。

2) 对地面集输站计量的要求

(1) 商品计量和内部交接计量要求不同:天然气计量分级:一级计量为外输干气的交接计量;二级计量为气田内部干气的生产计量;三级计量为气田内部湿气的生产计量。

(2) 天然气计量仪表的配备原则

① 一级计量

气田外输气为干气,排量大,推荐选用标准节流装置(准确度为 ±1%)。在有条件的地方应选用高级孔板易换装置(也称高级孔板阀),可以带压更换孔板,所选孔板必须由不锈钢制造,并必须由检定单位按JJG《天然气流量测量用标准孔板》的要求检测,获合格证书后方可安装使用。孔板计量必须按GB7624—81《节流装置的设计安装和使用》及SY/T5167—1996《天然气流量的标准孔板计量方法》中的要求进行设计计算及安装设计,选用准确度为 ±0.5%的压力及温度变送器,在直管段前安装过滤器。

目前,中国对气田气流量一级计量综合计量误差的要求为 ±3%,标准孔板就可以满足要求。

② 二级计量

二级计量的介质也为干气，所以选用孔板节流装置比较合适(准确度应不低于 ±1.5%)。高级孔板易换装置造价高，为保证检测方便(孔板的检测周期为一年)推荐选用普通孔板易换装置(又称普通孔板阀)或简易孔板易换装置(又称简易孔板阀)。可选用准确度为 ±1%的压力及温度变送器，二级计量的综合计量误差应在 ±5%以内。

二级计量也可选用气体腰轮流量计、涡街流量计或旋涡流量计，仪表准确度应不低于 ±1%，流量计前应配过滤器，流量计一般离线检定。检定装置可选用钟罩气体流量装置[准确度为 ±(0.2%～0.5%)]、音速喷嘴气体流量标准装置(准确度不低于 ±0.2%)、标准表(准确度不低于 ±0.3%)、气体标准体积管(综合误差不大于 ±0.3%)。

③ 三级计量

三级计量的介质为湿气，不适合选用孔板计量，可选用气体腰轮流量计、涡街流量计等，仪表的准确度应不低于 ±1.5%，一般为离线检定，应保证拆装方便，流量计前应配过滤器。

三级计量的综合计量误差应在 ±7%以内。

(3) 多井计量时的轮换计量

对于气田所开采的气井如果具有相似条件(如气井在同一产气层，压力相差不大，产量接近且较小，为了减少分离设备和计量设备，在地面集输站中设一台生产分离器和一台单井计量分离器。通过单井计量分离器轮换分离计量，从而减少分离计量设备，降低工程费用，提高工程质量。

3.4.5 地面集输站对水合物生成的防止

1. 水合物的结构和形成条件

1) 天然气水合物

在0℃以上的一定温度和有液相水存在的条件下，天然气中的某些组分能和液态水形成一种白色结晶固体，外观类似于松散的冰或致密的雪，密度为0.88 ～ 0.9g/cm^3时，通称其为水合物。水合物的形成会使输气管道和设备堵塞，影响地面集输的正常进行。

天然气水合物是一种由许多空腔构成的结晶结构。大多数空腔里有天然气分子，所以比较稳定。这种空腔又称为“笼”，几个笼联成一体的形成物称为晶胞。

在立方晶胞中水分子的位置是确定的。但排列方式与方向不同。近年来的研究表明，天然气水合物的结构有两种：相对分子质量较小的气体，如$CH_4 \cdot C_2H_6$等的水合物形成体心立方晶系Ⅰ型结构，该结构每个笼有14个侧面，其中两个侧面为六角形面，其余为五角形面，每个被水合的气体分子周围有6 ～ 8个水分子，可写成$CH_4 \cdot 6H_2O$，$C_2H_6 \cdot 8H_2O$，$CO_2 \cdot 6H_2O$；相对分子质量较大的气体，如C_3H_8，iC_4H_{10}的水合物形成类似于金刚石的Ⅱ型结构，该结构每个笼有16个侧面，且其中4个侧面为六角形面，12个为五角形面，每个被水合的气体分子周围有17个水分子，可写成$C_3H_8 \cdot 17H_2O$，$iC_4H_{10} \cdot 17H_2O$。戊烷和己烷以上烃类一般不形成水合物。

Ⅰ型结构水合物的立方晶胞包含46个水分子，Ⅱ型结构水合物的立方晶胞中包含136个水分子。天然气的水合物不是一种化合物，而是一种配合物或称包合物。

2）天然气水合物形成的条件

天然气在具备以下三个条件中的一个时会形成水合物。

（1）天然气的含水量处于饱和状态

天然气中的含水气量处于饱和状态时，常有液相水的存在，或易于产生液相水。液相水的存在是产生水合物的必要条件。

（2）压力和温度

当天然气处于足够高的压力和足够低的温度时，水合物才可能形成。天然气中不同组分形成水合物的临界温度是该组分水合物存在的最高温度。此温度以上，不管压力多大，都不会形成水合物。不同组分形成水合物的临界温度如表3-1所示。

表3-1 天然气生成水合物的临界温度

组分名称	CH_4	C_2H_6	C_3H_8	iC_4H_{10}	nC_4H_{10}	CO_2	H_2S
临界温度/℃	21.5①	14.5	14.5	2.5	1	10	29

①过去认为该值为21.5℃，后研究发现在33～76 MPa条件下，甲烷水合物在28.8℃时仍存在，而在390 MPa时，甲烷水合物形成温度高达47℃。

（3）流动条件突变

在具备上述条件时，水合物的形成还要求有一些辅助条件，如天然气压力的波动，气体因流向的突变而产生的搅动，以及晶种的存在等。

2. 水合物生成的防止

1）限制天然气在集输中的温降

（1）限制节流时的程度

在生产过程中，气井来气进站后要经过节流降压。因天然气流经节流阀节流降压后会因气体膨胀而导致温度降低，当节流压差较大时，就有可能在节流处产生水合物阻塞阀门或管道，因此天然气井井口经常采用伴热或加热后温度要保证节流降压后不生成水合物。

节流程度的控制就是节流后最终温度和压力的控制，实际生产中很难操作。

（2）提高天然气流动温度，防止水合物生成

提高节流阀前天然气的温度，或者敷设平行于集气管线的热水伴随管线，使气体流动温度保持在水合物的生成温度以上也可防止天然气水合物的生成。站场加热天然气常用的设备有饱和蒸汽逆流式套管换热器和水套加热炉。

天然气经过节流降压使温度降低的现象，称之为焦耳-汤姆孙效应，该效应系数是每降低一个单位压力时对应的温降，用℃/(100 kPa)表示。图3-15是GPA推荐的用于确定节流降压所引起的温度变化的曲线图。

该曲线图是根据液态烃含量在11.3 m^3/(10^6 m^3)（GPA标准）条件下得出来的。液态烃量越高，则温降越小。以11.3 m^3（液态烃）/(10^6 m^3)（GPA标准），每增减5.6 m^3（液态烃）/(10^6 m^3)（GPA标准），就应有相应的±2.8℃的温度修正值。

对于天然气由于压降所引起的温度变化，也可以用经验公式计算：

$$D_i=\frac{T_c f(p_r,T_r)10^6\times 4.181\,6}{p_c\times c_p} \tag{3-4}$$

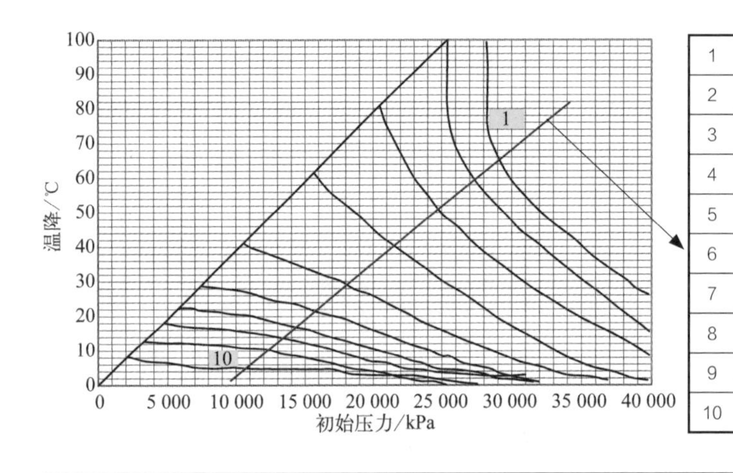

图3-15 一给定压力降所引起的温度降

式中 D_i——焦耳-汤姆孙效应系数，℃ /MPa；

T_c——气体临界温度，K；

p_c——气体临界压力，Pa；

p_r——对比压力；

T_r——对比温度；

c_p——比定压热容，kJ/(kmol · K)，由式(3-6)计算；

$$f(p_r,T_r)=2.343T_r^{-2.04}-0.071(p_t-0.8) \tag{3-5}$$

$$c_p=13.19+0.092\,24T-0.623\,8\times 10^{-4}T^2+\frac{0.996\,5M(p\times 10^{-5})^{1.124}}{\left(\frac{T}{100}\right)^{5.08}} \tag{3-6}$$

式中 T——节流前后温度平均值，K；

M——气体平均相对分子质量；

p——节流前后压力平均值，Pa。

(3) 经验公式法

① 波诺马列夫(Г.В.ПонмаРев方法)

波诺马列夫对实验数据进行整理，得出了不同气体相对密度下计算天然气水合物生成条件的公式。当T大于273 K时，有

$$\lg p=-1.0055+0.0541(B+T-273) \tag{3-7}$$

式中 T——水合物形成温度，K；

p——水合物形成压力，MPa。

系数B，B_1可根据气相相对密度从表3-2中查得。

表3-2 系数B, B_1

γ	B	B_1	γ	B	B_1
0.56	24.25	77.40	0.72	13.72	43.40
0.58	20.00	64.20	0.75	13.32	42.00
0.60	17.67	56.10	0.80	12.74	39.90
0.62	16.45	51.60	0.85	12.18	37.90
0.64	15.47	48.60	0.90	11.66	36.20
0.66	14.76	46.90	0.95	11.17	34.50
0.68	14.34	45.60	1.00	10.77	33.10
0.70	14.00	44.40			

② 水合物$p-T$回归公式

$$p=10^{-3}\times 10^{p^*} \tag{3-8}$$

式中p^*与气体相对密度有关，由以下回归公式确定：

$$\gamma=0.6:\ p^*=3.0009796+5.284026\times 10^{-2}T-2.252739\times 10^{-4}T^2+1.511213\times 10^{-5}T^3 \tag{3-9}$$

$$\gamma=0.7:\ p^*=2.814824+5.019608\times 10^{-2}T-3.722427\times 10^{-4}T^2+3.781786\times 10^{-6}T^3 \tag{3-10}$$

$$\gamma=0.8:\ p^*=2.704426+0.0582964T-6.639789\times 10^{-4}T^2+4.008056\times 10^{-5}T^3 \tag{3-11}$$

$$\gamma=0.9:\ p^*=2.613081+5.715702\times 10^{-2}T-1.871161\times 10^{-4}T^2+1.93562\times 10^{-5}T^3 \tag{3-12}$$

$$\gamma=0.6:\ p^{*}=2.527\,849+0.062\,5\times T-5.781\,353\times 10^{-4}T^{2}+3.069\,745\times 10^{-5}T^{3} \tag{3-13}$$

式中　T—— 温度,℃;

p—— 压力,MPa。

2) 注入抑制剂防止天然气水合物形成

广泛使用的天然气水合物抑制剂有甲醇和甘醇类化合物,如甲醇,乙二醇。

甲醇由于沸点较低,宜用于较低温度的场合,温度高时损失大,通常用于气量较小的井场节流设备或管线。甲醇富液经蒸馏提浓后可循环使用。

甲醇可溶于液态烃中,其最大质量浓度约3%。甲醇具有中等程度的毒性,可通过呼吸道、食道及皮肤侵入人体,甲醇对人中毒剂量为5 ～ 10 mL,致死剂量为30 mL,空气中的甲醇含量达到39 ～ 65 mg/m^{3}时,人在30 ～ 60 min内即会出现中毒现象,因而,使用甲醇防冻剂时应注意采取安全措施。

甘醇类防冻剂(常用的主要是乙二醇和二甘醇)无毒,沸点较甲醇高,蒸发损失小,一般都可回收,且再生后可重复使用,适用于处理气量较大的井站和管线,但是甘醇类防冻剂黏度较大,在有凝析油存在时,操作温度过低时会给甘醇溶液与凝析油的分离带来困难,增加了凝析油中的溶解损失和携带损失。

(1) 有机防冻剂液相用量的计算

注入集气管线的防冻剂一部分与管线中的液态水相溶,另一部分挥发至气相,消耗于前一部分的防冻剂,称为防冻剂的液相用量,用 W_l 表示;进入气相的防冻剂不回收,因而又称气相损失量,用 W_g 表示,防冻剂的实际使用量 W_t 为两者之和,即:

$$W_t=W_l+W_g \tag{3-14}$$

天然气水合物形成温降主要决定于防冻剂的液相用量。

对于给定的水合物形成温降 ΔT,水合物抑制剂在液相中必须具有最低浓度 c 可按式(3-15)(哈默斯米特公式)计算:

$$c=\frac{(\Delta T)M}{K_i+(\Delta T)M}\times 100 \tag{3-15}$$

$$\Delta T=T_1-T_2 \tag{3-16}$$

式中　ΔT——天然气水合物形成温降，℃；

c——为达到一定的天然气水合物形成温降，在水溶液中必须达到的防冻剂的质量百分数；

M——防冻剂的相对分子质量；

K_i——常数，对于甲醇，乙二醇和二甘醇，K_i=1 297，近年来国外某些公司认为，对于乙二醇和二甘醇，取K_i=2 220更符合实际操作；

T_1——对于集气管线，T_1是在管线最高操作压力下天然气的水合物形成的平衡温度；对于节流过程，则为节流阀后气体压力下的天然气形成水合物的平衡温度，可查图3-15或按式（3-4）计算，℃；

T_2——对于集气管，T_2是管输气体的最低流动温度，对于节流过程，T_2为天然气节流后的温度，℃。

求出水溶液中要求的防冻剂的质量浓度c（%）后，再考虑到随防冻剂气相蒸发部分带入系统的水量和防冻剂的纯度，防冻剂的实际用量按下式计算：

$$W_1 = \frac{c}{100c_1 - c}[W_w + (1 - c_1)W_g] \tag{3-17}$$

式中　W_1——质量浓度为c_1的防冻剂的用量，kg/d；

W_g——按质量浓度为c_1计算得的供气相蒸发用的防冻剂实际用量，kg/d；

c_1——防冻剂中有效成分的质量浓度，%；

W_w——单位时间内系统产生的液态水量，kg/d；

c——同式（3-15）符号说明。

单位时间系统产生的液态水量W_w包括单位时间内天然气凝析出的水量和由其他途径进入管钱和设备的液态水量之和（不包括随防冻剂而注入系统的水量）。

（2）防冻剂用于气相蒸发的实际蒸发用量

甘醇类防冻剂气相蒸发量较小，一般估计为3.5 L/（10^6 m^3）天然气，可取为4 kg/（10^6 m^3）天然气。

但甘醇类防冻剂有操作损失，主要是再生损失，凝析油中的溶解损失及甘醇与凝析油和水分离时因乳化而造成的携带损失等。甘醇在凝析油中的溶解损失一般为0.12～0.72 L/m^3凝析油，多数情况为0.25 L/m^3凝析油（约为0.28 kg/m^3凝析油）。

甲醇的气相蒸发量可由图3-16查出，根据防冻剂使用环境的压力和温度，可查出每10^6 m^3天然气中甲醇的蒸发量［$kg/(10^6 m^3)$］与液相甲醇水溶液中甲醇的质量浓度(%)之比值α，每10^6 m^3天然气的甲醇蒸发量W_g按下式计算：

$$W'_g = \alpha \cdot \frac{c}{10} \text{kg}/(10^6 \text{m}^3)\ \text{天然气} \tag{3-18}$$

式中　c——液相防冻剂水溶液中甲醇的质量分数，按式(3-15)计算，%。

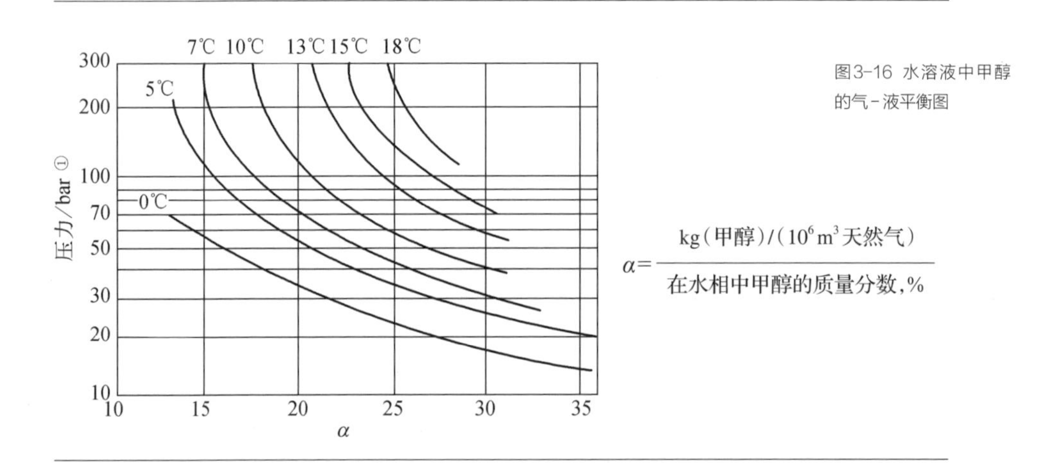

图3-16　水溶液中甲醇的气-液平衡图

甲醇的气相蒸发量W_g(换算到站场注入系统的甲醇溶液浓度下的用量)按下式计算：

$$W_g = 0.93 \frac{\alpha c}{c_1} Q \times 10^{-8}\ \text{kg/d} \tag{3-19}$$

式中　c_1——站场使用的甲醇溶液中有效成分的质量分数，%；

Q——天然气流量，m^3/d；

α 值可由图3-16中查出，其余符号同式(3-15)～式(3-18)。

(3) 核对防冻剂溶液的流动性

甘醇类化合物在低温下会丧失流动性，图3-17是三种甘醇不同浓度下的“凝固点”图。图中各曲线都有一最低值，而质量分数为60%～75%的各种甘醇溶液具有最小的“凝固点”，站场实际使用的甘醇溶液多在此浓度范围内。

① 1 bar= 1×10^5 Pa

（4）防冻剂的注入方式

防冻剂可采用自流或泵送两种方式，自流方式采用的设备比较简单，但不能使防冻剂连续注入，且难以控制和调节注入量。采用计量泵泵送，可克服以上缺点，而且防冻剂通过喷嘴喷入，增大了接触面，可获得更好的效果。

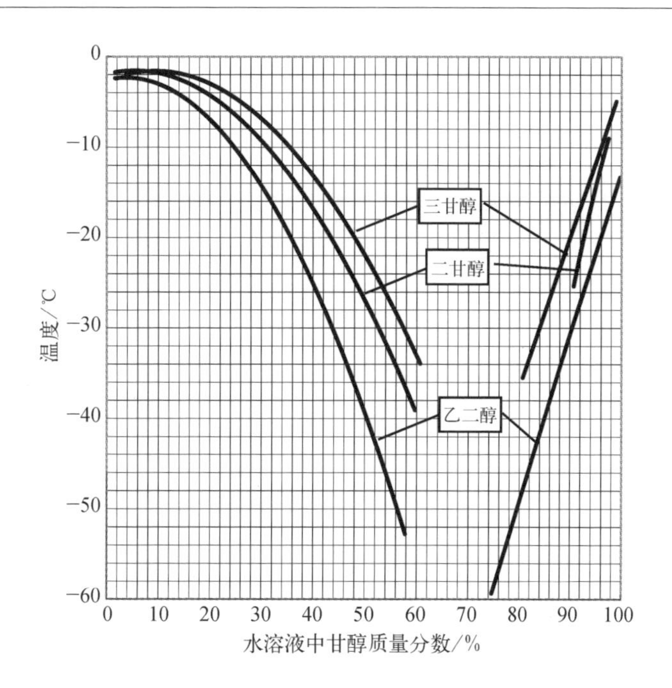

图3-17　三种甘醇的“凝固点”图

3.5　中心处理站（CPF）

井口出来的页岩气几乎都是水汽所饱和的，含饱和水的页岩气进入管线常常造成一系列的问题：在管线中会有液态水的沉积而增加压降并可引起柱塞流；水分可形成冰，也可与页岩气在一定条件下形成气体水合物影响平稳供气，严重时阻塞整个管路；页岩气中的CO_2溶于游离水中会形成酸，从而侵蚀管路和设备；同时也会造成不必要的动力消耗。同时，由于商品气规范要求的水含量远小于原料气中的饱和水蒸气含量，所以必须把大部分水脱除，中心处理站主要用于脱除页岩气中的水分，中心处理站也称为页岩气脱水站。

3.5.1 表征页岩气含水量的方法以及页岩气含水量与各种物理量之间的关系

1. 湿含量

页岩气的饱和湿含量取决于页岩气的温度、压力和气体组成等条件。

页岩气的湿含量可用湿度和露点温度来表示。

1）绝对湿含量

标准状态下每立方米页岩气所含水汽的质量数，称为页岩气的绝时湿含量或绝对湿度：

$$e = \frac{G}{V} \tag{3-20}$$

式中 e——页岩气的绝对湿度，g/m^3；

G——页岩气中的水汽含量，g；

V——天然气的体积，m^3。

2）饱和湿含量

一定状态下页岩气与液相水达到相平衡时，页岩气中的含水量称为饱和湿含量，以 g（水）/m^3 为单位。

3）相对湿含量

相对湿含量是指页岩气中所含水汽与其饱和水汽之比：

$$\varphi = \frac{e}{e_s} \tag{3-21}$$

式中 ϕ—页岩气相对湿含量；

e—页岩气的绝对湿含量；

e_s—页岩气的饱和湿含量。

4）页岩气的露点和露点降

页岩气的露点是指在一定的压力条件下，页岩气中开始出现第一滴水珠时的温度。页岩气的露点降是在压力不变的情况下，页岩气温度从一个露点降至另一个露点时产生的温降值。

通常，要求埋地输气管道所输送的页岩气的露点温度比输气管道埋深处的土壤温度低5℃左右。

2. 表示页岩气含水量的各种物理量之间的关系

1）露点：饱和温度

由页岩气的露点的定义可知露点是指在一定的压力条件下，页岩气中开始出现第一滴水珠时的温度，因此，页岩气的露点温度实际是页岩气处于饱和状态下的温度，即饱和温度。

2）饱和：相对湿度最大值

所谓饱和是指在一定状态下页岩气与液相水达到相平衡时页岩气中的含水量，由此可以看出饱和所对应的相对湿度为最大值，即相对湿度的值为1。

3）露点降：干燥程度高低、相对湿度大小

页岩气的露点降是在压力不变的情况下，页岩气温度从一个露点降至另一个露点时产生的温降值。它的实质反映了页岩气在压力不变的条件下湿页岩气干燥程度的高低，反映了页岩气相对湿度从1降至小于1的一个过程。

3.5.2 页岩气脱水

1. 页岩气中心处理站（也称净化站）脱水的目的和作用

1）脱水的目的

页岩气脱水实质就是使页岩气从饱和状态变为不被水饱和状态，达到页岩气净化或管输标准。

2）页岩气脱水的作用

（1）降低页岩气的露点，防止液相水析出；

（2）保证输气管道的管输效率；

（3）防止CO_2对管道造成腐蚀损失；

（4）防止水合物的生成。

2. 脱水方法

页岩气的脱水方法也就是天然气净化站的脱水方法。

1）冷冻法

这类方法可采用节流膨胀冷却或加压冷却，它们一般和轻烃回收过程相结合。节流膨胀的方法适用于高压气田，它使高压页岩气经过所谓的焦耳-汤姆孙效应制冷而使气体中的部分水蒸气冷凝下来。为了防止在冷冻过程中生成水合物，可在过程气流中注入乙二醇作为水合物抑制剂（在-40 ～ -18℃有效）。如需进一步冷却，可再使用膨胀机制冷。加压冷却是先用增压的方法使页岩气中的部分水蒸气分离出来，然后再进一步冷却，此法适用于低压气田。

用冷冻分离法进行页岩气脱水时，当页岩气田的压力不能满足制冷要求，增压或由外部供给冷源又不经济时，就应采用其他类型的脱水方法。

2）溶剂吸收法脱水

溶剂吸收法是目前天然气工业中使用较为普遍的脱水方法，虽然有多种溶剂（或溶液）可以选用，但绝大多数装置都用甘醇类溶剂，被广泛采用的甘醇类溶剂是三甘醇。三甘醇法（TEG法）脱水装置的露点降可达40℃左右。

3）固体吸附法脱水

吸附是用多孔性的固体吸附剂处理气体混合物，使其中所含的一种或数种组分吸附于固体表面上以达到分离的操作。吸附作用有两种情况：一是固体和气体间的相互作用并不是很强，类似于凝缩，引起这种吸附所涉及的力同引起凝缩作用的范德瓦尔斯分子凝聚力相同，称之为物理吸附；另一种是化学吸附，这一类吸附需要活化能。物理吸附是一可逆过程；而化学吸附是不可逆的，被吸附的气体往往需要在很高的温度下才能逐出，且所释出的气体往往已发生化学变化。

目前用于天然气脱水的多为固定床物理吸附。用吸附剂除去气体混合物的杂质，一般都使吸附剂再生循环使用。升温脱吸是工业上常用的再生方法。这是基于所有干燥剂的湿容量都随温度上升而降低这一特点来实现的。通常采用一种经过预热的解吸气体来加热床层，使被吸附物质的分子脱吸，然后再用载气将它们带出吸附器，这样就可达到吸附剂再生。吸附剂再生所需的热量由载气带入吸附床，一般吸附剂的再生温度为175 ～ 260℃。

天然气脱水过程使用的吸附剂主要有硅胶、分子筛等。

溶剂吸收脱水具有设备投资和操作费用较低廉的优点，较适合大流量高压天然气的脱水。但其脱水深度有限，露点降一般不超过45℃，对于诸如天然气液化等需要原料气深度脱水的工艺过程，则必须采用固体吸附法脱水。用这类方法脱水后的干气，含水量可低于1 mL/m^3，露点可低于−50℃，而且装置对原料气的温度、压力和流量变化不甚敏感，也不存在严重的腐蚀和发泡问题。因此，尽管固体吸附法脱水在天然气工业上的应用不及TEG法那样广泛，但在露点降要求超过44℃时就应考虑采用，至少要在TEG法脱水装置后面串接一个这样的设备。

4）膜分离法

膜分离法是利用膜的选择渗透性脱除天然气中水分的方法。20世纪80年代以来，膜分离脱水技术已经在一些国家进行技术开发，并逐步实现工业化。美国气体产品公司是气体膜分离技术应用的开拓者，该公司的膜分离技术应用于天然气脱水工艺，脱水率达到95%。我国在20世纪90年代才开始了膜分离脱水技术的研究应用，并最初在长庆气田进行了先导性试验，取得较好实验效果。膜分离法由于工艺简单、可靠性高、无污染、成本低等优点，给常规脱水方法带来冲击，但是目前在我国还没有广泛推广。同时，膜分离法也有烃损失、膜塑化溶胀性等需要解决的问题。

3.5.3 脱水工艺选择和脱水深度要求

1. 脱水工艺选择

1）地面集输过程中的应用

在页岩气地面集输过程中页岩气中始终含有水，当在页岩气含有CO_2时，CO_2与水形成具有很强的腐蚀性的酸对管道造成腐蚀损失。为了解决页岩气在地面集输过程中的腐蚀问题，在气田内部常常建立页岩气脱水站脱除页岩气中的水，使之成为干气输送，从而避免了页岩气在地面集输过程中的腐蚀。一般采用溶剂吸收法脱水。

2）页岩气凝液回收中的应用

无论是页岩气地面集输过程中采用的低温集气工艺，还是为了回收页岩气中的凝液（轻烃）而采用的轻烃回收工艺，为了防止水合物的形成，均应对页岩气进行脱水处理，使页岩气的露点降到工艺所要求的露点以下。

溶剂吸收法脱水较适合大流量高压天然气的脱水。但其脱水深度有限，露点降一般不超过45℃，对于诸如天然气液化或天然气轻烃回收中的中深冷等为了防止生成水合物需要原料气深度脱水的工艺过程，则必须采用固体吸附法脱水。

3）净化厂中的应用

含有CO_2的页岩气经净化脱CO_2后，净化气就应外输，在输送前，页岩气应达到管输页岩气水露点要求，因此，页岩气需要脱水。采用的方法一般都是溶剂吸收法，即三甘醇法。

2. 脱水深度的不同要求

1）地面集输时

在页岩气地面集输过程中的脱水主要是为了解决页岩气中CO_2对管道的腐蚀问题，因此，页岩气在地面集输过程中脱水深度只需要满足地面集输过程中没有水从页岩气中凝析就可以。一般脱水后页岩气的露点比地面集输条件下的最低温度低5～10℃。

2）凝液回收时

由于在凝液回收过程中，为了防止水合物的形成，通常工艺要求页岩气的水露点降超过44℃，页岩气需要深度脱水，一般采用固体吸附法脱水，用这类方法脱水后的干气中水含量可低于1 mg/L，露点温度可达-70℃以下，而且装置对原料气的温度、压力和流量变化不甚敏感，也不存在严重的腐蚀和发泡问题。

3）净化厂中

净化厂中页岩气脱水主要是为了满足页岩气进入长输管道时页岩气的水露点要求，国内规定净化后的天然气的水露点温度应低于长输管道输送时的最低环境温度5～10℃，或天然气在交接时无液态水。由此可以看出，净化厂中页岩气的脱水的露点降要求不大，一般采用三甘醇溶剂吸收法脱水就能满足要求。

3.6 其他站

3.6.1 清管站

清管站是通过发送清管器和接收清管器完成清管作业功能的工艺站场。清管器是利用流体压力推动穿过一定长度管线，达到清管、测量、探测或其他目的的仪器。页岩气/天然气管道的输送效率、使用寿命和安全可靠性在很大程度上取决于管道内壁的清洁状况，一旦出现故障，就会造成不可估量的损失，因此页岩气/天然气管线清洗对提高页岩气/天然气输送效率和保障管线安全平稳运行起着至关重要的作用。

1. 地面集输管道的清管

1）清管站作用

（1）管线投产前清除管道内的杂物

管线铺设和焊接过程中，管道内部会遗留许多泥土、机械杂质、岩石颗粒物和积水等，投产前需要清理，避免管线运行时堵塞管道和设备。

（2）管道运行过程中定期清除管道内部污物

管线运行过程中，管道中的页岩气/天然气会析出部分液态水、凝析油、甲烷水合物、氧化铁、碳化物粉尘和机械杂质等，这些物质在管道内部不仅会引起腐蚀，产生腐蚀产物，从而增加管壁粗糙程度。大量的水和腐蚀产物还有可能在局部聚集，降低管线流通截面，降低管线输气效率，甚至堵塞管道。因此页岩气/天然气管线在运行一段时间后，需要进行清管作业。

（3）新建管线或者正在运行管线的腐蚀监测

对于新建管线施工中，由于内壁长期暴露在空气中造成锈蚀，清管器可以清除管道内部锈蚀。正在运行的管线，例如地面集输管线，输送的是未经处理或者处理不彻底的页岩气，虽然页岩气一般不含硫化物，但是含有水分和CO_2，这些成分会对管线造成腐蚀，因此为了了解管线腐蚀状况和损伤程度，需要利用清管装置对管线进行检测。

(4) 清除新建管线分段水试压后残存的水分

新建管线需要进行分段试压,试压介质为水,试压结束后需要利用清管装置进行排水和干燥,保证输气安全性。

(5) 对管线进行动态监测和管理

清管器的应用研究发展至今,形成了多种设计体系,满足生产需要,包括对管线变形程度监测、泄漏监测、裂纹监测、管壁厚度监测等。另外还可以利用专门清管器涂敷管道内壁缓蚀剂和涂层,包括对管壁的清洗作业、化学预处理、化学涂层涂敷作业和涂敷质量控制等内容。

2) 清管器安装位置

目前,我国并没有对清管器的安装位置有明确的规范,一般清管站都是与其他工程设施站场合建。在页岩气/天然气管线起点需要设置清管器发送站,输送终点设置清管器接收站,根据实际情况还需要设置中间清管器。中间清管器发送站和接收站安装位置与清管器的质量、施工质量、清管器设计、清管速度以及管道内部情况等因素相关。根据美国机械工程师协会ASME制作的行业标准,新建页岩气/天然气管线清管器设置间距约为100 ~ 200 km。

3) 清管器分类

任何清管器都要求具有可靠的通过性能(尤其是通过弯接头、三通和管线变形处的能力)、良好的清管效果和足够的机械强度。用于页岩气/天然气管线的清管器种类繁多,不同设计类型的清管器已达到几百种,目前国内常用的是清管球、皮碗清管器、智能清管器等。

2. 清管器

1) 清管球

清管球是最简单的隔离介质和清除积液的一种可靠实用的清管器。清管球在我国20世纪70年代使用较为普遍,由于清垢效果不理想,现在只用于天然气管线积水清除。清管球一般有4种基本类型:空心清管球、实心清管球、泡沫清管球和可溶性清管球。其中空心清管球和实心清管球主要用于天然气管线,它是使用耐磨橡胶材料制成的圆球。用于直径小于100 mm管道的清管球为实心球,大于100 mm管道上的清管球为壁厚30 ~ 50 mm的空心球。

空心球上有1个可以密封的用于注水排气的小孔，孔内设有单向阀门，用以控制注入球内的水量，达到调节清管球直径对管道内径的过盈量。清管球的过盈量一般为3% ～ 10%，也有资料认为过盈量为5% ～ 8%，其目的都是为了使清管球在管道内部处于卡紧密封状态。

清管球的工作原理是利用气体压力推动球体在管道内部从始端前进到末端，从而使管道得到清洗。在使用过程中，清管球注入液体时必须将球内空气排出，保证注液口的密封性，否则不能保证清管球进入管道受压后的过盈量。一般在管道温度高于0℃时，球内液体可以是水，但当管道温度低于0℃时，球内液体需为低凝固点液体（如甘醇等），防止球内液体凝结。清管球在管道内部有滑动和滚动两种运动状态，其运动状态取决于清管球所受阻力均衡程度。

清管球液体注入口的密封性是影响寿命的主要因素，若注入口密封性好，清管球磨损就均匀，能多次重复使用。但是，清管球在通过三通或直径大于密封接触带宽度的物体时容易失密停滞，而且不能携带检测设备，功能单一。

2）皮碗清管器

皮碗清管器又叫直板清管器，是在一个刚性骨架前后串联两节或多节橡胶皮碗，中间安装有钢刷或者刮刀，并用螺栓将压板和导向器连接成一体而构成。其工作原理是：清管器进入管道后，皮碗与管道内壁紧密吻合，使其前后产生压差，并在压差作用下向前移动，达到清除污物的目的。

与清管球相比，皮碗清管器不但能清除输气管道内污物和起到隔离作用，还能作为管线检测设备的载体，用于运载电子、超声波检测设备、壁厚检测和腐蚀检测设备等。天然气管道使用的皮碗清管器根据结构和功能不同可以分为以下几种：

（1）锥形皮碗清管器。此种清管器密封性较好，耐磨，变径管和弯头的通过性较好。

（2）碟形皮碗清管器。应用广泛，可以实行管道清洗和水压试验等作业。

（3）盘式清管器。皮碗由不带唇部的圆盘组成，清管器可以双向运动，可以起到较好的清污效果。

3）智能清管器

智能清管器是一种能在管道运动过程中利用漏磁探伤、超声波探伤、γ 射线、涡流检测等技术采集关于页岩气/天然气管道腐蚀程度和位置、变形程度、壁厚、埋深、裂纹情况等数据，并将各种数据进行计算处理，为管线完整性评估提供依据的清管器。页岩气/天然气管线智能清管器根据测量原理可以分为磁通检测清管器、超声波检测清管器和自动摄像清管器等。

（1）磁通检测清管器

磁通检测清管器主要功能是探测页岩气/天然气管线腐蚀程度和损伤程度，其核心设备是安装在清管器的磁力探伤仪和传感器。当传感器随着磁力探伤仪移动时，管道内外腐蚀和损伤部位会引起异常漏磁场，并传到传感器被记录下来，从而判断管道腐蚀和损伤程度以及部位。

（2）超声波检测清管器

超声波检测清管器是利用页岩气/天然气管道内壁与外壁表面反射波的时间差来测定管道壁厚状况，从而得知管道磨损以及腐蚀情况。反射波时间差越小，则说明管道内外壁表面间距越小，腐蚀和磨损状况越严重。反之，反射波时间差越大，则说明管道内外壁表面间距越大，腐蚀和磨损状况越轻微。

（3）自动摄像清管器

自动摄像清管器是页岩气/天然气在管道内自动行走过程中利用电视和激光技术更为直观地检测管道内表面敷设以及缺陷情况，并通过视频处理技术将获取资料传输到终端的清管器。

目前，智能清管器的种类繁多，各公司根据实际情况研制了很多有特殊用途的智能清管器，但是不同的清管器有不同的技术指标和应用条件，在选择智能清管器时，应提前对管道变形情况以及通过性进行研究，进而选择最佳的智能清管器，以免清管器损坏或滞留管内。

4）其他清管器

除了上述三种清管器，目前页岩气/天然气管线中还经常用到泡沫清管器、全聚酯整体清管器、凝胶清管器、压力旁通式清管器等，这些清管器都有自己的优点，应用也较为广泛。例如：泡沫清管器采用聚氨酯泡沫材料制成，材质松软，变形能力强，不会对有内涂层的管线造成损伤，而且管道内通过能力强；全聚酯整体清管器不含金属构件，质量轻，对管线磨损小；压力旁通式清管器对较难清洗的页岩气/天然气管道内污物有主动流体喷射功能，不仅提高管道清洗效率，而且避免因管道内过大阻力而被卡住；凝胶清管器是一胶质流体系统，适用于任何可接受液体的管道，应用广泛，而且可以跟其他清管器配合使用。

3.6.2 阀室

1. 阀室的作用和功能

为监测页岩气/天然气管线正常运行，并且避免因事故造成损害，方便页岩气/天然气管线检修，需要在集气管线以及输气干线上设置阀室。阀室主要包含清管三通、线路截断阀、上下游放空旁通设备以及放空立管等，其主要作用和功能有以下几个方面：

（1）就地监控页岩气管线压力和温度。

（2）当页岩气管线发生事故时，截断管道内气流，并进行放空处理，限制危害程度。

（3）便于页岩气管道之间的沟通。

2. 阀室的分类

阀室按照安装位置不同可以分为地上式和半地下式阀室两种。地上式阀室操作简单，检修维护方便；半地下式阀室占地面积小，工艺管线短。

阀室按照是否智能也可分为非智能型和智能型两种。非智能型阀室是依靠手动开关阀门，并能在管线运行时实现高压、低压、压降速率检测的装置。智能型阀室是在阀室设置远程终端控制装置（RTU），当管线内压降速率超过正常范围时，RTU将检测到的压降速率信号和阀位信号传给控制中心，并由管线调控中心监测分析，远程中心发布指令，由阀室驱动装置关闭阀门。非智能型阀门可靠性高，依靠手动实现阀门开关，成本低。智能型阀室控制及时性好，节省人力，但是有时会出现失灵状况，因此在智能型阀室配有手动机构以备驱动机构失灵时使用。

3. 阀室间距设置

页岩气/天然气管线截断阀设置间距取决于管线所处的地区人口稠密程度、重要性、发生事故产生灾害的严重程度等因素，间距变化一般为8 ～ 32 km。但是当管线穿越大型河流、重要交通线、地质活动断裂带以及特殊困难段时，应根据具体情况，调整阀室间距。

4. 干线截断阀的规定和要求

输气干线输气量大，且压力较高，因此输气干线上的截断阀对于防止发生事故有重大作用。输气干线截断阀虽然关系重大，但一般处于备而不用状态，而且不便于检查维修。因此对于干线截断阀的质量和工作可靠性有严格的要求：

（1）良好的密封性。截断阀如果漏气，不易于被发现，而且阀室无人值守，容易造成页岩气/天然气损失，环境污染，并有发生火灾的危险，而且可能引起管线自控系统失灵或发出错误指令。

（2）具有可靠的大扭矩驱动装置。干线截断阀平时处于开启状态，在紧急情况下才会关闭，这要求驱动装置有可靠的大扭矩，保证阀门在短时间内完成关闭和开启。

（3）强度的可靠性。截断阀不仅要承受与管道相同的试验压力和工作压力，还要承受外界环境下温度应力、机械震动以及自然灾害等多种复杂应力。因此，截断阀必须有可靠的强度。

（4）有较长的寿命。管线运行期间，无法对截断阀进行检修，只有在管线非运行状态下才能检修，而且检修机会较少。因此，为防止截断阀在管线运行时发生损坏，截断阀必须有较长的寿命。

（5）阀室制造用材质必须具有较强的抗腐蚀能力。

第4章

页岩气地面集输管网

4.1 管网的构成、设置原则和优化

4.1.1 气田地面集输管网的构成

地面集输管网是由不同管径、壁厚的金属管道构成的大面积网状管道结构。它覆盖产气区域的所有的产气井，为气井产出的页岩气提供通向各类地面集输站场并最终通向页岩气中心处理厂的流动通道，是页岩气地面集输及处理生产中不可缺少的主要生产设施。按具体用途和输送条件的不同，其中的管道可分为如下三种。

1. 采气管道

1）作用

连接井口与井组站（或单井站）第一级分离器入口之间的管道，其作用是输送未经站场分离的页岩气。流体在采气管道中常呈气、液两相混输，特别是在气田开采后期，有大量的水会进入采气管道。

2）工作特点

采气管道所输送的是井口产出后未经气液分离和其他站场处理的页岩气，气质条件差，其中不同程度地含有井底所带出的液相水、重烃凝液、固体颗粒物等杂质，还可能含有CO_2，氯离子等腐蚀性物质。为了缩小管道和设备的尺寸以节省钢材和为下游的商品页岩气外输提供动力，整个地面集输及处理过程又总是在比较高的工作压力下进行，其中又以采气管道的压力为最高。被输介质的清洁程度差、工作压力高、腐蚀性强、管径相对小和输送距离相对短等特点。采气管道的输送能力由气井的产量和输送压力确定。

2. 集气支管道

1）作用

集气支管道是指井组站（或单井站）到集气干管道之间的连接管道，也称集气支管线，其作用是将在井组站（或单井站）经过站场预处理的页岩气输送到集气干管道中去。

2）工作特点

所输送的是已在井组站（或单井站）经过气液分离、过滤和其他必要站场预处理后符合页岩气中心处理站原料气要求的页岩气，气质条件比采气管道好，工作压力也比采气管道低。但除非已在井组站（单井站）或专门设置的站场脱水站对页岩气进行过干燥处理，页岩气在一定的压力和温度下分离后仍处于被水饱和的湿状态。管径一般比采气管道大，输送距离则取决于井组站（或单井站）离集气干管道的距离。

3. 集气干管道

1）作用

集气干管道常被称为集气干线，其作用是接纳各集气支管道的来气，将它们最终汇集到页岩气中心处理站进行净化处理。

2）工作特点

集气干管道的气质条件、工作压力与集气支管道基本一致，管径在地面集输管网的管道中处于最大。它可以是等直径的，也可以由不同直径的管道组合而成。变径设置时，随进气点数目的增多和流量的加大而加大其直径。

4.1.2 集输管网是气田地面工程建设的重要组成部分

1. 在页岩气地面集输及处理生产中的作用

1）为集输及处理中的页岩气提供统一和连续的流动通道

由于气井分散，地面集输及处理生产需要在大面积的区域内分散进行，由相互连通的管网为页岩气提供统一有序的连续流动通道是保证页岩气地面集输及处理生产连续进行的必要条件。管网在任何一个部位的故障或事故都会对某一生产区域甚至整个气田生产过程的正常运行产生不利的影响，甚至使整个生产过程中断。

2）为对页岩气进行各种站场预处理提供条件

地面集输管网全面覆盖整个产气区域，为地面集输站场的合理选址和在站场内及时对集气过程中的页岩气进行各种站场预处理提供了条件。而及时的站场预处理设备是保证集气过程持续进行的必要条件。

3）为页岩气的集中净化处理和商品页岩气的集中外输提供条件

集中净化处理有利于降低净化生产成本和对净化生产过程中的污染物排放进行集中、有效的治理。管网的存在为净化的集中进行和合理选择净化厂厂址提供支持，同时也使商品页岩气集中外输的要求自行得到满足。

2. 集输管网的建设费用和工程质量对气田开发的经济效益和安全生产的影响

1）工程建设费用高

地面集输管网覆盖面广、钢材用量大、施工费用高，其工程建设投资额常占到地面集输及处理工程建设总投资额的一半以上，是影响气田地面工程建设经济效益的主要因素之一。

2）地面集输管网的工程质量是影响地面集输及处理生产中的安全和环境保护的主要因素

在大面积范围内露天埋设地面集输管网，其工作环境差，若管道发生爆破事故将会严重影响事故点邻近区域居民的人身安全和当地的环境保护。从发生事故的可能性和事故的危害作用上看，提高地面集输管网工程建设的质量对实现地面集输及处理生产过程的安全和环境保护有重要作用。

4.1.3　集输管网的结构形式

页岩气地面集输管网布置形式的选择主要取决于页岩气田开发方案、气井井口压力、井间距、气体组分、地形地貌、井位布置、集气规模、产品流向、当地的环保法规、所处地区交通、环境等因素；按照安全可靠、技术适宜、经济合理、管理方便的原则，通过技术经济对比后确定；此外，其形式也随着气田开发时间的不同需要进行动态调整。常见的集气管网的结构形式通常有树枝状集气管网、放射状集气管网、环状集气管网、放射枝状组合式集气管网、放射环状组合式集气管网、枝状计量式集气管网、枝状站间单管串接集气管网等。美国Barnett和Marcellus等典型页岩气地面集输管网布置形式主要分为四类，包括枝状管网、放射（辐射）状管网、环状管网以及组合型管网。

1. 枝状集输管网

枝状管网也称线型集气管网，有一条贯穿于整个页岩气田的集气干线，将分布在集气干线两侧的气井产气通过集气支线或采气管道就近接入集气干线，再由集气干线输至页岩气田中心处理站，页岩气在中心处理站经脱水、增压等工艺满足气质要求后外输。

1）适用范围：当气井在狭长的带状区域内分布且井网距离较大时宜采用这种结构。沿产气区长轴方向布置集气干管道后，两侧分支的集气支管道易于以距离最短的方式通向井组站（或单井站）和中心处理站，再通过采气管道与井组站所辖的各产气井相连接。枝状管网一般适用于不进行井口增压且井口热值为45 MJ/m^3、气井间距分布均匀的页岩气田。美国Haynesville页岩盆地许多页岩气集输管网布置均采用枝状管网。

2）工艺流程：枝状集输管网通常和单井集气工艺流程相结合，天然气在井站内经加热、节流、分离、计量后外输进入集气干线。

3）集气管网布置：枝状集气管网形同树枝，集气干线沿构造长轴方向布置，将集气干线两侧各气井的天然气经集气支线纳入集气干线并输至目的地。管网布置形式如图4-1和图4-2所示。

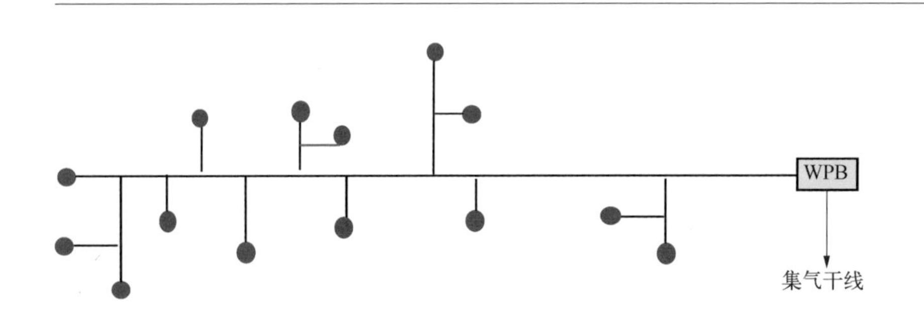

图4-1 井组站内单井间树枝状管道网络结构示意图

2. 放射（辐射）状集输管网

采气管线以井场为中心呈放射状散开，各气井产气通过采气管道直接汇入井场集气站，经初步增压、脱水等处理后，经集气干线输至中心处理站作进一步处理，该管网布置形式总体上有几条线型集气干线从一点（集气站或中心处理站）呈放射状散开。

（1）适用范围：适宜在气井面积较小、气井相对集中，气体净化可以在产气区的

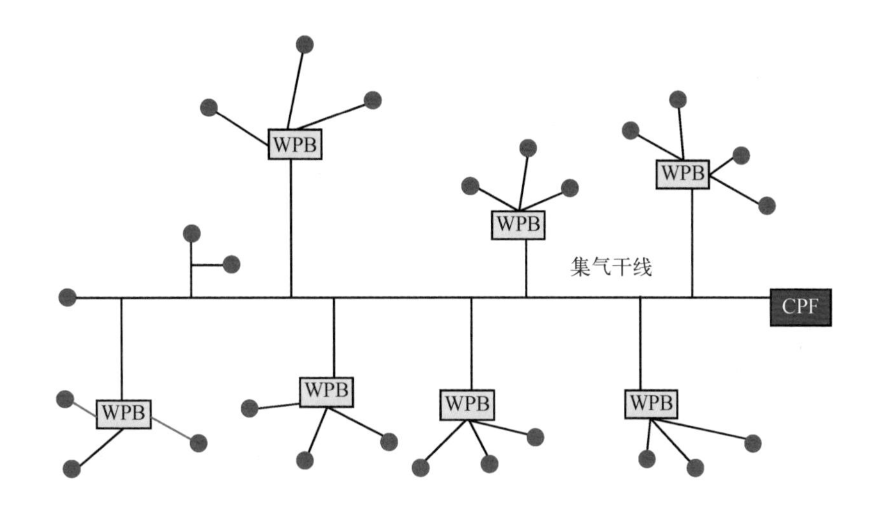

图4-2 单井、井组站之间树枝状管道网络结构示意图

中心部位处设置时采用，尤其是对于井口压力保持在0.35 MPa左右，且开采出的页岩气中凝析油含量较高的页岩气田，如美国北达科他州的Bakken页岩气田集输管网布置均采用放射状管网。

从井组站到产气井的采气管理多数都来用这样的结构，可以作为多井集气流程中的一个基本组成单元。该管网布置便于天然气的集中预处理和集中管理，能减少操作人员和节省费用。

（2）工艺流程：各气井所产的天然气在井场节流后，分别输至集气站，并在集气站完成加热、节流、分离、计量等工艺过程后进入下游。

（3）集气管网布置：放射状集气管网系统布置是以集气站或天然气处理厂为中心，每组井中选一口井设置集气站，其余各井到集气站的采气管线以放射状的形式与多个气井站相连。管网布置形式如图4-3和图4-4所示。

3. 环状集输管网

环状管网是将集气干线布置成环状，周围井场通过采气管道就近接入集气干线，通常在环状管网上适当位置建立中心处理站。由于页岩气可以通过环网的任何一边流动到中心处理站，因此，对于同样的输送规模，环状管网与枝状管网相比水力可靠性更高，但环状管网的投资建设费用普遍高于枝状管网。

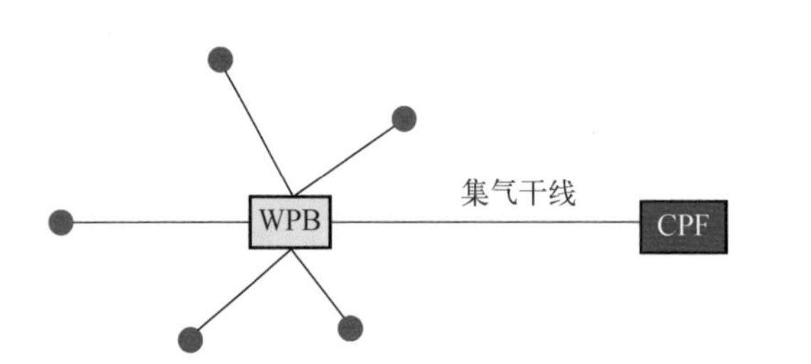

图4-3 井组站(WPB)内单井间放射状管道网络结构示意图

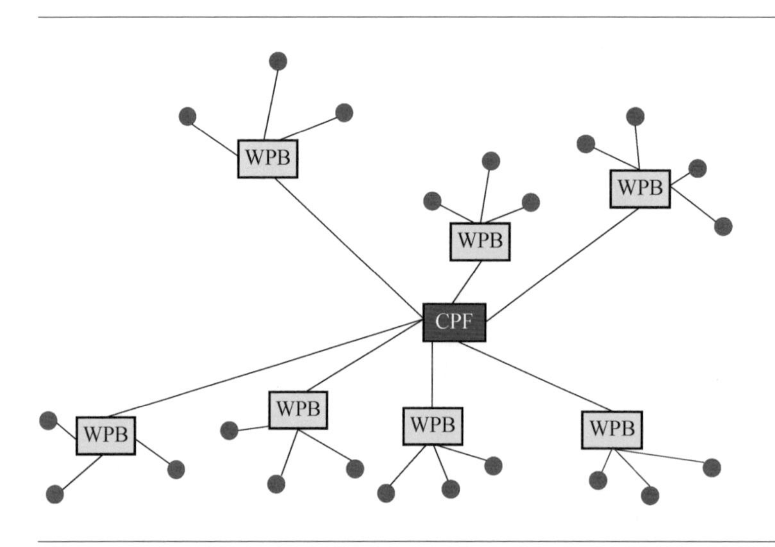

图4-4 井组站(WPB)间放射状管道网络结构示意图

(1) 特点：集气干管道在产气区域内首尾相连呈环状，环内和环外的井组站、单井站以距离最短的方式通过集气支线与环状集气干管连接，这种集气干线设置方式的特殊优点是各进气点的进气压力差值不大，而且环管内各点的流动可以在正、反两个方向进行。管网布置形式如图4-5所示。

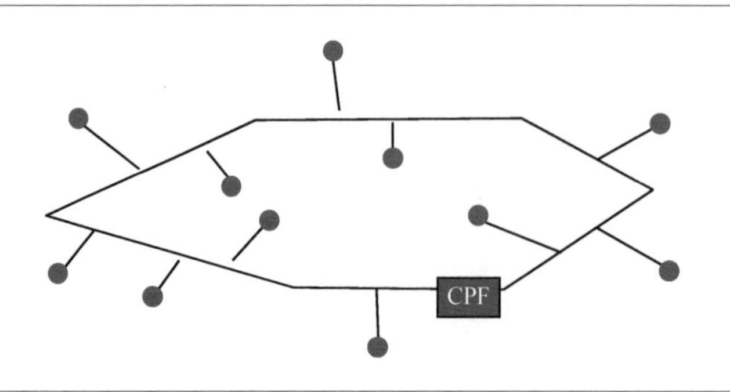

图4-5 环状管道网络结构示意图

（2）适用场合：当产气区域的面积大，但长轴和短轴方向的尺寸差异小，且产气井大多沿产气区域周边分布时，采用环状结构管网常常是有利的。它使环状干管上各进气点的压力差值降低，并提高了地面集输生产过程中向页岩气净化厂连续供应原料气的可靠性。通常在井场基础设施安装初期，井场布局和各页岩气井压力变化特性不清楚时推荐采用环状集气管网。同时，适用于面积较大且呈圆形或椭圆形的页岩气田，不适用于地形复杂的页岩气田，如美国的Barnett页岩气田和Marcellus页岩气田等均采用环状管网布置形式。

4. 组合式集输管网

放射枝状组合式管网和放射环状组合式管网统称为组合管网，是在多井集气基础上发展起来的管网形式。组合型管网是以多井集气站作为天然气预处理的中心，将其周边所辖各气井的天然气以放射形式通过采气管线输至集气站，并在此进行降压、分离、计量等预处理。在多井集气站内，按采气工艺要求，各气井可单独设置分离、计量装置，也可设轮换分离计量装置和总（生产）分离计量装置，对每口气井轮换计量达到分离目的并取得所需数据。这种集气管网形式能充分发挥设备效率，提高自动化程度，减少辅助生产设施和操作人员，从而节省建设投资，降低运行费用。

1）放射枝状组合式集输管网

（1）适用范围：放射枝状组合式集输管网适用于建设两座或两座以上集气站的各类气田，其适用性较广。

（2）工艺流程：放射枝状组合式集输管网是以多井集气站作为天然气预处理中心，将其周边所辖各气井的天然气以放射状形式通过采气管线输至集气站，并在此进行节流、分离、计量等预处理。

在多井集气站内，按采气工艺要求，各气井可单独设置分离、计量装置，也可设轮换分离计量装置和总（生产）分离装置。这种集气管网形式能充分发挥设备效率，提高自动化程度，减少辅助生产设施和操作人员。

（3）集气管网布置：当气田区域面积较大，单井数量较多，管网布置较复杂时，可采用两条或多条放射枝状组合式管网集输布置。管网布置形式如图4-6所示。

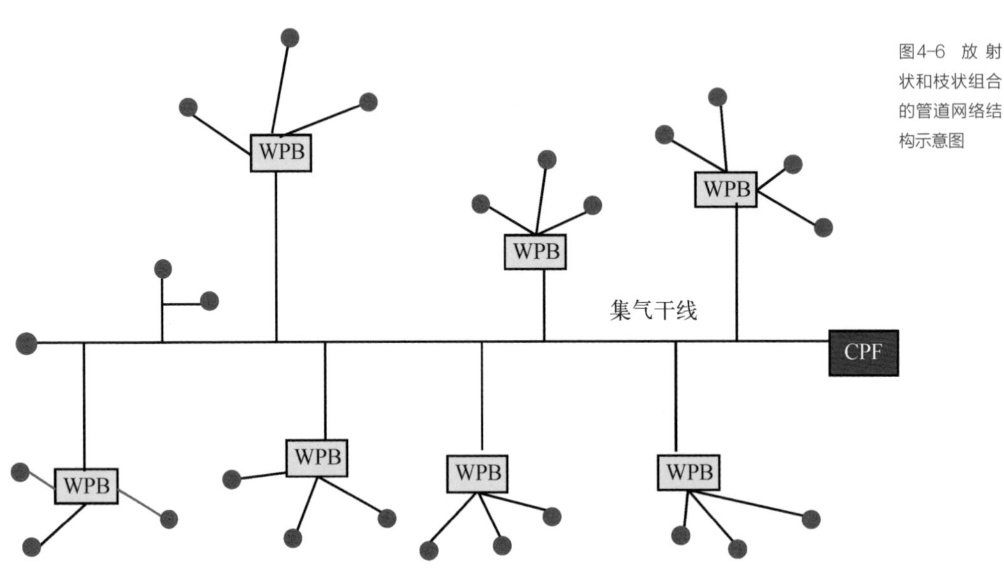

图4-6 放射状和枝状组合的管道网络结构示意图

2）放射环状组合式集输管网

（1）适用范围：放射环状组合式集输管网适用于面积较大的方形、圆形或椭圆形气田。具备上述条件的气田，如果地形条件复杂，气田处于深山区，则不宜采用，而以采用放射枝状组合式管网集输管网布置为宜。

（2）工艺流程：放射环状组合式集输管网是以多井集气站作为天然气预处理中心，将其周边所辖各气井的天然气以放射状形式通过采气管线输至集气站，并在此进行节流、分离、计量等预处理。环状干线若发生事故，不会造成干线全部停输。

（3）集气管网布置：放射环状组合式集输管网是在多井集气基础上发展起来的管网形式，集气干线与处理厂相连形成环状。管网布置形式如图4-7所示。

放射环状组合式集输管网的优点：气田内各集气站汇集周边气井来气后可就近通过集气干线与天然气净化厂或外输首站相连通，便于调度气量，具有一定的灵活性，即使干线局部发生事故也不影响整个集输管网的正常生产。

放射环状组合式集输管网的缺点：工程总投资较大，只适用于区域面积大、气井分布较分散的大型气田开发。

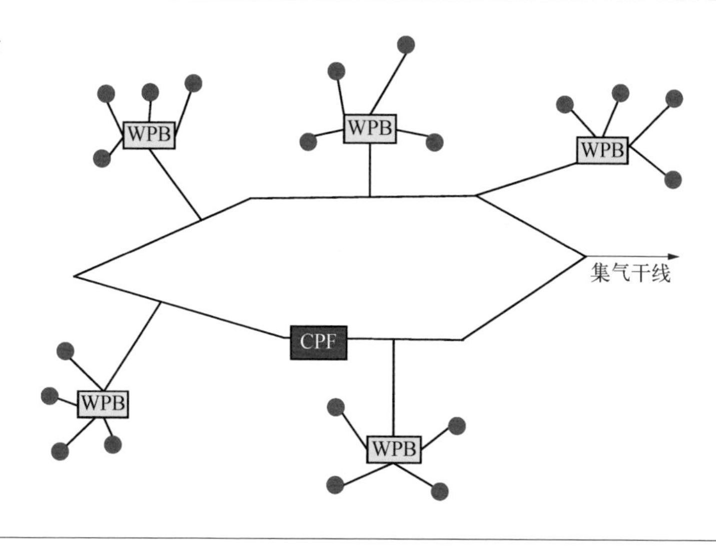

图4-7 放射状和环状组合的管道网络结构示意图

4.1.4 地面集输管网的设置原则

1. 满足气田开发方案对地面集输管网的要求

1）以气田开发方案提供的产气数据为依据

产气区的地理位置、储层的层位和可采储量；开发井的井数、井位、井底和井口的压力和温度参数（包括井口的流动压力和流动温度）；各气井的页岩气组分构成、开采中的平均组分构成；气井凝液和气田水的产出量和组分构成。以上数据是气田开发方案编制的依据，也是地面集输管网建设所需的基础数据。

2）按气田开发方案规定的开发目标和开发计划确定地面集输管网的建设规模和建设进度

开发方案根据气田的可采储量、页岩气的市场需求和适宜的采气速度，对气田开发的生产规模、开采期、年度采气计划、各气井的日定产量、最终的总采气量和采收率作了具体规定。地面集输管网的建设规模应与页岩气生产规模相一致。当页岩气生产规模要求分阶段形成时，地面集输管网的分期建设计划可根据开发期内年度采气计划规定的年采气量的变化来制订。

2. 地面集输管网设置与集气工艺的采用和合理设置地面集输站场相一致

地面集输管网设置与集气工艺技术的应用、集气生产流程的安排和地面集输站场的合理布点要求密切相关。采用不同的集气工艺技术和不同的地面集输站场设置方案会对地面集输管网设置提出不同的要求，带来某些有利和不利的因素，影响到地面集输管网的总体布置和建设投资。通过优化组合地面集输管网和站场建设方案将这两项工程建设的总投资降到最低，是地面集输管网设置希望达到的主要目标之一。

3. 地面集输管网内的页岩气总体流向合理，管网中主要管道的安排和具体走向与当地的自然地理环境条件和地方经济发展规范协调一致

气田地面集输中的页岩气最终输送目的地是页岩气净化厂，但经净化后的净化页岩气最终要输送到页岩气用户区。地面集输管网内的页岩气总体流向不但要与产气区到净化厂的方向相一致，还应与产气区到主要用户区的方向相一致。为此要把地面集输管网设置和页岩气净化厂的选址结合起来，把净化厂选址在产气区与主要用户区之间的连线上或与这个连线尽可能接近的区域，并力求净化厂与产气区的距离最短。

管网中集气干管道和主要集气支管道的走向与当地的地形、工程地质、公路交通条件相适应。避开大江、大河、湖泊等自然障碍区和不良工程地质地段以及高度地震区，使管道尽可能沿有公路的地区延伸。远离城镇和其他居民密集区，不进入城镇规划区和其他工业规划区内。

4.1.5 集输管网的优化

1. 优化的目标和影响集输管网优化的主要因素

1）目标

在满足使用功能和安全生产要求的前提下，将地面集输管网建设投资额和地面集输生产运行费用对页岩气地面集输及处理生产总成本的影响尽可能降到最低限度。

2）影响集输管网优化的主要因素

地面集输工艺技术的选择、地面集输站场布局、地面集输管网的管道钢材用量等都是影响地面集输管网优化的主要因素。由于地面集输网经常性的生产运行费用不高，工程建设投资成为影响地面集输生产成本的决定性因素。缩短管网管道的总长度和使不同直径管道的管径组合比例优化以降低管网的钢材用量是实现管网优化的中心环节。因为管网的钢材用量大，且各项工程建设费用都随钢材用量的增加而加大。

2. 集气工艺技术的选择和组合优化应用

1）集气方式的选择

以分散的方式（单井站）或以相对集中的方式（井组站）对页岩气作站场预处理，会影响到集气站的数量、设备总量和建设费用，而管网优化需要与站场设置的费用作统一的考虑。当气井分布比较集中时，设置集气站对与其邻近的一组气井产出的页岩气作相对集中的站场预处理是适宜的。可以减少地面集输站场和站场处理设备的数量，使每台设备都能达到一定的生产能力，从而充分发挥其作用，也为某些处理过程（如计量）进行多井轮换提供了条件。以分散方式进行站场预处理的井站集气方式只适用于气井高度分散、单井产量高或处在气田边远区域的气井。实际应用中常常根据气田内不同产气区域的具体情况，将集气站和井站这两种集气方式在同一地面集输系统中组合应用。列出多种单井站和集气站相结合的站场设置方案作比较，按站场设置费用最低的原则确定各种站场的数目，并结合当地的地形、公路交通和工程地质条件选定站场的站址，为管网设置提供依据。

2）常温和低温集气工艺的选择

集气过程中页岩气的气液分离一般应在常温下进行，只有当页岩气中重烃组分含量高，回收利用重烃确有经济效益时才采用低温分离工艺。

采用低温气液分离工艺时，要对制冷方法、制冷中的主要工艺参数、生产流程、制冷设备选用等做多方案对比。根据工程建设投资和生产运行费用这两项主要指标选择最佳方案。

3）增压和不增压输送工艺的选择

页岩气站场输送应尽可能依靠页岩气在地层中自身已具有的压力能来实现，

只有当产出页岩气的压力低于页岩气净化厂对原料气压力的要求或某一低压产气区的页岩气压力低于地面集输管网的运行压力时才需要对页岩气增压。优化增压输送方案的最终目标是降低增压设施的工程建设投资额和增压生产过程的运行费用,并使之有利于生产管理。优化工作的重点是增压站的分散或集中设置,增压点的位置,总压比、压缩机的级数和各级间的压比分配,压缩机的机型和动力配置等。

4）防止页岩气水合物生成方法的选择

向页岩气中注入水合物抑制剂,把页岩气加热到水合物生成温度以上,脱除页岩气中的一部分气相水或在隔绝液相水的情况下加热页岩气使其进入不被水饱和的干燥状态,是可供选择的三种方法,但前两种最为常用。

适宜的水合物防止方法应根据气田的实际情况,结合拟采用的其他集气工艺作法来选择,以费用低、效果可靠和不影响环境保护作为评选的主要原则。集气站和地面集输管网运行中都存在防止水合物生成的需要,可以在这两种不同的场合来用不同的水合物防止方法。

5）腐蚀防护技术的选择

地面集输管网设置中对腐蚀防护技术的选择,首先表现在对干气输送工艺和湿气输送工艺的选择。即使页岩气中含有一定量的酸性气体,站场的页岩气输送仍然大多以湿气输送方式进行,即页岩气在输送中保持被水饱和的状态,输送中需要为减缓管道内壁电化学腐蚀和防止水合物生成花费经常性的费用。

采用湿气输送时,要求对缓蚀剂的种类、注入方式、注入量等做多方案的比较,从中选择电化学腐蚀防护可靠、费用最低的缓蚀剂应用方案。从缓蚀剂应用的需要出发,规定地面集输管网中的页岩气流速。

3. 地面集输管网结构的优化

1）选择合适的地面集输压力

地面集输管网的适宜工作压力主要取决于页岩气净化厂对入厂原料气压力的要求,地面集输管网运行中的合理压降,已选定的各种站场预处理工艺对页岩气压力值的要求和气井的井口压力等因素。集气工作压力的高低是影响地面集输管网和地面集输工艺设备钢材用量的主要因素之一。当气井的井口压力高,尤其是需要对页岩气做凝液回收处理或借助节流降压的冷效应使页岩气在降温分离和再升温的过程中进入干燥状态时，提高采气管道和整个地面集输管网的工作压力是适宜的。这将有助于缩小各类管道、设备的尺寸和钢材耗量，减少地面生产装置的占地面积，充分利用页岩气自然具有的压力能。应对集气过程中的工作压力做多方案对比、选择。

2）管道材质和对制管方式的选择

钢管材质根据页岩气的气质条件、已选定的腐蚀防护作法对管材的要求和管道在当地最低气温时可能达到的金属最低工作温度对不同材质做比较后选定。管材的强度要求由管道的计算壁厚与钢管制作工艺所决定的最小管壁厚度之间的关系来确定。当计算壁厚远大于最小壁厚时，提高强度水平以降低计算壁厚；当计算壁厚与最小壁厚相近时，以最小壁厚值为依据来确定管道金属材料要求达到的强度值。

管径不大的地面集输管道宜选用无缝钢管，大直径地面集输管道可以采用焊接钢管。

3）优化管网的网络结构，使管道总长度最短

根据气井分布状况、产气区域与页岩气净化厂的相对位置关系和管网所在地的自然、地理环境和公路交通条件，对地面集输管网结构做多方案比选，从中找到管网管道总长度最小的方案。目前有多种可用来计算平面网络诸边总长度最小值的方法，现代计算机的应用更为这类计算的迅速完成和做多方面的对比提供了条件。但受地形条件、居民和其他生产设施的分布，现有公路的走向，不同地区、不同工程地质条件和管道行进中会受到的各种自然障碍作用的限制，管网布局和结构的优化只能是对理想优化状态的接近，即将管网中的管道总长度限定在实际可以达到的最低限度值以内。

4）调整管网中不同管径管道在长度上的比例关系，实现管网的最佳管径组合

除管道总长度以外，不同直径管道的长度在管网总长度中的比例是影响管网钢材用量的另一个重要因素。管网的最佳管径组合是指管网中各管段的直径在满足流体输送要求的情况下最小，各管段的直径相互匹配，在管道总长度不变或变化不大的情况下大直径管道的长度在管道总长度中的比例尽可能小。

在管道总长度已实现优化的情况下，准确规定各管道的直径值；通过适度增加小直径管道的长度来缩短大直径管道；将沿途有进气点、轴向流量变化大的集气干

管道设置成变流动截面的结构,这是优化管径组合的主要着眼点。

4.1.6 美国页岩气集输管网规划设计经验

一个页岩气田的集输管网类型并非一成不变,进行地面集输管网设计时采取灵活多样的设计理念能够有效降低投资成本。管网设计中最重要的部分包括管径的选取和设计压力的确定。由于页岩气产量和压力递减速率很快,管径选择的关键因素取决于气井的初始产量、快速衰减后的产量以及气井达到衰减稳定期时井口流动压力。通常,以管道压降4.4 kPa/km来确定集输管道管径是较为经济合理的。管径设计不合理将导致管网投资和运行成本的增加:管径过大会导致后期管内气相流速减小,积液增加,清管操作频繁;相反,则会由于井口背压太高而影响气井产量。因此,管道压力设计需要满足较低运行压力要求,通常选取0.5 MPa。管网运行压力的确定对页岩气田产量的影响很大,尤其在气田投产的最初几年,若提高集气管网运行压力(如新井投产)会导致部分低压生产下的老井废弃。相反,采集气管网维持低压可保证气田在更长的时间内维持一定的产量,但同时又会造成增压能耗增加,集输管道管径增大。

4.2 集输管网的水力计算

4.2.1 水力计算的作用和计算的内容

1. 作用

1) 设计计算

(1) 在集输及处理生产规模和运行压力一定的情况下,计算管网中各流动截面的尺寸,使管网运行中各点处的流量、压力符合生产工艺和生产能力的要求;各流动截面的尺寸相互匹配。

（2）确定不同工况下管网各点处流体流动参数的变化幅度，检查管网对变工况运行的适应能力，为管网水力设计的优化提供依据。

（3）计算给定管段的压力、温度的平均值和管内的页岩气积存量，为分段或分区设置安全截断装置提供依据。

2）检查地面集输管网运行情况，为运行优化提供依据

（1）检查运行中各点处的流量、压力状态是否与设计相一致，判断运行是否正常。

（2）根据相关各点的流量和压力关系检查有无泄漏和确定泄漏点的大致位置。

（3）分析管网对给定运行状况的适应能力，根据新的工作要求确定管网的技术改造方案。

2. 计算的主要内容

（1）流量计算：确定管网中各流动截面的页岩气通过能力。

（2）页岩气流动中沿管道轴向方向上的压力变化：确定管网各部位的压降速率和运行各点处的压力变化。

（3）确定给定管段内的页岩气的平均压力。

4.2.2 流体的流动理论

1. 流体的流动类型

在流动体系中，按任意位置上流体的流速、压强、密度等物理量是否随时间变化，可以把流体的流动分为稳定流动和非稳定流动。

在一个流动体系中，如果流体的流速、压强、密度等只是位置的函数，不随时间而变化，则这种流动称为稳定流动；否则为非稳定流动。页岩气地面集输过程中的流动为稳定流动。

流体在管道中的流动状态可分为两种类型。当流体在管中流动时，若其质点始终沿着与管轴平行的方向做直线运动，质点之间互不混合。因此，充满整个管道的流

体就如一层一层的同心圆筒在平行地流动，这种流动状态称为层流（laminarflow）或滞流（viscous flow）。

当流体在管道中流动时，若有色液体与水迅速混合，则表明流体质点除了沿着管道向前流动外，各质点的运动速度在大小和方向上都随时间发生变化，于是质点间彼此碰撞并互相混合，这种流动状态称为湍流（turbulent flow）或紊流。

雷诺引出一个无量纲的参数即雷诺数（Reynolds number），用Re表示，该数不仅与流体的流速u有关，而且与流体密度 ρ 、流体黏度μ以及管道的几何尺寸（如管径d）有关。雷诺数标志着流体在流动过程中，黏滞阻力与惯性阻力在总阻力损失中所占的比例。当Re较小时，黏滞阻力起主要作用；当Re较大时，惯性阻力起主要作用。

$$Re = \frac{du\rho}{\mu} \tag{4-1}$$

式中　d——管道内径，m；

u——流体的流速，m/s；

ρ——流体密度，kg/m^3；

μ——流体黏度，Pa · m。

如果碰到非圆形管，可以用当量直径d_e近似计算雷诺数。当量直径的大小等于水力半径的4倍，水力半径r_H的定义为：

$$r_H = \frac{流体的流通面积}{润湿周边} \tag{4-2}$$

该式不能用于宽度与长度相比非常小的狭长形管路，在这种情况下，用管路宽度的一半近似作为水力半径。

流体在管道中的流态按雷诺数来判断和划分：

（1）当$Re \leqslant 2\,000$时，流动呈层流形态，称为层流区。

（2）当$2\,000 < Re < 4\,000$时，流动类型不稳定，可能是层流，也可能是湍流，或是两者交替出现，与外界干扰情况有关，称作过渡区（transition region）。

（3）当$Re \geqslant 4\,000$时，流动形态为湍流；称为湍流区，例如周围振动及管道入口处等都易出现湍流。

值得指出的是，流动虽分为层流区、过渡区和湍流区，但流动形态只是层流和湍流两种，过渡区的流体实际上处于一种不稳定状态，它是否出现湍流状态往往取决于外界干扰条件。无论层流或湍流，在管道横截面上流体的质点流速是按一定规律分布的，在管壁处，流速为零；在管子中心处，流速最大。

2. 流动的基本方程

1）伯努利（Bernoulli）方程

在稳定流动下，流体沿管路流动且无外功加入时伯努利方程为

$$\frac{\mathrm{d}p}{\rho}+d\frac{\mathrm{d}u^2}{2}+g\mathrm{d}z+\lambda\frac{\mathrm{d}l}{d}\frac{u^2}{2}=0 \tag{4-3}$$

式中　p——流体压力，Pa；

ρ——流体密度，kg/m^3；

u——流体的流速，m/s；

g——重力加速度，9.806 7 m/s^2；

λ——摩擦阻力系数；

l——管线长度，m；

d——管道内径，m；

z——管线垂直位差（指距离管线中心），m。

上式表明管路的压降是由消耗于摩擦阻力的压降、流速增大引起的压降和克服高度变化的压降组成的。中间两项与第一项相比很小，为便于研究，通常可以忽略不计，故上式可写成：

$$-\frac{\mathrm{d}p}{\rho}=\lambda\frac{\mathrm{d}l}{d}\frac{u^2}{2} \tag{4-4}$$

2）连续性方程

对于一个稳定流动体系，系统内任意位置上均无物料积累，即流入体系的质量流量等于流出体系的质量流量。如果把这一关系推广到管路系统中的任意截面，则有

$$G=uA\rho=\frac{\pi d^2}{4}u\rho \tag{4-5}$$

式中　G——气体的质量流量，kg/s；

A——管路的截面积，m^2。

其余符号的意义及单位同式(4–1)。

结合气体状态方程$p=\rho ZRT$,将式(4–5)代入式(4–4)并加以整理写成积分式,得

$$G = \frac{\pi}{4} \times \sqrt{\frac{(p_1^2 - p_2^2)d^5}{\lambda ZRTl}} \tag{4–6}$$

式中 Z——平均压缩因子(p_1、p_2之间);

p_1、p_2——管线起点、终点的压力,Pa;

l——管线长度,m;

d——管子内径,m;

T——气体绝对温度,K;

λ——水力摩擦阻力系数;

R——气体常数,8.314 5 kPa · m^3/(kmol · K)。

3)达西方程

管线沿程的摩擦阻力损失可用达西方程表达

$$h_f = \lambda \frac{l}{d} \cdot \frac{u^2}{2g} \tag{4–7}$$

$$\Delta p_f = \lambda \frac{l}{d} \cdot \frac{\rho u^2}{2} \tag{4–8}$$

式中 h_f——管线沿程摩擦阻力损失,m(液柱);

Δp_f——管线沿程阻力损失,Pa。

其余符合的意义及单位同式(4–3)

3. 水力摩擦阻力系数

流体在管内的流动状态一般分为层流和湍流两种,而在湍流状态下,又分为光滑区、过渡区(亦称混合摩阻区)、完全湍流区(亦称阻力平方区)。水力摩擦阻力系数与管内流体流态密切相关,不同流态区内水力摩擦阻力系数的计算公式不同。各区的水力摩擦阻力系数或只是相对粗糙度($\varepsilon=e/d$)的函数,或只是雷诺数(Re)的函数,或是雷诺数和相对粗糙度两者的函数。

4. 局部阻力损失

流体在管内流动时,要受到管件、阀门等局部障碍而增加流动阻力,称为局部阻

力。它还包括由于流通截面的扩大或缩小而产生的阻力。这种因流动方向和速度的变化而产生的局部阻力较直管阻力复杂。目前，没有局部阻力的理论计算公式，通常用式（4-8）或式（4-9）计算

$$\Delta p_f = \lambda \frac{L_e}{d} \frac{\rho u^2}{2}$$

$$\Delta p_f = \xi \frac{\rho u^2}{2} \tag{4-9}$$

只要知道了当量长度L_e或局部阻力系数ξ，就可以计算局部阻力。

当量长度表示能产生与局部阻力相同的直管阻力所需的管道长度。在计算总管路阻力p_t时，要在实际长度上再加上当量长度L_e，即

$$\Delta P_t = \lambda \frac{l + L_e}{d} \frac{\rho u^2}{2} \tag{4-10}$$

式中　l——实际长度，m；

　L_e——管件的当量长度，m。

式（4-9）中的 ξ 称为局部阻力系数，表示克服局部阻力所引起的能量损失可以表达成动能的一个倍数。类似地，管路总阻力p_t为

$$\Delta p_t = \left(\xi + \lambda \frac{l}{d}\right) \frac{\rho u^2}{2} \tag{4-11}$$

4.2.3　单相流管线压降计算

单相流又可分为不可压缩流体（液体）和可压缩流体（气体）。

1. 液体在管道内的流动

在计算液体管线的压降时，可以使用式（4-8）。液体密度可视为常数，以简化计算。此外，也可以借助于图表来计算压降。因管线升高所产生的压降须用式（4-12）另外计算，然后将获得或损失的压力与摩擦所产生的压降代数相加。

$$\Delta p_e = 0.009\,81 \times \rho_1 \times Z_e \tag{4-12}$$

式中　Δp_e——高差引起的压降，kPa；

Z_e——管路垂直位差，m；

ρ_1——液体的密度，kg/m。

水流经管线时的哈森–威廉姆斯经验公式为：

$$q = 3.765 \times 10^{-6} d^{2.63} C \left(\frac{p_1 - p_2}{l}\right)^{0.54} \tag{4-13}$$

式中：q——流量，m^3/h；

d——管径，mm；

p_1、p_2——进出口端压力，kPa；

l——管线长度，m；

C——常数，当管线为新钢管时，C=140；当管线为铸铁管时，C=130；当管线内含有污垢时，取C=100。

2. 气体在管道内流动的压力降计算

气体在管道中的流动比液体在管道中的流动要复杂得多，因为气体具有可压缩性，气体密度又是压力和温度的函数。

1）气体在管道内流动总压力降计算公式

气体在管道内流动总压力降为管道摩擦压力降 Δp_f、静压力降 Δp_s、速度压力降 Δp_N之和。

$$\Delta p = \Delta p_f + \Delta p_s + \Delta p_N \tag{4-14}$$

（1）管道摩擦压力降：包括直管、管件和阀门等的压力降，同时亦包括孔板、突然扩大、突然缩小以及接管口等产生的局部压力降。

① 阀门、管件等的局部压力降

流体经管件、阀门等产生的局部压力降，通常采用当量长度法和阻力系数法计算，分述如下：

a. 当量长度法

将管件和阀门等折算为相当的直管长度，此直管长度称为管件和阀门的当量长度。计算管道压力降时，将当量长度加到直管长度中一并计算，所得压力降即该管道的总摩擦压力降。常用管件和阀门的当量长度可查相关表格。

b. 阻力系数法

管件或阀门的局部压力降按下式计算：

$$\Delta p_k = K\frac{u^2\rho}{2\times10^3}$$

式中　Δp_k——流体经管件或阀门的压力降，kPa；

K——阻力系数，无因次，见表4-5和表4-6。

其余符号意义同前。

表4-1 容器接管口的阻力系数（K）（湍流）

序号	名　称	阻力系数/K
1	容器的出口管（接管插入容器）	1. 0
2	容器或其他设备进口（锐边接口）	1.0
3	容器进口管（小圆角接口）	1.0
4	容器的进口管（接管插入容器）	0.78
5	容器或其他设备出口（锐边接口）	0.5
6	容器的出口管（小圆角接口）	0.28
7	容器的出口管（大圆角接口）	0.04

表4-2 管件、阀门局部阻力系数（K）（层流）

序　号	管件及阀门名称	局部阻力系数/K			
		Re = 1 000	Re = 500	Re = 100	Re = 50
1	90° 弯头（短曲率半径）	0.9	1.0	7.5	16
2	三通（直通）	0.4	0.5	2.5	
	（分支）	1.5	1.8	4.9	9.3
3	闸　阀	1.2	1.7	9.9	24
4	截止阀	11	12	20	30
5	旋　塞	12	14	19	27
6	角　阀	8	8.5	11	19
7	旋启式止回阀	4	4.5	17	55

② 直管段压力降计算

管道摩擦压力降 Δp_f 主要为直管段压力降，下边将重点进行介绍。在压力降较大的情况下，对长管（L>60 m）在计算 ΔP_f时，应分段计算，然后分别求得各段的 Δp_f，最后得到 Δp_f的总和才较正确。

（2）管道静压力降：是由于管道始端和终端标高差而产生的，静压力降可以是正值或负值，正值表示出口端标高大于进口端标高，负值则相反。其计算式为：

$$\Delta p_s=(Z_2-Z_1)\rho g\times 10^{-3} \tag{4-15}$$

式中　Δp_s——静压力降，kPa；

Z_2、Z_1——管道出口端、进口端的标高，m；

ρ——流体密度，kg/m^3；

g——重力加速度，9.81 m/s^2。

管道静压力降 Δp_s，当气体压力低、密度小时，可略去不计，但压力高时应计算。

（3）管道速度压力降：是指由于管道或系统的进、出口端截面不等使流体流速变化所产生的压差称速度压力降。速度压力降可以是正值，亦可以是负值。其计算式为：

$$\Delta p_N=\frac{u_2^2-u_1^2}{2}\rho\times 10^{-3} \tag{4-16}$$

式中　Δp_N——速度压力降，kPa；

u_2、u_1——出口端、进口端流体流速，m/s；

ρ——流体密度，kg/m^3。

2）摩擦压力降——直管段压力降

压力较低，压力降较小的气体管道，按等温流动一般计算式或不可压缩流体流动公式计算，计算时密度用平均密度；对高压气体首先要分析气体是否处于临界流动。

一般气体管道，当管道长度L>60 m时，按等温流动公式计算；L<60 m时，按绝热流动公式计算，必要时用两种方法分别计算，取压力降较大的结果。

流体所有的流动参数（压力、体积、温度、密度等）只沿流动方向变化。

（1）绝热流动

① 气体在绝热的管道中流动，与外界无热量交换，此时气体方程描述成：

$$pV^{k}=\text{常数} \tag{4-17}$$

$$\text{或} \quad \frac{p_2}{p_1}=\left(\frac{V_1}{V_2}\right)^{k} \tag{4-18}$$

式中 k——绝热常数，$k=\frac{C_p}{C_V}$；

C_p——气体的比定压热容，kJ/（kg · K）；

C_V——气体的比定容热容，kJ/（kg · K）；

p_1、p_2——起点、终点压力，kPa；

V_1、V_2——起点、终点体积，m^3。

② 气体在流经喷嘴、孔板或仪表时，压力的改变是接近瞬时的，因此，无热量进入系统，气体的膨胀是在绝热条件下进行。整个过程可用方程描述为：

$$p_1V_1=C_V(T_2-T_1)+\frac{u_2^2-u_1^2}{2g}+p_2V_2 \tag{4-19}$$

又因 $C_p-C_V=R$，$pV=RT$，于是式（4-19）可整理为

$$\frac{u_2^2-u_1^2}{2g}=\frac{k}{k-1}(p_1V_1-p_2V_2) \tag{4-20}$$

由式（4-18）可得

$$\frac{p_2}{p_1}=\left(\frac{V_1}{V_2}\right)^{k}=\left(\frac{\rho_2}{\rho_1}\right)^{k} \tag{4-21}$$

因此式（4-19）可变成

$$\frac{u_2^2-u_1^2}{2g}=\frac{k}{k-1}\frac{\rho_1}{\rho_2}\left[1-\left(\frac{p_2}{p_1}\right)^{\frac{k-1}{k}}\right] \tag{4-22}$$

式中 u——气体流速，m/s；

p_1、p_2——起点、终点压力，kPa；

ρ——气体密度，kg/m^3；

k——绝热指数。

可以使用此方程计算气体在流经喷嘴、孔板或仪表时的情况。

③ 假设条件

对绝热流动，当管道较长时（$L>60$ m），仍可按等温流动计算，误差一般不超过5%，在工程计算中是允许的。对短管可用以下方法进行计算，但应符合下列假设条件：

a. 在计算范围内气体的绝热指数是常数；

b. 在匀截面水平管中的流动；

c. 质量流速在整个管内横截面上是均匀分布的；

d. 摩擦系数是常数。

（2）等温流动

当气体与外界有热交换，能使气体温度很快地以接近周围介质的温度来流动，如煤气、天然气等长管道就属于等温流动。

① 在流动过程中，气体的温度始终保持不变，气体的状态方程为：

$$\frac{p_2}{p_1}=\frac{V_1}{V_2} \tag{4-23}$$

在长距离输送管线中，采用等温流动，气体在管线中的流动通常都建立在等温流动基础上。当气体以高速流过喷嘴等时，常考虑成绝热流动。

② 气体在大多数采气管线、输送管线中、输送管线中的常规流动都属于等温流动。假设系统无外加机械功，其总能量方程可用于下式来确定：

$$Q=0.018E\frac{T_s}{p_s}\sqrt{\frac{1}{f_f}}\left[\frac{p_1^2-p_2^2}{\gamma l T_{avg} Z_{avg}}\right]^{0.5}d^{2.5} \tag{4-24}$$

式中　Q——气体流量，m^3(GPA)/d；

T_s——基准温度，K：$T_s=288.9$ K；

p_s——基准压力，kPa（绝）：$p_s=101.56$ kPa；

p_1、p_2——起点、终点压力，kPa；

f_f——范宁摩擦阻力因子，$\sqrt{1/f_f}$为传输系数；

γ——流动气体的相对密度（空气为1.0）；

ι——管路长度，m；

d——管线内径，mm；

T_{avg}——平均温度，$T_{avg}=(T_{in}+T_{out})/2$，K；

T_{in}——管线起点温度，K；

T_{out}——管线终点温度，K；

Z_{avg}——平均压缩因子；

E——管路效率系数，如果无现场数据，E通常设为1.0。

该式对于稳态液体是适用的，它考虑了各种类型管路内流体的压缩系数、动能、压力和温度等的变化。此式含有未知的输送系数$\sqrt{1/f_f}$，正确选择该摩擦系数对于使用该式是必要的。

摩擦阻力系数对摩擦引起的能量损失有着根本的联系。在总能量方程中，除真实气体定律所包括的以外，气体的所有不可逆性和非理想性均被计入摩擦损失项。

式（4-24）对于一般计算是很方便的，但在推导此方程时已进行了几点假设：除非管线截面具有较大的压力梯度，气体的动能变化不显著，可假设其等于零；气体温度在选定截面处的平均值保持不变；压缩系数在气体平均温度和平均压力下保持不变。同时在温度变化影响这一项中，平均压力值为常数。

管道内平均压力的计算公式

$$p_{avg} = \frac{2}{3}\left(p_1 + p_2 - \frac{p_1 p_2}{p_1 + p_2}\right) \tag{4-25}$$

式中　p_{avg}——平均压力，kPa；

p_1、p_2——起点、终点压力，kPa。

利用平均压力，可求得在操作条件下气体的平均压缩因子。对于干燥页岩气可采用下式计算：

$$Z = \frac{100}{100 + 1.734\, p_{avg}^{1.25}} \tag{4-26a}$$

对湿页岩气，则采用下式计算：

$$Z = \frac{100}{100 + 2.916\, p_{avg}^{1.25}} \tag{4-26b}$$

③ 等温流动管道摩擦压力降经验式

$$\Delta p_f = 6.26 \times 10^3 g \frac{\lambda L Q_G^2}{d^5 \rho_m} \tag{4-27}$$

式中 Δp_f——管道摩擦压力降,kPa;

g——重力加速度,9.81 m/s^2;

λ——摩擦系数,无量纲;

L——管道长度,m;

Q_G——气体质量流量,kg/h;

d——管道内直径,mm;

ρ_m——气体平均密度,kg/m^3;

$$\rho_m = \frac{(\rho_1 - \rho_2)}{3} + \rho_2 \tag{4-28}$$

式中 ρ_1、ρ_2——分别为管道上、下游气体密度,kg/m^3。

3）高压下气体流动

当压力降大于进口压力的40%时,用等温流动和绝热流动计算式均可能有较大误差,在这种情况下,可采用以下的经验公式进行计算。

无论是过去还是现在,实际应用的集气管线计算公式都是源于总能量方程式(4-24),不同的公式只是代入了不同的输送系数$\sqrt{1/f_f}$,而输送系数决定于管径、粗糙度、流动条件和气体阻止流动而产生的能量损失。一般常用的地面集输管线计算方程有四种。

（1）AGA方程

AGA方程采用两个不同的输送系数来求出近似非完全紊流和完全紊流。完全紊流方程依据粗糙管定律,考虑管线的相对粗糙度$\frac{e}{d}$,该式选用的输送系数如下:

$$\sqrt{\frac{1}{f_f}} = 4\lg\left(\frac{3.7d}{e}\right) \tag{4-29}$$

把完全紊流输送系数代入总能量方程式(4-24),则得到完全紊流状态下的AGA方程:

$$Q = 0.018E\frac{T_s}{p_s}\left[4\lg\left(\frac{3.7d}{e}\right)\right]\left[\frac{p_1^2 - p_2^2}{\gamma l T_{avg} Z_{avg}}\right]^{0.5} d^{2.5} \tag{4-30}$$

式中 e——绝对粗糙度,mm;

其余符号的意义和单位同式(4-24)。

非完全紊流方程建立在光滑管定律的基础上,并以外阻力诱导因素加以修正:

$$\sqrt{\frac{1}{f_f}} = 4\lg\left(\frac{Re}{\sqrt{1/f_f}}\right) - 0.6 \tag{4-31}$$

将上式代入式（4–24）不能得到直接求解的方程。必须应用非完全紊流摩擦阻力系数来考虑管线弯曲和不规则而产生的影响。美国煤气协会（AGA）出版的《气体管线中的稳定流动》对气体管线内的稳定流动进行了全面的分析，可供参考。

（2）威莫斯（Weymouth）方程

威莫斯方程发表于1912年，其摩擦阻力系数是管线直径的函数。

$$f_f = \frac{0.00272}{d^{1/3}} \tag{4-32a}$$

$$\sqrt{\frac{1}{f_f}} = 125\, d^{1/6} \tag{4-32b}$$

把摩擦阻力系数f_f代入总能量方程中，威莫斯方程可写成：

$$Q = 0.0037\frac{T_s}{p_s}\left[\frac{p_1^2 - p_2^2}{\gamma T l}\right]^{0.5} d^{2.667} \tag{4-33}$$

式中，T为流动气体的平均温度，K；

其余符号的意义和单位同式（4–24）。

对于短距离的输气管线和集气系统，用威莫斯方程计算比其他方程计算更接近于实际测得值，但其计算误差将随压力升高而增加。如果将用威莫斯方程求得的Q值乘以$\sqrt{1/Z}$（Z为气体的压缩因子），修正后的Q值则与实测值十分接近。

值得注意的是，威莫斯方程并不适用于所有管径和粗糙度条件下的计算，当流动处于非完全紊流状态时，则不能使用该方程。使用由系统确定的修正系数，可用威莫斯方程近似求解完全紊流摩擦阻力系数。

在实际应用中，考虑平均温度和平均压力下的压缩系数Z，威莫斯公式可简化为：

$$Q = 5031.22\, d^{\frac{8}{3}}\sqrt{\frac{p_1^2 - p_2^2}{Z\gamma T l}} \tag{4-34}$$

式（4–34）通常用于采出气未经处理即有液相水和烃类液相存在的页岩气地面集输管道的计算。

（3）潘汉德尔（Panhandle）A方程

潘汉德尔A方程是20世纪40年代初期由潘汉德尔东方管道公司推出的用于计算输送管道内气体流量的公式：

$$Re = 1\,734.55\frac{Q\gamma}{d} \tag{4-35}$$

式中 Q——气体流量，m^3/d；

γ——气体相对密度。

$$\sqrt{\frac{1}{f_f}} = 11.85\left(\frac{Q\gamma}{d}\right)^{0.073\,05} = 6.872\,(Re)^{0.073\,05} \tag{4-36}$$

基于实际经验，输送系数表达式雷诺数的范围为$5\times10^6\sim11\times10^6$。将式（4-36）代入总能量方程式（4-24），则潘汉德尔A方程为：

$$Q = 0.191E\left(\frac{T_s}{p_s}\right)^{1.078\,8}\left[\frac{p_1^2-p_2^2}{\gamma^{0.853}lT_{avg}Z_{avg}}\right]^{0.539\,2}d^{2.618\,2} \tag{4-37}$$

式中各符号的意义及其单位同式（4-24）。

该式可用来计算流经光滑管道的气体流量，其管道效率因子E取值0.92，该式就比较近似于非完全紊流公式，但精度随流量增大而降低。

（4）潘汉德尔B方程

潘汉德尔B方程发表于1956年，该式仅与雷诺数有关，它与完全紊流状态较为吻合，其输送系数表达式为：

$$\sqrt{\frac{1}{f_f}} = 19.08\left(\frac{Q\gamma}{d}\right)^{0.019\,61} = 16.49\,(Re)^{0.019\,61} \tag{4-38}$$

将上式输送系数表达式代入总能量方程式（4-24），则潘汉德尔B方程式为：

$$Q = 0.1E\left(\frac{T_s}{p_s}\right)^{1.02}\left[\frac{p_1^2-p_2^2}{\gamma^{0.961}lT_{avg}Z_{avg}}\right]^{0.51}d^{2.53} \tag{4-39}$$

式中各符号的意义及其单位同式（4-24）。

使用效率系数调整上式，可在相当有限的雷诺数范围内使用该式。然而，除此之外，对管壁表面的偏差，没有办法对公式进行修正。与完全紊流方程相比，若将该方程调整到平均流动雷诺数，则可在低雷诺数下预测较小的流量，在高雷诺数下预测较大的流量。在完全紊流时，依据潘汉德尔B式算得的效率值随流量的增加而降低。一般效率系数E在0.88～0.94变化。

潘汉德尔方程更适于净化处理后的清洁、干燥商品天然气的流量或压降计算。

4）低压下的气体流动

地面集输气经常在压力低于690 kPa的条件下进行，有些系统内的气体流动是在真空条件下进行的。在这些低压条件下推出了另外的比威莫斯方程和潘汉德尔方程式更适用的方程式。

当气流压力在真空至690 kPa之间时，可使用奥力费特（Oliphant）方程：

$$Q = 0.051\left(d^{2.5} + \frac{d^3}{30}\right)\left(\frac{99.3}{p_s}\right)\left(\frac{T_s}{288.9}\right)\left[\left(\frac{0.6}{\gamma}\right)\left(\frac{288.9}{T}\right)\left(\frac{p_1^2 - p_2^2}{l}\right)\right]^{0.5} \quad (4\text{-}40a)$$

当气流温度在15℃下，压力低于7 kPa时，应使用斯皮兹格拉斯（Spitzglass）方程：

$$Q = 0.821 \times \left[\frac{(p_1 - p_2)\,d^5}{\gamma l\left(1 + \frac{91.44}{d} + 0.001\,18d\right)}\right]^{0.5} \quad (4\text{-}40b)$$

上述两式中各符号的意义及其单位同式（4-24）。

3. 管路计算

1）管路计算的类型和基本方法

管路计算就是应用流体的连续性方程、伯努利方程和流体流动阻力损失计算式（包括摩擦阻力系数计算式）三个基本关系，解决工程中流体管路输送的设计问题和操作问题。

所谓管路的设计型计算，一般是指对于给定的流体输送任务，选用合理且经济的管路。在这类计算中，流速的选择是十分重要的。在流量确定的前提下，选用较大流速则所需管径小，固定投资少，但流动阻力增大，动力费用增大；反之，采用流速小的大管径管路，则固定投资大，但动力费用小。因此存在一个优化问题，即从投资最省出发，选择适当的流速。表4-3是管线输送中推荐流速选择。

表4-3 管线中推荐流速

流体密度/(kg/m³)	流体流速/(m/s)
16.018	1.55 ~ 2.43
8.009	1.9 ~ 3.05
1.602	3.05 ~ 4.87
0.16	5.94 ~ 9.50
0.016	11.9 ~ 18.0
0.001 6	23.8 ~ 34.2

操作型计算的特点是管路系统固定，要求核算在某给定条件下的输送能力或某项技术指标。上述两类计算可归纳为下述三种情况。

（1）已知流量和管道尺寸、管件，计算管路系统的阻力损失。

（2）给定流量、管长、所需管件和允许压降，计算管径。

① 对于给定的流量，管径的大小与管道系统的一次投资费（材料和安装）、操作费（动力消耗和维修）和折旧费等项有密切的关系，应根据这些费用作出经济比较，以选择适当的管径，此外还应考虑安全流速及其他条件的限制。本规定介绍推荐的方法和数据是经验值，即采用预定流速或预定管道压力降值（设定压力降控制值）来选择管径，可用于工程设计中的估算。

② 当按预定介质流速来确定管径时，采用下式以初选管径：

$$d=18.81W^{0.5}u^{-0.5}\rho^{-0.5} \tag{4-41}$$

或
$$d=18.81V_0^{0.5}u^{-0.5} \tag{4-42}$$

式中 d——管道的内径，mm；

W——管内介质的质量流量，kg/h；

V_0——管内介质的体积流量，m³/h；

ρ——介质在工作条件下的密度，kg/m³；

u——介质在管内的平均流速，m/s。

预定介质流速的推荐值见表4-3。

③ 当按每100 m计算管长的压力降控制值（Δp_{f100}）来选择管径时，采用下式以初定管径：

$$d = 18.16W^{0.38}\rho^{-0.207}\mu^{0.033}\Delta p_{f100}^{-0.207} \tag{4-43}$$

或 $$d = 18.16V_0^{0.38}\rho^{0.173}\mu^{0.033}\Delta p_{f100}^{-0.207} \tag{4-44}$$

式中 μ——介质的动力黏度，Pa · s；

Δp_{f100}——100 m计算管长的压力降控制值，kPa。

推荐的 Δp_{f100} 值见表4-4。

表4-4 每100 m长压力降控制值（Δp_{f100}）

介　质	管道种类	压力降/kPa
输送气体的管道	管道进口端（绝对）	
	$p \leq 49$ kPa	1.13
	49 kPa$<p \leq$101 kPa	1.96
	通风机管道p=101 kPa	1.96
	压缩吸入管道	
	101 kPa$<p \leq$111 kPa	1.96
	111 kPa$<p \leq$0.45 MPa	4.5
	$p>$0.45 MPa	10
	压缩排出管道和其他压力管道	
	$p \leq$0.45 MPa	4.5
	$p>$0.45 MPa	10
	工艺用的加热蒸汽管道	
	$p \leq$0.3 MPa	10
	0.3 MPa$<p \leq$0.6 MPa	15
	0.6 MPa$<p \leq$1.0 MPa	20

（3）已知管道尺寸、管件和允许压降，求管道中流体的流速和流量。

对于第一种情况，根据已知条件，可以利用基本关系式直接计算。

对于后两种情况，由于管径或流量未知，无法直接求取流体流动的Re，也就不能确定摩擦阻力系数λ，所以计算时需要采用试差法和迭代法。由于λ值变化范围不大，一般以λ值为试差变量，其初值的选取可采用流动已进入阻力平方区时的λ值。

2）简单管路

页岩气地面集输中常用的管路可分为简单管路和复杂管路。简单管路是指没有分支的管路，管径不变的简单管路和由不同管径所组成的串联管路。这类管路的特点是：

（1）通过管道的流体流量不变，对于不可压缩流体有

$$q=q_1=q_2=q_3 \tag{4-45}$$

式中，q为流体流量，m^3/h。

（2）整个管路的阻力等于各段直管阻力与局部阻力$\sum H_f'$之和

$$\sum H_f=H_{f1}+H_{f2}+H_{f3}+\sum H_f' \tag{4-46}$$

3）复杂管路

复杂管路指并联管路与分支管路。几条简单管路或串联管路的入口端和出口端都是汇合在一起的，称为并联管路。若只是入口相连，而出口并不汇合，则称为分支管路。这些管路的流动情况比简单管路复杂，但同样遵循质量衡算与能量衡算的原则。

并联管路有以下三个特点。

（1）总流量等于各支管流量之和

$$q=q_1+q_2+q_3 \tag{4-47}$$

（2）各条支管中的阻力损失是相等的

$$H_{f1}=H_{f2}=H_{f3} \tag{4-48}$$

（3）通过各支管的流体流量依据阻力相同的原则进行分配，即各管流速大小应满足：

$$\lambda_1\frac{l_1}{d_1}\frac{u_1^2}{2}=\lambda_2\frac{l_2}{d_2}\frac{u_2^2}{2}=\lambda_3\frac{l_3}{d_3}\frac{u_3^2}{2} \tag{4-49}$$

各支管中的流量根据各支管中的阻力相等自行调整。

4）计算步骤及例题

（1）计算步骤

① 一般计算步骤

a. "不可压缩流体"管道的一般计算步骤，雷诺数、摩擦系数和管壁粗糙度等的求取方法及有关图表、规定等均适用。

b. 假设流体流速以估算管径。

c. 计算雷诺数（Re）、相对粗糙度（ε/d），求摩擦系数（λ）值。

d. 确定直管长度及管件和阀门等的当量长度。

e. 确定或假设孔板和控制阀等的压力降。

f. 计算单位管道长度压力降或直接计算系统压力降。

g. 如管道总压力降超过系统允许压力降，则应核算管道摩擦压力降或系统中其他部分引起的压力降，并进行调整，使总压力降低于允许压力降。如管道摩擦压力降过大，可增大管径以减少压力降。

h. 如管道较短，则按绝热流动进行计算。

② 临界流动的计算步骤

a. 已知流量、压力降求管径。

（a）假设管径，用已知流量计算气体流速。

（b）计算流体的声速。

（c）当流体的声速大于流体流速，则用有关计算式计算，可得到比较满意的结果。如两种速度相等，即流体达到临界流动状况，计算出的压力降不正确。因此，重新假设管径使流速小于声速，方可继续进行计算，直到流速低于声速时的管径，才是所求得的管径。

（d）或进行判别，如气体处于临界流动状态，则应重新假设管径计算。

b. 已知管径和压力降求流量，计算步骤同上，但要先假设流量，将求出的压力降与已知压力降相比较，略低于已知压力降即可。

c. 已知管径和流量，确定管道系统入口处的压力（p_1）。

（a）确定管道出口处条件下的声速，并用已知流量下的流速去核对，若声速小于实际流速，则必须以声速作为极限流速，流量也要以与声速相适应的值为极限。

（b）采用较声速低的流速以及与之相适应的流量为计算条件，然后用有关计算式计算压力降。

（c）对较长管道，可由管道出口端开始，利用系统中在某些点上的物理性质将管道分为若干段，从出口端至进口端逐段计算各段的摩擦压力降，其和即为该管道的总压力降。

（d）出口压力与压力降之和为管道系统入口处的压力（p_1）。

（2）例题

将25℃的天然气（成分大部分为甲烷），用管道由甲地输送到相距45 km的乙地，两地高差不大，每小时送气量为5 000 kg，管道直径为307 mm（内径）的钢管（ε = 0.2 mm），已知管道终端压力为147 kPa，求管道始端气体的压力。

解：

① 天然气在长管中流动，可视为等温流动，用等温流动公式计算

天然气可视为纯甲烷，则相对分子质量$M = 16$

设：管道始端压力$p_1 = 440$ kPa

摩擦压力降按式（4–27）计算，即

$$\Delta p_f = 6.26 \times 10^3 g \frac{\lambda L Q_G^2}{d^5 \rho_m}$$

雷诺数　$Re = 354Q_G/d\mu$　25℃时甲烷黏度μ为0.011 mPa · s；

则　$Re = 354 \times 5\,000/307 \times 0.011 = 5.24 \times 10^5$；

相对粗糙度　$\varepsilon/d = 0.2/307 = 6.51 \times 10^{-4}$；

由于$Re>10^5$，$\lambda = 0.11 \times \left(\varepsilon + \frac{68.5}{Re}\right)^{0.25} = 0.017\,6$

气体平均密度$\rho_m = \rho_2 + \frac{1}{3}(\rho_1 - \rho_2)$

$$\rho_1 = pM/(RT) = 440 \times \frac{16}{8.314\,3 \times 298} = 2.841\,4 \text{ kg/m}^3$$

$$\rho_2 = pM/(RT) = 147 \times \frac{16}{8.314\,3 \times 298} = 0.949\,3 \text{ kg/m}^3$$

因此，$\rho_m = 0.949\,3 + \frac{1}{3}(2.841\,4 - 0.949\,3) = 1.580\,0 \text{ kg/m}^3$

摩擦压力降$\Delta p_f = 6.26 \times 10^3 g \frac{\lambda L Q_G^2}{d^5 \rho_m} = 6.26 \times 10^3 \times 9.81 \times \frac{0.0176 \times 45000 \times 5000^2}{307^5 \times 1.58}$

$= 282.2\ \text{kPa}$

始端气体压力$p_1=p_2+\Delta p_f=147+282.2=429.2\ \text{kPa}<440\ \text{kPa}$

第二次假设$p_1=429.2\ \text{kPa}$

$$\rho_1 = pM/(RT) = 429.2 \times \frac{16}{8.3143 \times 298} = 2.7717\ \text{kg/m}^3$$

$$\rho_m = 0.9493 + \frac{1}{3}(2.7717 - 0.9493) = 1.5568\ \text{kg/m}^3$$

因此,$\Delta p_f = 6.26 \times 10^3 g \frac{\lambda L Q_G^2}{d^5 \rho_m} = 6.26 \times 10^3 \times 9.81 \times \frac{0.0176 \times 45000 \times 5000^2}{307^5 \times 1.5568}$

$= 286.4\ \text{kPa}$

$$p_1 = 147+286.4 \approx 433.4\ \text{kPa}$$

② 用威莫斯式计算

$$Q = 0.0037 \frac{T_s}{p_s} \left[\frac{p_1^2 - p_2^2}{\gamma T l}\right]^{0.5} d^{2.667}$$

简化为$Q = 2.538 \times 10^{-5} \left[\frac{p_1^2 - p_2^2}{\gamma T l} \times 273\right]^{0.5} d^{2.667}$

标准状态下气体密度

$$\rho = \frac{pM}{RT} = \frac{1.0133 \times 16 \times 10^2}{8.3143 \times 273} = 0.7143\ \text{km/m}^3$$

气体相对密度 $\gamma = 16/29 = 0.552$

$$d^{2.667} = 307^{2.667}$$

$$= 4297.32 \times 10^3$$

标准状态下气体体积流量$Q = W_G/\rho = 5000/0.7143 \approx 7000\ \text{m}^3(标)/\text{h}$

$$7000 = 2.538 \times 10^{-5} \left[\frac{p_1^2 - 147^2}{0.552 \times 45 \times 298} \times 273\right]^{0.5} \times 4297.32 \times 10^3$$

$p_1 = 365.08 \approx 365.1\ \text{kPa}$

$\Delta p = 218.08\ \text{kPa}$,此值较等温流动式计算值小。

③ 用潘汉德式计算

$$Q = 0.191E\left(\frac{T_s}{p_s}\right)^{1.0788}\left[\frac{p_1^2 - p_2^2}{\gamma^{0.853} l T_{avg} Z_{avg}}\right]^{0.5392} d^{2.6182}$$

简化为$Q = 3.33 \times 10^{-5} E d^{2.6182}\left(\frac{p_1^2 - p_2^2}{L}\right)^{0.5492}$

$$7\,000 = 3.33 \times 10^{-5} \times 0.92 \times 307^{2.6182}\left(\frac{p_1^2 - 147^2}{45}\right)^{0.5492}$$

$p_1 = 375.68 \approx 375.7$ kPa

$\Delta p = 375.68 - 147 = 228.68$ kPa，此值较等温流动式计算值小，而较威莫斯式计算值大。

④ 计算结果见表4-5：

表4-5　计算结果

计算式 \ 项目	压力/kPa		压力降，ΔP/kPa	误差/%	
	始端p_1	终端p_2		p_1	Δp
等温式	433.4	147	286.4	+9.03	+11.71
威莫斯式	365.1	147	218.1	−6.98	−11.1
潘汉德式	375.7	147	228.7	−4.28	−6.8
平　均	391.4		244.4		

由计算结果看出，用潘汉德式计算误差最小，但为稳妥起见，工程设计中应采用等温式计算的结果，即天然气管始端压力为433.4 kPa。考虑到未计算局部阻力以及计算误差等，工程计算中可采用433.4×1.15 kPa $= 498.4 \approx 500$ kPa作为此天然气管道始端的压力。

4.2.4　气液两相流管线

气液两相流是指管路输送液（气）体的同时，也输送气（液）体，输送气液两相流的管路称为气液混输管路。

从井口到处理装置间的采气管线中，气液两相流十分普遍。即使在井口通过分离器把流体分离成气体和液体，但随着管线压力的下降，液相管线中会有少量的溶解气释放出来。气体在流动过程中也会有水和较重的烃类凝析，从而不可避免地存在两相流。

在站场条件下，混输管路在经济上常优于用两条管路分别输送量不大的油和气，因而在油气田地面集输系统中，混输管路的应用日益广泛。在某些特定的环境下，混输管路更具有单相管路不可比拟的优点。例如，在不便于安装气液分离、初加工设备的地区，就需采用混输管路把油（气）井所产出的油气输送到附近的工厂进行加工。又如，近海石油开采中，若采用混输管路直接将生产的油、气送往陆上加工厂，就可以大大减少海洋平台的面积和建造、操作费用，降低海底管路的敷设费用和海上油气加工设备的安装及营运费用。

1. 气液两相流存在问题

1）气液在管线中趋于分离，气体的流速比液体快2 ～ 10倍，液体滞后。在气液两相与凹凸表面的分界面上存在拖曳作用，这将消耗能量而导致压降增大。

2）液体在凹处聚积，特别是在流速较低时，聚积现象更为突出，因而需增大驱动液体的压力。

3）流动不稳定，流态多变且有一个宽范围的压降值。改变流速可能导致管线积液，从而出现断续流现象。

气液两相流系统总压降由下式计算：

$$\Delta p_{总}=\Delta p_{两相流}+\Delta p_{高度变化}+\Delta p_{加速度变化} \tag{4-50}$$

由于流动状态多变，流动阻力的规律复杂，目前尚无成熟的通用的理论计算公式来计算混输压降，一般是应用室内试验或生产中获得的经验或半经验公式，这些公式只在一定条件、一定范围内才能获得满意的结果。

2. 两相流动类型

液体和气体在混输管路中的流动类型较多，通常可分为气泡流、气团流、分层流、波浪流、冲击流、环状流、弥散流等数种。

（1）气泡流：气液比很小，气体以小的气泡形式浓集于管子上部。气泡直径的变化是随机的。液体以相对均一的速度沿着管线运动，气泡以与液相相等的速度或略低于液体的速度沿管线运动。除了其密度外，气相对压力梯度的影响是很小的。

（2）气团流：在气液混输管路内，由于气量的增加，气体以气团的形式存在，在管路上部同液体交替地流动。

（3）分层流：随着气体量的增加，气团形成连续相，气体在管路上部流动，液体在管路下部流动，两相速度有较大的差异。

（4）波浪流：气体量进一步增多时，气体的流速提高，在气液界面上吹起与行进方向相反的波浪。

（5）冲击流：亦称段塞流。气体流速更大时，波浪加剧，波峰不时高达管顶，形成液塞，阻碍气流高速通过时，进而又被气体吹开并带走部分液体。被带走的液体或吹散形成雾滴，或与气体一起形成泡沫。

（6）环状流：当气速进一步提高时，液体沿管壁形成环状流，气体携带着液滴以较高的速度在环状液层中心通过。

（7）弥散流：当气速更大时，环状液层被气体吹散，以液雾的形式随气体向前流动。

3. 两相流的处理方法

流体力学的基本方程式，即体现质量守恒的连续性方程和体现能量守恒的动量方程与能量方程也适用于两相流动。对于两相流动，一般应对于各个物相写出各自的守恒方程，而且还应考虑两相之间的作用。故描述两相流动的方程比单相流动复杂得多。各国学者在研究和处理这种气液两相流动时，常作某些假设使问题简化。他们所采用的研究方法，大致可归纳为三类：即均相流模型、分相流模型和流型模型。

1）均相流模型

把气液混合物看成是一种均质介质，因此可以把气液两相管路当作单相管路来处理。在均相流模型中，做了两个假设：

（1）气相和液相的速度相等，管路还具有截面含液率和体积含液率相等。

（2）气液两相介质达到热力学平衡状态，气液相间无热量传递。

显然，气泡流（特别是分散气泡流）和弥散流比较接近于均相流模型的假设条件；而分层流、波浪流和环状流则同均相流的假设条件相去甚远。

2）分相流模型

把管路内气液两相的流动看做是气液各自独立的流动。为此，需首先确定气相和液相在管路内各自所占的流通面积，再把气相和液相都按单相管路处理，并计入气相和液相间的作用，最后将气、液相的方程加以合并。目前截面含液率和气液相两相间相互作用等数据主要靠实验获得。

在把流体力学基本方程应用于分相流模型时，也做了两个假设条件：

（1）气液两相有各自的按所占的流通面积计算的平均速度；

（2）气液两相介质处于热力学平衡状态，相间无热量传递，但可能有质量传递。显然，分层流、波浪流和环状流等流型与分相流模型的假设条件比较符合，但其他流型却偏差较大。

分相流模型的管路压降计算通常采用达科勒压降计算公式。

3）流型模型

首先要分清两相流流型，然后根据各种流型的特点，分析其流动特性，并建立关系式。按照便于建立数学模型的原则，一些学者把两相流的流型划分为：

（1）分离流：它包括分层流、波浪流和环状流；

（2）间歇流：包括气团流和冲击流；

（3）分散流：包括气泡流、分散流和弥散流等。

显然，流型模型处理方法能更深入地揭示两相流各种流型的流体力学特性。故近年来，这一种分析方法受到理论界和工程技术界的重视，并取得了若干成果。

贝克压降的计算公式适用于流型模型管路压降计算。

4. 两相流压降的计算

1）达科勒摩阻压降计算式

达科勒（Dukler）摩擦阻力压降计算式是工程中常用的两相流压降计算式之一，形式如下：

$$\Delta p_f = \frac{\lambda_n f_t \rho_k u_m^2 l}{2d} \tag{4-51}$$

式中　Δp_f——摩擦阻力压降，kPa；

λ_n——达科勒计算式中的单相摩擦阻力系数，由式（4–54）计算；

f_t——达科勒计算式中的两相摩擦阻力系数，由式（4–58）计算；

ρ_k——两相混合物的密度，kg/m^3，由式（4–52）计算；

u_m——混合流体的速度，m/s，由式（4–56）计算；

l——管线长度，m；

d——管线内径，mm。

$$\rho_k = \frac{\rho_1 R_L^2}{H_{Ld}} + \frac{\rho_g (1 - R_L)^2}{1 - H_{Ld}} \tag{4–52}$$

式中　H_{Ld}——液体流量系数，由图4–8估算；

ρ_1——液体密度，kg/m^3；

ρ_g——气体密度，kg/m^3；

R_L——体积含液率，由式（4 – 53）计算。

$$R_L = \frac{Q_L}{Q_L + Q_g} \tag{4–53}$$

式中　Q_L——液体体积流量，m^3/s；

Q_g——气体体积流量，m^3/s。

单相摩擦阻力系数可由式（4–54）求得：

$$\lambda_n=0.005\,6+0.5(Re_y)^{-0.32} \tag{4–54}$$

式中　Re_y——混合流体的雷诺数。

$$Re_y = 0.001 \frac{d \rho_k u_m}{\mu_n} \tag{4–55}$$

式中　μ_n—混合流体的黏度，Pa · s；

u_m—混合流体的速度，m/s。

其余符号同式（4–45）。

该雷诺数的计算需要确定气液混合流体的速度和黏度，它们分别由下面的公式求取：

$$u_m = u_{sL} + u_{sg} \tag{4-56}$$

式中 u_{sL}——界面液体速度，m/s，$u_{sL}=Q_L/A$；

u_{sg}——界面气体速度，m/s，$u_{sg}=Q_g/A$；

A——管子横截面积，m^2。

$$\mu_m = \mu_L R_L + \mu_g (1-R_L) \tag{4-57}$$

两相摩擦阻力系数f_t表示两相流体的摩擦阻力效率，可根据下式估算：

$$f_t = 1 + \frac{y}{1.281 - 0.478y + 0.444y^2 - 0.094y^3 + 0.00843y^4} \tag{4-58}$$

式中，$y=-\ln(R_L)$。

液体滞留量系数H_{Ld}可使用图4-8进行估算，该图给出的液体滞留量系数是R_L和Re_y的函数。由于Re_y本身是H_{Ld}的函数，故要进行迭代计算。

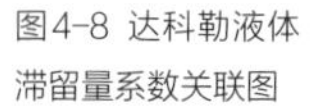

图4-8 达科勒液体滞留量系数关联图

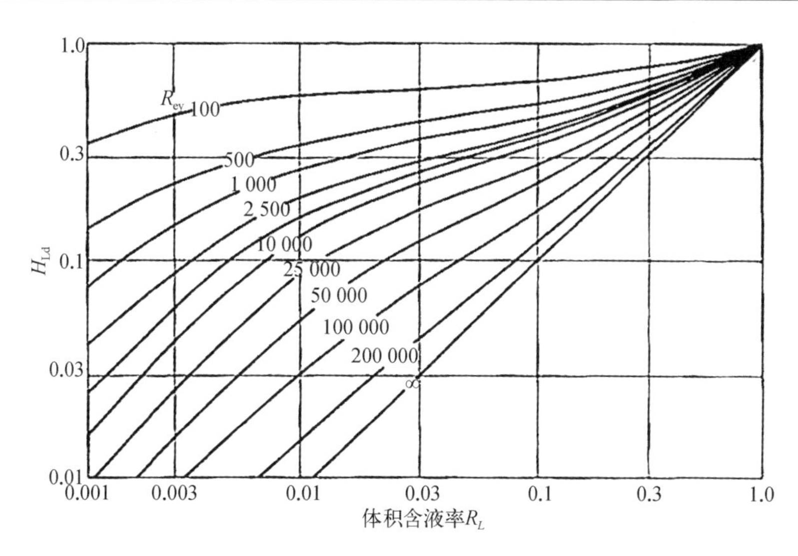

2）弗兰尼根位差压降计算式

在油气田的地面集输系统中，两相混输管路很少是水平的，而多是管路沿线存在起伏。即时而上坡，时而下坡。这不仅剧烈地影响两相管路中的流型，而且使液相大量聚积在低洼和上坡管段内，造成较大阻力损失。因此，计算两相压降时必须考虑这一因素。

压降的垂直分量可用弗兰尼根（Flanigan）方法求出，用下式计算垂直分量：

$$\Delta p_e = \frac{\rho_1 H_{Lf}}{100} \sum Z_e \tag{4-59}$$

式中　Δp_e——高度产生的压降，kPa；

$\sum Z_e$——管线高度的变化，m；

H_{Lf}——液体滞留量系数，可由式（4-60）计算得出；

ρ_1——液体的密度，kg/m。

$$H_{Lf} = \frac{1}{1 + 1.078(u_{sg})^{1.006}} \tag{4-60}$$

符号 Z_e 是高地上升的垂直高度，且上升高度要累加。若不考虑垂直压降，就相当于忽略了下山管路中所有可能的静压恢复，从而导致压降分析计算的较大误差。

当用达科勒方法计算出摩阻分量或压降 Δp_f 后，再用弗兰尼根方法求出由于管线起伏所产生的垂直压降 Δp_e。将两者相加就是两相管线的总压降 Δp_t，即：

$$\Delta p_t = \Delta p_f + \Delta p_e \tag{4-61}$$

两相流管路中流体性质和滞留量系数变化很快，如果能分段使用AGA计算方法（达科勒阻力压降计算式和弗兰尼根位差压降相关式），将会使计算精度得到提高。因此，采用计算机进行两相流计算更能适合分段计算的要求。

3）贝格斯-布里尔计算式

贝格斯（Beggs）-布里尔（Brill）从能量守恒方程出发，推导了考虑管路起伏影响的两相流管路压降的计算关系式。

$$\Delta p = \frac{[H_L \cdot \rho_1 + (1 - H_L)\rho_g] \cdot g \cdot \sin\theta + \dfrac{2\lambda u_m G_m}{\pi d^3}}{1 - \dfrac{[H_L \cdot \rho_1 + (1 - H_L)\rho_g] u_m \cdot u_{sg}}{p_{avg}}} \iota \tag{4-62}$$

式中　Δp——混输管线压降，Pa；

H_L——截面含液率即持液率；

l——管线长度，m；

λ——两相流动水力摩擦阻力系数；

ρ_l、ρ_g——液相、气相密度，kg/m^3；

G_m——气液混合物质量流量，kg/s；

θ——管线倾角，度或弧度（流体上坡θ为正，下坡θ为负，水平管θ=0；

u_m——气液混合物的流速，m/s；

u_{sg}——界面气相流速，m/s；

p_{avg}——管线内介质的平均绝对压力，Pa；

d——管线内径，m；

g——重力加速度，m/s^2。

当截面含液率等于1或0时，上式即为单相气体的管路压降计算公式。上式既可用于两相倾斜管路的计算，也可用于水平管路的计算。

贝格斯（Beggs）-布里尔（Brill）法将混输流态分成四种类型，即分离流（包括分层流、波浪流和环状流）、过渡流、间歇流（包括气团流和冲击流）和分散流（包括气泡流和弥流）。

（1）截面体积含液率H_L的计算

在计算截面含液率时，要对混输管路的流型进行判别，可用体积含液率R_L和弗劳德数Fr来划分，如下表4-6。

表4-6 两相管路流型判断准则

<table>
<tr><th>流 型</th><th colspan="2">判 别 准 则</th><th>L的计算式</th></tr>
<tr><td rowspan="2">分离流</td><td>R_L<0.01</td><td>Fr<L1</td><td rowspan="8">$L_1=316\times(R_L)^{0.302}$
$L_2=9.252\times10^{\sim4}\times(R_L)^{\sim2.4684}$
$L_3=0.1\times(R_L)^{\sim1.4516}$
$L_4=0.5\times(R_L)^{\sim6.738}$</td></tr>
<tr><td>$R_L\geqslant0.01$</td><td>Fr<L2</td></tr>
<tr><td rowspan="2">间歇流</td><td>$0.01\leqslant R_L$<0.4</td><td>L3<Fr<L1</td></tr>
<tr><td>$R_L\geqslant0.4$</td><td>L3<$Fr\leqslant$L4</td></tr>
<tr><td rowspan="2">分散流</td><td>R_L<0.4</td><td>$Fr\geqslant$L1</td></tr>
<tr><td>$R_L\geqslant0.4$</td><td>Fr>L4</td></tr>
<tr><td>过渡流</td><td>$\geqslant0.01$</td><td>L2<$Fr\leqslant$L3</td></tr>
</table>

弗劳德准数F_r

$$Fr = \frac{u_m^2}{gd} \tag{4-63}$$

分离流、间歇流和分散流的水平管持液率$H_L(0)$按下式计算：

$$H_L(0) = \frac{a R_L^b}{Fr^c} \tag{4-64}$$

式中a、b、c的值取决于流型，其值如表4-7所示。

表4-7 系数a、b、c

流　型	a	b	c
分离流	0.98	0.484 6	0.086 8
间歇流	0.845	0.535 1	0.017 3
分散流	1.065	0.582 4	0.060 9

过渡流的水平管持液率$H_L(0)_T$按下式计算：

$$H_L(0)_T = A \times H_L(0)_S + B \times H_L(0)_I \tag{4-65}$$

式中，$A = \frac{(L_3 - Fr)}{(L_3 - L_2)}$；$B=1-A$；$H_L(0)_S$、$H_L(0)_I$分别为分离流和间歇流的水平管持液率。

倾斜管线内的持液率$H_L(\theta)$为：

$$H_L(\theta) = \psi \times H_L(0) \tag{4-66}$$

式中　ψ——倾角修正在系数，由式(4-67)计算。

$$\psi = 1 + \left[\sin(1.8\theta) - \frac{1}{3} \times \sin^3(1.8\theta)\right] \times C \tag{4-67}$$

$$C = (1 - R_L) \times \ln(s \times R_L^m N_{l\omega}^n Fr^k)$$

$$N_{l\omega} = u_{sL}\left(\frac{\rho_l}{g \times \sigma}\right)^{0.25}$$

式中　s、m、n、k——与流型有关的系数，其值见表4-8；

$N_{1\omega}$——液相折算速度准数；

σ——液体表面张力，N/m；

u_{sL}——液体的折算速度（界面速度）。

对于 θ =90° 的垂直管线：

$$\psi=1.0+0.3C \tag{4-68}$$

表4-8 系数s、m、n、k

	流　型	s	m	n	k
上　坡	分离流	0.011	～3.768	3.539	～1.614
	间歇流	2.96	0.305	～0.447 3	0.097 8
	分散流	C=0；ψ=1			
下　坡	合流型	4.7	～0.369 2	0.124 4	～0.505 6

从表4-8中可以看出：上坡分散流时，管段向上倾斜对截面含液率无影响；下坡段时，不管其流型如何，C值计算式只有一个。

（2）两相水力摩擦阻力系数计算

两相混输管路的水力摩擦阻力系数 λ 为：

$$\lambda = \lambda_0 \times \exp\left[\frac{-x}{0.0523 - 3.182x + 0.8725x^2 - 0.01853x^4}\right] \tag{4-69}$$

式中　x——关联因子，$x = \ln\frac{R_L}{[H_L(\theta)]^2}$。

当$1 < \frac{R_L}{[H_L(\theta)]^2} < 1.2$时

$$\lambda = \lambda_0 \times \exp\left(\ln\frac{R_L}{[H_L(\theta)]^2} - 1.2\right) \tag{4-70}$$

对于水力光滑管，无滑落时的水力摩擦阻力系数 λ_0，可通过下式计算

$$\lambda_0 = \left[2 \times \lg\frac{Re_0}{4.5223 \times \lg Re_0 - 3.8125}\right]^{-2} \tag{4-71}$$

无滑脱时的雷诺数 Re_0 由下式计算

$$Re_0 = \frac{u_m \times d \times [\rho_1 \times R_L + \rho_g (1 - R_L)]}{\mu_1 \times R_L + \mu_g (1 - R_L)} \tag{4-72}$$

式中 μ_1、μ_g——分别为液体和气体的黏度，Pa · s；其余符号与前文一致。

4）贝克压降计算式

贝克法的两相管路压降计算考虑了流型对压降的影响，将两相管路压降分为气相压降折算系数与管路内只有气相单独流动时压降的乘积。

$$\Delta p = \varphi_g^2 \left(\frac{\Delta p}{l}\right)_g \times l = \varphi_g^2 \times \Delta p_g \tag{4-73}$$

式中 $\left(\frac{\Delta p}{l}\right)$——管线内只有气相单独流动时的压降梯度，Pa/m；

ϕ_g——气相压降折算系数，与混输流态有关；

Δp_g——管线内只有气相单独流动时的压降，Pa。

各种流态的气相折算系数按以下经验公式计算：

（1）气泡流

$$\varphi_g^2 = 53.88 \left(\frac{\Delta p_L}{\Delta p_g}\right)^{0.75} \left(\frac{A}{G_L}\right)^{0.2} \tag{4-74}$$

（2）气团流

$$\varphi_g^2 = 79.03 \left(\frac{\Delta p_L}{\Delta p_g}\right)^{0.855} \left(\frac{A}{G_L}\right)^{0.34} \tag{4-75}$$

（3）分层流

$$\varphi_g^2 = 6\,120 \frac{\Delta p_L}{\Delta p_g} \left(\frac{A}{G_L}\right)^{1.6} \tag{4-76}$$

（4）冲击流

$$\varphi_g^2 = 1\,920 \left(\frac{\Delta p_L}{\Delta p_g}\right)^{0.815} \left(\frac{A}{G_L}\right) \tag{4-77}$$

（5）环状流

$$\varphi_g^2 = (4.8 - 12.3d)^2 \left(\frac{\Delta p_L}{\Delta p_g}\right)^{(0.343 - 0.826d)} \tag{4-78}$$

式中 Δp_L——管线内只有液相单独流动时的压降，Pa；

A——管线流通截面积，m^2，$A = \pi d^2/4$；

d——管线内径，m；

G_L——液体质量流量，kg/s。

波浪流采用汉廷顿(Huntington)关系式

$$\Delta p = 0.0175\left(\frac{G_L \mu_l}{G_g \mu_g}\right)^{0.209}\left(\frac{u_{sg}^2 n\rho_g}{2d}\right) \times l \tag{4-79}$$

式中　u_{sg}——气相的界面速度,m/s;

G_g——气体质量流量,kg/s;

μ_l、μ_g——管线条件下液相和气相的黏度,mPa·s。

其余符号意义同前文。

4.3　与地面集输管网有关的热力计算

1. 页岩气在管内流动中的温度变化

1)影响温度变化的主要因素

页岩气在管内流动中的能量损失和页岩气通过输送管道与外界环境的热量交换,是使页岩气温度发生变化的主要因素。

2)管道轴向各点处的页岩气温度计算

采用舒霍夫公式:

$$T_x = T_T + (T_Q - T_T)e^{-ax} - D_i \frac{p_Q - p_z}{aL}(1 - e^{ax}) \tag{4-80}$$

式中　T_x——管道轴向上任意点x处的页岩气温度,℃;

T_T——管道埋深处的土壤温度,℃;

T_Q——管道起点处的页岩气温度,℃;

p_Q——管道起点压力,MPa;

p_z——管道轴向x点压力,MPa;

a——常数,$a = \dfrac{K\pi D}{Q c_p}$;

K——页岩气通过管壁与外界环境的总传热系数,$W/(m^3 \cdot K)$;

Q——管内页岩气的质量流速,kg/s;

D——管道外径，m；

c_p——页岩气的比定压热容，J/(kg · K)；

D_i——J-T 系数，℃ /MPa；

L——管道计算段的长度，m。

当不考虑J-T效应时，式(4-80)中最后一项为零，计算式变为：

$$T_x = T_T + (T_Q - T_T) e^{-ax} \quad (4-81)$$

2. 埋地地面集输管道内页岩气与管外土壤环境间的总传热系数

1）总传热系数

总传热系数是指流体通过固体壁传热时，在单位时间内，单位温差（K或℃）推动下通过单位传热面积传递的热量。

影响埋地气体输送管道总传热系数的主要因素是管道埋设处的土壤性质、埋设深度、管内对流放热系数K_B和管外传热系数K_H的数量和管壁的热阻。但埋地管道的K_H的数值很低，是制约总传热系数K的主要因素。

在不计管壁热阻的情况下，有

$$K = \frac{K_B K_H}{K_B + K_H} \quad (4-82)$$

总传热系数总是小于K_B和K_H中数值较小的一个，由于埋地页岩气管道的K_B值常常大于K_H值，则K_H值是影响埋地管道总传热系数的主要因素。

2）管内对流传热系数K_B的计算

管内对流传热的强度除与流体性质、流道尺寸和流体流速有关外还与流态有关。目前用于工程传热的管内对流传热系数计算方法是基于实验和经验提出的。

（1）层流时的计算方法

当流体处于Re小于2 000的层流状态时，K_B值按下式计算：

$$K_B = 1.86 \frac{\lambda}{d} \left(Re\, Pr \frac{d}{L} \right)^{1/3} \left(\frac{\mu}{\mu_w} \right)^{0.14} \quad (4-83)$$

式中　K_B——管内流体对流传热系数，W/(m^2 · K)；

λ——流体在定性温度下的导热系数，W/(m · K)；

D——管道内径,m;

Re——流体流动中的雷诺数;

Pr——普朗特常数;

L——管道计算长度;

μ——流体在定性温度下的黏度,Pa·s;

μ_w——流体在管壁温度下的黏度,Pa·s。

(2) 紊流时的计算方法

当流体处于Re大于10 000的紊流状态且管内流体被冷却时,K_B值按下式计算:

$$K_B = 0.023 \frac{\lambda}{d} Re^{0.8} Pr^{0.3} \tag{4-84}$$

式中符号的含义和单位与式(4-83)中的说明相同。

3) 管外传热系数K_H的计算

(1) 传热方式

埋地管道外表面与土壤环境间的热量交换主要是以热传导的方式进行的,土壤的含水量和其他热性质、管道的埋设深度是影响管外传热系数的主要因素。

(2) 计算式

管外传热系数K_H可由下式计算:

$$K_H = \frac{l_n \left[\frac{2h}{D_H} + \sqrt{\frac{2h}{D_H} - 1} \right]}{2\lambda_T} \tag{4-85}$$

式中 K_H——埋地管道外表面与土壤环境间的传热系数,W/(m²·K);

h——地面到埋设管中心的距离,m;

D_H——埋地管道的最大外径,m;

λ_T——土壤的导热系数,W/(m·K)。

3. 输气管道内页岩气的平均温度

1) 计算给定管段内页岩气平均温度的目的

(1) 为确定页岩气的物性数据提供温度依据。

水力和热力计算中使用的某些页岩气物性数据与页岩气所处的温度有关,确定温度是获取有关物性数据的前提条件。

（2）为确定给定管段在运行条件下的页岩气管内积存量提供条件。

管道运行中页岩气的温度沿管道轴向变化，确定给定管段内的页岩气平均温度才能计算管段内的页岩气积存量，为管道分段设置事故紧急截断阀提供依据。

2）平均温度的计算

（1）平均温度的一般表达式。

$$T_m = T_T + (T_Q - T_r)\frac{(1 - e^{-aL})}{aL} - D_i \frac{p_Q - p_z}{aL}\left[1 + \frac{1}{aL}(1 - e^{-aL})\right] \quad (4\text{-}86a)$$

（2）不计焦耳-汤姆孙效应时的计算式简化为：

$$T_m = T_T + (T_Q - T_r)\frac{(1 - e^{-aL})}{aL} \quad (4\text{-}86b)$$

式中符号的含义和说明同式（4-80）。

4.4 承压管道和管件的强度计算

1. 工作应力的确定和允许最高工作应力

1）工作应力

用于确定承压构件工作截面强度尺寸的应力，都为承压构件在荷载作用下的工作应力。确定管道、管体件在工作状态下工作应力的方法很多，但由无力矩薄膜理论导出的应力计算公式得到广泛的应用。式（4-87）是在受内在作用的薄膜壳体上取微元体作力平衡分析后导出的拉普拉斯方程式，它表达了壳体任意点处的应力与内压力和所在点的径向和纬向曲率半径之间的关系，它是薄壁内压壳体应力计算的基础：

$$\frac{\sigma_1}{R_1} + \frac{\sigma_2}{R_2} = \frac{p}{s} \quad (4\text{-}87)$$

式中　σ_1——给定点处的径向应力，Pa；

σ_2——给定点处的纬向应力，Pa；

R_1——给定点处的径向曲率半径，m；

R_2——给定点处的纬向曲率半径，m；

p——内压力，Pa；

s——膜厚度，m。

薄膜理论认为，在内压作用下的薄膜壳体只承受有由内压引起的拉伸应力，不受弯矩的作用，不存在弯曲应力，上述方程应用于圆筒形承压构件时，R_1无限大，R_2=0.5 D，方程可转换为：

$$\sigma = \frac{pD}{2s} \tag{4-88}$$

应用于球形壳体时，R_1=R_2=0.5 D，$\sigma_1=\sigma_2$，上述方程可转换为：

$$\frac{\sigma_s}{h_s} \tag{4-89}$$

2）管道、管件工作截面上的最高允许工作应力

（1）有关强度理论

目前存在四种关于承载金属构件强度失效的理论，可以用来确定由不同性质的金属材料制成的构件在承载时允许的最高工作应力。

① 最大拉伸应力理论（第一强度理论）

该理论认为承载构件工作截面上的最大拉应力达到金属材料在简单拉伸中的强度极限 σ_B时承载结构会受到破坏，相应的强度条件为 $\sigma \leqslant \sigma_B/n_B$，$n_B$是相对于 σ_B的安全系数。

② 最大应变理论（第二强度理论）

认为金属材料在工作中产生的最大拉伸应变量达到简单拉伸中的极限应力所对应的应变值时承载构件会受到破坏，应以$\sigma_1 - \mu(\sigma_2 - \sigma_3) \leqslant \frac{\sigma_B}{n_B}$作为强度条件。显然，这一理论只适用于在轴向拉伸中直到断裂其变形都符合虎克定律的脆性金属材料。

③ 最大剪应力理论（第三强度理论）

认为承载构件工作截面上的最大剪应力达到金属材料在简单拉伸中开始流动时

的最大剪应力时会受到破坏，要求以$\sigma_1 - \sigma_3 \leqslant \frac{\sigma_s}{n_s}$作为强度条件。

④ 形变比能理论（第四强度理论）

认为金属材料的形变比能达到金属材料在简单拉伸中发生流动时的变形比能时承压构件会受到破坏，相应的强度条件是：

$$\sqrt{(\sigma_1 - \sigma_2)^2 + (\sigma_2 - \sigma_3)^2 + (\sigma_3 - \sigma_1)^2} \leqslant \frac{\sigma_s}{n_s}$$

以上的σ_B、σ_s、μ、n_B和n_s，分别是金属材料的强度极限、屈服极限、泊松比、对强度极限的安全系数和对屈服极限的安全系数。$\sigma_{1\sim3}$是按$\sigma_1 > \sigma_2 > \sigma_3$的顺序排列的。

（2）强度条件的应用和最高允许工作压力的表示方法

地面集输用管道和管件目前普遍采用塑性良好的钢材制作。这类材料的强度失效试验表明，第三和第四强度理论比第一和第二强度理论理更接近实际失效情况，因而在强度计算中得到更多的应用。国内外石油、天然气输送管道的强度计算，大多以第三强度理论作为依据。

将金属材料强度极限σ_B和屈服极限σ_s除以安全系数n_B或n_s（$n>1$），或将σ_B，σ_s乘以应力折减系数F（$F<1$），是金属承载结构强度计算中常用的两种许用应力表达方式，气田地面集输管道强度计算常采用后一种。一般取F=0.5 ～ 0.6，站内的管道和穿跨越江河、公路、铁路的管段取F=0.5，野外露天埋地设置的地面集输管道取F=0.6。这相当于以σ_s为基准取n_s=1.67 ～ 1.72，与钢制压力容器设计中对在常温下工作的金属材料取n_s=1.6 的规定基本相当而又使许用应力比钢制压力容器偏低，这是符合气田地面集输中输送工作条件差、事故时危害作用大的实际情况和安全需要的。

2. 管道的强度计算

1）几种内压圆筒壁厚计算公式

（1）国家标准《钢制压力容器》（GB150—1998）中规定的内压圆筒壁厚计算公式

$$s = \frac{pD_m}{2\sigma_s F\varphi} + C_1 + C_2 \tag{4-90}$$

式中　s——壁厚，mm；

D_m——钢管壁的平均直径，mm；

p——内压力，MPa；

σ_s——钢管金属材料的屈服极限，MPa；

F——设计系数，$F<1$；

ϕ——焊接钢管的焊接系数；

C_1——钢管的壁厚负偏差量，mm；

C_2——腐蚀裕量，mm。

（2）以内压圆筒形薄膜理论的应力表达式和第三强度理论条件表达式为依据导出的内压圆筒壁厚计算公式

$$s = \frac{p D_H}{2 \sigma_s F\varphi} + C_1 + C_2 \tag{4-91}$$

式中　D_H——圆筒外径，mm。

其余符号的含义和单位与式（4-90）中的说明相同。

（3）内压圆筒壁厚计算公式

$$s = \frac{D_B}{2}\left(\sqrt{\frac{F\varphi\sigma_s}{F\varphi\sigma_s - 2p}} - 1\right) + C_1 + C_2 \tag{4-92}$$

式中　D_B——圆筒内径，mm。

（4）以圆筒壁截面上各点处的主应力平均值和第三强度理论的强度条件表达式为依据导出的内压圆筒壁厚表达式

$$s = \frac{p D_B}{2 \sigma_s F\varphi - p} \tag{4-93}$$

（5）考虑圆筒壁径向各点处的应力不均匀性，以圆筒内表面的各向主应力和第四强度理论的强度条件表达式为依据导出的内压圆筒壁厚计算公式

$$s = \frac{D_B}{2}\left(\sqrt{\frac{F\varphi\sigma_s}{F\varphi\sigma_s - 1.73p}} - 1\right) + C_1 + C_2 \tag{4-94}$$

式中适应的压力范围是有限的，当p大于$0.557F\varphi\sigma_s$时不再适用。

3. 弯管的强度计算

弯管承受内压作用所需的最小壁厚按下式计算：

$$s = \frac{p D_H}{2 \sigma_s F \varphi} \times \frac{4R - D_H}{4R - 2 D_H} + C_2 \tag{4-95}$$

式中 s——弯管任意点处最小壁厚,mm;

D_H——弯管的外径,mm;

R——弯管的曲率半径,mm。

其余符号的含义和单位与式(4-90)中的说明相同。F值与钢管强度计算中的取值方法相同。

第5章

页岩气净化

5.1 概述

5.1.1 页岩气净化处理的目的

从气井采出的粗页岩气是多种组分的混合物，这些组分原则上可分为两类：一类是对商品页岩气而言是有用的组分（有效组分），如甲烷、乙烷、丙烷及其以上组分（C_3^+）；另一类是杂质组分，如水分、二氧化碳以及氮气等，某些气田采出的页岩气中还含有汞、放射性气体等杂质。

进入长输管道的商品页岩气也就是商品天然气必须达到以下两个方面的要求。

1. 经济效益的要求

页岩气作为商品天然气的经济效益主要体现在燃烧过程中的发热量（热值）。显然，其中存在过多的二氧化碳或氮气就不能满足发热量的要求。尽管世界各国的气质标准中对天然气发热量的规定有所不同，但均作出明确的要求，否则就不能作为商品供应。

2. 安全生产的要求

输气管道的腐蚀是安全生产的主要隐患，采出气在有水分和二氧化碳存在的条件下，输气管道的腐蚀会加剧，同时过多的水分存在也影响输气效率。

所以，为使粗页岩气能经济而有效地输送与利用，必须根据有关气质标准的规定脱除其中若干杂质组分，此工艺过程即称为页岩气净化。

由于页岩气中不含H_2S，所以页岩气的净化核心是脱水。井口出来的页岩气几乎都是被水汽所饱和的，水是页岩气中有害无益的组分，因为页岩气中水的存在，会降低页岩气的热值和输气管道的输送能力；当温度降低或压力增加时，页岩气中液相析出的水，在管道和设备中造成积液，不仅增加流动压降，甚至形成段塞流，还会加速页岩气中酸性组分对管道和设备的腐蚀；液态水不仅在冰点时会结冰，而且，即使在页岩气的温度高于水的冰点时，液态水还会与页岩气中的一些气体组分生成水合物，严重时会堵塞井筒、阀门、管道和设备，影响输气管道的平稳供气和生产装置的正常运行。页岩气的水露点指标就是其饱和水汽含量的反映。页岩气的水露点高，其水汽含量必然高。因此，对于页岩气，降低其水露点，无论对于管道输送或是符合商品气质要求，都具有重要的意义。同时由于商品气规范要求的水含量远小于原料页岩气中的饱和水蒸气含量，所以必须把大部分水脱除。用来脱除页岩气中水分，使之达到气质标准规定的露点的工艺通常称为脱水。

5.1.2 商品页岩气产品质量标准

由于目前国内尚无页岩气产品质量标准，而页岩气经过处理后最终要成为商品天然气出售，所以以天然气（不含H_2S天然气）的质量标准作为页岩气的质量标准。

1. 国外管输天然气的主要质量指标

目前商品天然气主要有管输天然气、液化天然气（LNG）和作为车用燃料的压缩天然气（CNG）三种，其中以管输天然气的消费量最大，故国内外一般都把管输天然气的质量指标作为商品天然气的质量指标。对不含H_2S天然气，质量指标主要为二氧化碳含量、高位（或低位）发热量、水露点和烃露点等几项（表5-1）。

表5-1 国外管输天然气主要质量指标（不含H_2S天然气）

国　家	CO_2/%	高位发热量/（MJ/m^3）	烃露点/（℃/bar）	水露点/（℃/bar）
ISO	—	—	在交接温度下，不存在液相的水和烃（见ISO13686：1998）	—
EASEE-gas	—	—	在1～70 bar下，烃露点为-20℃，2006年10月1日实施	—
英国	2	38.84～42.85	夏+10/69，冬-1/69	夏+4.4/69，冬-9.4/69
荷兰	1.5～2.0	35.17	-3/70	-8/70
法国	—	37.67～46.04	-5/操作压力	-5/操作压力
德国	—	30.2～47.2	地温/操作压力	地温/操作压力
意大利	1.5	—	-10/60	-10/60
比利时	2	40.19～44.38	-3/69	-8/69
奥地利	1.5	—	-5/40	-7/40

（续表）

国　家	CO_2/%	高位发热量/（MJ/m^3）	烃露点/（℃/bar）	水露点/（℃/bar）
加拿大	2	36	-10/54	-10/操作压力
美国	3	43.6～44.3	—	110 mg/m^3（质量浓度）
波兰	—	19.7～35.2	—	夏+5/33.7，冬-10/33.7
保加利亚	CO_2+N_2，7.0	34.1～46.3	—	-5/40
南斯拉夫	CO_2+N_2，7.0	37.17	—	夏+7/40，冬-11/40
俄罗斯	—	—	温带地区：0/，寒带地区夏-5/，冬-10/	—
EASEE-gas：欧洲能量合理交换协会气体分会（European Association for the streamlining of energy exchange-Gas）				

2. 国家标准“天然气”

根据中华人民共和国国家标准2012年9号文公告，由全国天然气标准化技术委员会归口、中国西南油气田公司天然气研究院和CPE西南分公司负责起草的强制性国家标准GB17820—2012《天然气》于2012年5月发布，9月1日实施。

新版《天然气》国家标准相较1999年版，对天然气气质要求有较大幅度提高。其中，一类气气质指标，每立方米天然气高位发热量由原来大于3.14×10^7 J提高到大于3.6×10^7 J；每立方米天然气总硫含量由不大于100 mg提高到不大于60 mg；二氧化碳含量由小于或等于3%提高为小于或等于2%。

在交接点压力下，水露点应比输送条件下最低环境温度低5℃。

本标准中气体体积的标准参比条件是压力101.325 kPa，温度20℃。在输送条件下，当管道管顶埋地温度为0℃时，水露点应不高于-5℃。进入输气管道的天然气，水露点的压力应是最高输送压力。

3. 天然气质量指标的试验方法（不含H_2S天然气）

1）天然气组成分析与发热量计算

天然气组分是指天然气中所含的组分及其在可检范围内相应的含量。分析时，通常所指的组成是指天然气中甲烷、乙烷等烃类组分和氮、二氧化碳等常见的非烃组分的含量。尽管有些杂质组分，如水等也是天然气组成的一部分，但如不特别说明，在组成分析时并不分析这些组分。

根据GB17820—2012的规定，商品天然气的组成按GB/T13610—1992（2003年修订）进行分析，其发热量则按组成分析的结果，参照GB/T11062—1998的规定进行计算。

2）二氧化碳含量测定

根据GB17820的规定，天然气中的二氧化碳含量按GB/T13610—1992用气相色谱法测定。

3）水露点测定

天然气的水露点是指在一定的压力条件下，天然气中开始出现第一滴水珠时的温度，也就是在该压力条件下与饱和水汽含量对应的温度值。

在GB17820—1999《天然气》中，把水露点作为衡量商品天然气的一个指标。在天然气的贸易交接计量时，常常要对其进行测定。在天然气管道输送过程中，更需要首先知道水露点的高低，因为它决定着能否正常输送。在天然气处理装置中，通常有一个叫天然气烃水露点控制单元，用来控制和监测天然气水露点。

根据GB17820的规定，天然气的水露点按GB/T17238—1992用冷却凝析湿度计法测定。该标准等效采用国标标准ISO6327：1981《天然气水露点的测定——冷却镜面凝析湿度计法》。制定国标前，由中国西南油气田公司天然气研究院对ISO6327进行了验证研究。结果表明：该国际标准的精密度较高，测定范围宽，检测下限低，可等效采用作为国家标准，但为能适应中国天然气工业的实际情况，扩大了测定范围。

4）天然气的取样方法

取得有代表性的样品是保证测定结果真实性和可靠性的一个重要环节，因而为了保证数据质量，必须按样品的特性，采取与之相适应的取样方法。一般说来，天然气取样理论上存在的问题较少而实践上比较困难，尤其像天然气这样一种组分多达10种以上的高压气体混合物，在取样过程中应周密地设计流程，选择设备与材料，以及取样方式与方法，同时还必须注意安全要求。

国际标准化组织天然气技术委员会（ISO/TC193）于1990年开始制定标题为“天然气—取样导则”的国际标准。起草过程中，中国、美国和英国都各自提出了草案，经多年讨论和修改，ISO于1997年6月发布了国际标准ISO10715《天然气—取样导则》。该国际标准的内容比GB/T13609—1992更为丰富。为使天然气分析测试技术的标准化全面与国际接轨，中国西南油气田分公司天然气研究院在等效采用ISO10715的基础上对GB/T13609—1992做了修订，并已于1999年发布了天然气取样方法(GB/T13609—1999)。

5.2 页岩气的脱水工艺

水是页岩气从井口产出到用户终端整个过程各个处理环节中最常见的组分。页岩气从井口产出后含水量较大，露点值稍高，容易在温度降低或者压力升高条件下使水含量达到饱和，并且析出。当页岩气通过净化厂处理后，获得较高的露点降，含水量大大降低。脱水后的页岩气虽然含有水分，但是只要达到行业标准规定的含量，页岩气就被称为可以销售和消费的“干气”。

页岩气的脱水工艺同天然气脱水工艺基本相同，主要有溶剂吸收法、固体吸附法、冷凝分离法和膜分离法等。其中最为常用的，也是技术最为成熟的是溶剂吸收法和固体吸附法。膜分离脱水法作为一种较为新兴的脱水方法，工业上并未普及。

5.2.1 溶剂吸收脱水工艺

1. 脱水原理

溶剂吸收法的脱水原理是根据天然气和水分在脱水溶剂中溶解度不同来吸收天然气中的水分，从而实现天然气的干燥。天然气脱水后，吸收溶剂变成富溶剂，经过脱吸后，可以实现吸收溶剂的循环利用。

溶剂吸收脱水主要用于使天然气水露点符合管输要求的场合，一般建在集中处理站（湿气来自周围单井站或井组站）或输气首站内。它是利用某些液体物质不与天然气中的水分发生化学反应，只对水有很好的溶解能力，溶水后蒸汽压很低且可再生和循环使用的特点，将天然气中水汽脱出。此外，这些脱水吸收剂对天然气中的水蒸气有很强的亲和能力，热稳定性好，黏度小，对天然气和液烃的溶解度较低，起泡和乳化倾向小，对设备无腐蚀性，同时价格低廉，容易获取。

2. 常用脱水吸收剂

为保证天然气脱水效果，脱水溶剂应对水有较高的亲和力，对天然气和烃类有较低的溶解度，较低的蒸汽压和较高的热稳定性，而且容易再生等特点。工业上常用的脱水吸收剂是甘醇类化合物（二甘醇DEG和三甘醇TEG）和氯化钙水溶液。

甘醇类脱水剂使用历史可以追溯到20世纪60—70年前，在分子结构上它是一种直链二元醇，性质介于一元醇和三元醇之间，有良好的水溶性，其化学通式是$C_nH_{2n}(OH)_2$，用于天然气脱水的主要有乙二醇（EG）、二甘醇（DEG）、三甘醇（TEG）和四甘醇（TTEG）。表5-2是四种甘醇脱水剂的参数和性能比较。

表5-2 四种甘醇脱水剂工艺参数和性能比较

甘醇脱水剂种类	一甘醇（EG）	二甘醇（DEG）	三甘醇（TEG）	四甘醇（TTEG）
分子式	$C_2H_6O_2$	$C_4H_{10}O_3$	$C_6H_{14}O_4$	$C_8H_{18}O_5$
相对分子质量	62.1	106.1	150.2	194.2
凝点/℃	−11.5	−8.3	−7.2	−5.6
蒸汽压（25℃）/Pa	12.24	0.27	0.05	<0.05
常压沸点/℃	197.3	244.8	285.5	314
密度（60℃）/（g/cm^3）	1.085	1.088	1.092	1.092
理论热分解温度/℃	165	164.4	206.7	237.8
实际再生温度/℃	129	143～163	185～199	204～234
溶解度（20℃）	全溶	全溶	全溶	全溶
闪点/℃	111.1	123.89	176.67	176
黏度（20℃）/（Pa·s）	25.66×10^{-3}（16℃）	25.7×10^{-3}	47.8×10^{-3}	—
（60℃）/（Pa·s）	5.08×10^{-3}	7.6×10^{-3}	9.6×10^{-3}	10.2×10^{-3}
比热容/[kJ/（kg·K）]	2.43	2.31	2.2	2.18
表面张力（25℃）/（N/m^{2}）	4.7	4.4	4.5	4.5
折光指数（25℃）	1.43	1.446	1.454	1.457
性状	无色、无臭、有毒黏稠液体	同EG	同EG	无色至浅黄色黏稠液体、有一定毒性

四种甘醇溶剂均具有较强的吸水性能，一甘醇（乙二醇）一般不用于脱水而用作水合物抑制剂。二甘醇的应用受再生温度的限制，其贫液浓度一般为95%左右，露点降低，仅为25 ～ 30℃；而三甘醇（TEG）再生容易，其贫液浓度可达98% ～ 99%，露点降为33 ～ 47℃，另外TEG蒸汽压较低，因而携带损失小，热力学性质稳定，理论热分解温度比二甘醇高40℃，工艺操作费用也比二甘醇低；四甘醇也应用于天然气脱水，虽然蒸汽压比三甘醇还小，蒸发损耗小，但是价格昂贵，应用较少。

所以在实际中，由于三甘醇脱水的露点降大、成本低和运行可靠，但是经济效益较好，因此得到更广泛的应用。下边重点介绍三甘醇（TEG）脱水工艺。

3. TEG脱水工艺

1）工艺流程

TEG脱水工艺主要包含两个部分：三甘醇在高压下吸收脱水；富TEG溶液在低压环境下再生。其中吸收脱水部分降低天然气含水量和露点，再生部分释放三甘醇中的水分，提浓甘醇溶液，使三甘醇得到再生。

图5-1是其脱水工艺的典型流程。含水天然气（ 湿气）先经过进口分离器除去气体中携带的液体和固体杂质，后进入吸收塔。在吸收塔内原料气自下而上流经各塔板，与自塔顶向下流的贫甘醇液逆流接触吸收天然气中的水汽。经脱水后的天然气（干气）自塔顶流出。吸收了水分的甘醇富液自塔底流出，与再生后的贫甘醇液

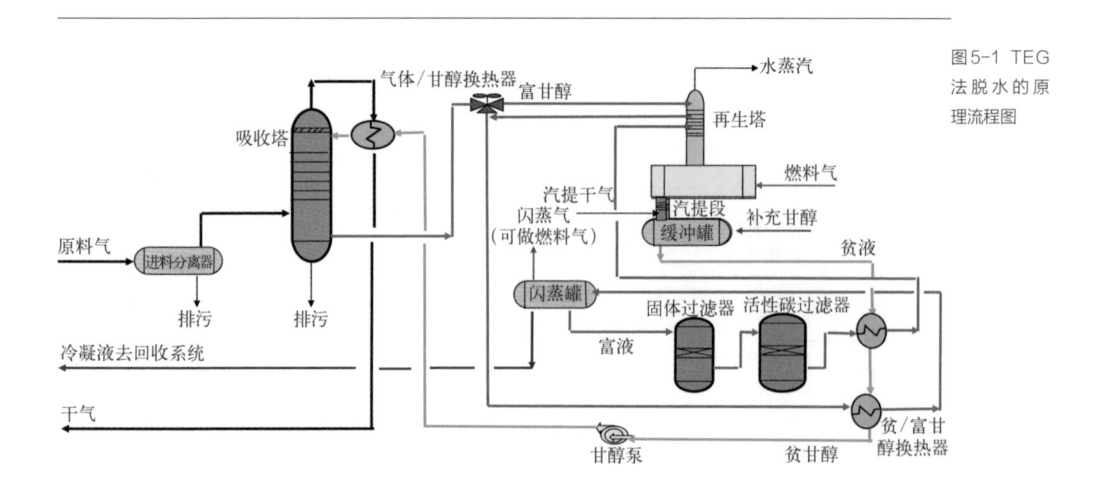

图5-1 TEG法脱水的原理流程图

换热，再经闪蒸、过滤后进入再生塔再生。流程中设置的闪蒸罐可使部分溶解到富甘醇溶液中的烃类气体在闪蒸罐中分出。富甘醇在再生塔中提浓和冷却后，流入储罐内，供循环使用。吸收塔内，气体和液体以逆流接触吸收的方式实现了传热和传质的过程，保证了塔顶出口的天然气的脱水程度，也使甘醇贫液塔底的含水量达到最大值，从而充分利用了甘醇的脱水能力。有文献资料证实，甘醇脱水装置可将天然气中的水含量降低到0.008 g/m^3。如果有贫液气提柱，利用气提气进行再生，天然气中的水含量甚至可降低到0.004 g/m^3。

2）TEG法主要设备

（1）原料气分离器

其功能是分离掉原料气夹带的固体杂质、液态烃以及井下作业使用的化学药剂等。常用卧式和立式重力分离器，内装金属网除沫器。如果原料页岩气中含有很多细小的固体颗粒或者液滴时，应尽量考虑选取过滤式分离器或水洗式旋风分离器。

（2）吸收塔

吸收塔由底部洗涤气段、中部传质或干燥段、顶部的甘醇冷却与捕雾器组成。

湿气进入塔底部的气体洗涤器，然后穿过丝网捕雾器以去除残余液体颗粒，通过这样的两级处理尽可能使进入甘醇体系的污染物最小化。一般气体洗涤器是对原料分离器的补充，它不能代替原料气分离器。

在干燥段，气体与甘醇进行逆流接触，脱除大部分水汽。

塔顶的捕雾器保证气相中尽可能少地夹带甘醇，甘醇液体量小于16 mg/m^3。捕集垫由厚度为100 ～ 200 mm的不锈钢和涤纶组成，液体分离的空间十分重要，从捕雾器到第一块塔板的距离至少应为塔板间距的1.5倍。

可采用填料塔或板式塔，在板式塔中虽然泡罩塔的效率（约25%）比浮阀塔板（约33%）低，但由于TEG溶液比较黏稠，而且塔内的液/气比较低，在气体流量较小时，塔板上液体能保持一定液位，不向下滴漏，气体流量为16% ～ 20%设计流量时仍能有效工作，操作弹性比浮阀塔大。故采用泡罩塔更为适宜。实际塔板数一般为4 ～ 10块，甘醇趋向于发泡，因此塔板间距至少应保持204 mm，比较适合的值是610 ～ 760 mm。安装时，应保持塔体垂直，否则由于塔板上液位不一致将影响到气液接触效果。

当塔径小于350 mm时，考虑选取填料塔，常用填料为瓷制鞍型填料和不锈钢环。不锈钢环价格较贵，但不会破碎，且可以达到较高的流率。

（3）闪蒸罐

闪蒸罐的功能是闪蒸溶解在TEG溶液中的烃类，以防止溶液发泡。闪蒸罐的操作压力为0.35 ～ 0.53 MPa，溶液在罐内的停留时间为5 ～ 20 min。对于重烃含量低的贫天然气，可采用两相分离器进行分离，一般停留时间为10 min就足够了。如果甘醇吸收有大量的重质烃，气体的相对密度大，原料气中所含重烃和TEG溶液形成了乳状液就会导致溶液发泡，此时可选用三相分离器，并应使溶液升至约65℃，停留时间达到20 ～ 30 min，使乳状液破乳将烃类闪蒸出来。气体-凝液-甘醇分离的最佳条件为压力0.35 ～ 0.53 MPa，温度38 ～ 65℃，该条件下闪蒸出的闪蒸气可不经压缩而直接作燃料气或汽提气使用。

要注意的是：闪蒸时的压力一定要能保证甘醇能流过下游的设备如换热器和过滤器等。使用卧式闪蒸罐比立式分离罐分离效果好，但是占地面积比较大。

（4）过滤器

过滤器主要功能是过滤TEG溶液中的固体颗粒以及溶解性杂质。当甘醇中固体颗粒大于0.01%（质量）时，易导致泵的损坏、换热器阻塞、溶液发泡、吸收塔板和再生精馏柱填料的污染、火管的热蚀等问题。为保证甘醇纯度，常用固体过滤器或活性炭过滤器对甘醇进行过滤。固体过滤器以纤维制品、纸张或玻璃纤维为滤料，能除去5 μm以上的固体粒子。而活性炭过滤器主要用于除去甘醇溶液中溶解性杂质，如高沸点的烃类、表面活性剂、润滑油以及TEG降解产物等。循环溶液既可以全部进入活性炭过滤器处理，也可以部分处理，视溶液中杂质含量而定。溶液在过滤器内的停留时间应为15 ～ 20 min，以保证处理效果。

（5）贫-富液热交换器

热交换器主要功能是控制进入闪蒸罐和过滤器的富液温度，并回收贫液热量，使富液升温进入再生塔，减轻重沸器的热负荷。最常用的是管壳式换热器。对小型装置可不设置专门的换热器，而在贫液缓冲罐中用换热盘管来代替（即换热罐）。采用这种换热形式可以简化流程，节省投资，但其换热效果较差，即使整个盘管均浸没在贫液之中，换热后的入塔富液温度也不高。

(6) 再生塔和重沸器

再生塔和重沸器组成三甘醇溶液的再生系统，其主要功能是蒸出富三甘醇溶液中的水分，使三甘醇溶液提浓，达到循环利用的目的。三甘醇的沸点约为278℃，与水的沸点相差较大，两者不能生产共沸物，故再生塔的长度较小，只需2～3块理论塔板即可，其中1块即为重沸器。重沸器一般为釜式，可用火管或蒸汽加热。

3）再生流程选择

TEG脱水的各种工艺流程，吸收部分大致相同，再生部分有所不同，目的是提高TEG的浓度。最初采用的是常压加热，只通过加热来提浓TEG，由于受到热分解温度的限制，只能将TEG提浓到98.5%（质量分数）左右，大约可使露点降达35℃左右。由于这种方法不能满足要求，因而发展了其他三种再生方法。

(1) 减压再生

在一定压力下，比常压加热多蒸出水分，提高浓度。但此法系统复杂，操作费用高。

(2) 气体汽提再生

这种方法是目前国内外通常采用的方法。将TEG溶液与热的汽提气接触，降低水蒸气的分压。可以提浓到99.95%（质量），露点降可达75～85℃。汽提气与蒸出的水汽一起排向大气，因混合气体中水汽含量高，不能燃烧而产生污染。典型的汽提再生流程如图5-2所示。

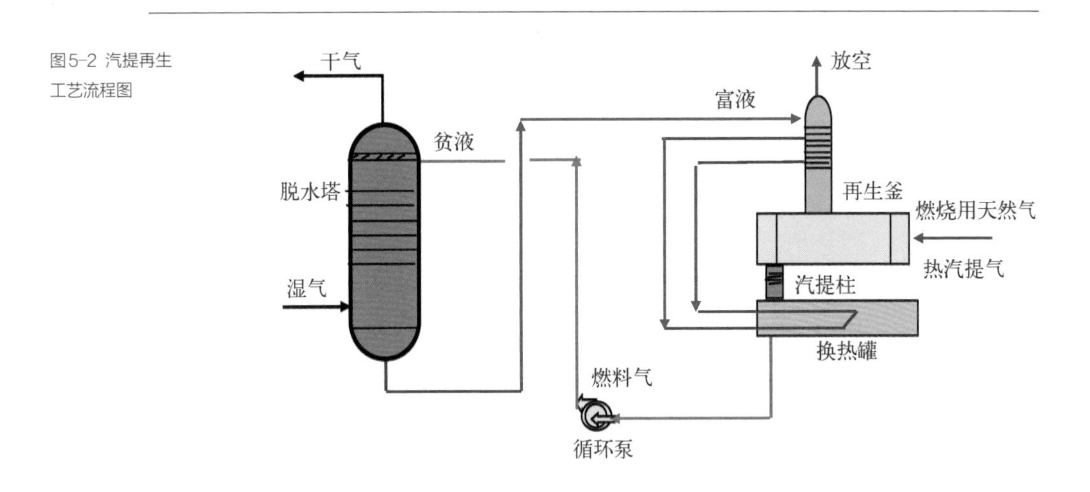

图5-2 汽提再生工艺流程图

(3) 共沸再生

共沸再生是20世纪70年代发展起来的方法，采用的共沸剂应具有不溶于水和TEG、与水能形成低沸点共沸物、无毒、蒸发损失小的性质，最常用的是异辛烷。此法可将TEG提浓到99.95%(质量分数)，露点降达75～85℃，共沸剂在封闭回路内循环，无大气污染。此法虽然不用汽提气，但是增加了设备和汽化共沸剂的能耗。

三种再生工艺中，气体汽提再生法在使用中虽有少量汽提气排出，有一定污染，但污染程度在环保要求范围内。加之，其成本低、操作方便、提浓效果好，所以目前国内外大都使用气体汽提再生法。

4) TEG法的影响因素

(1) TEG溶液浓度与露点降的关系

工业实践证明，吸收塔的操作压力低于17.3 MPa时，出塔干气露点降和吸收塔操作压力关系不大，操作压力每提高0.7 MPa时，露点降仅降低0.5℃。吸收塔操作温度对出塔干气的露点有影响，但入塔气体的质量流量远大于塔内TEG溶液的质量流量，因此可以认为吸收塔内的有效吸收温度大致与原料气温度相当，而且一般情况下吸收塔内各点的温度差不超过2℃。因此，降低出塔干气露点的主要途径是提高贫TEG溶液的浓度和降低原料气温度，但后者在工业装置上很难采取措施，而且TEG溶液比较黏稠，不宜在低于10℃的温度下操作，故提高TEG浓度是提高露点降的关键因素。

(2) TEG循环量与露点降的关系

每脱除1 kg所需的TEG循环量大致为17～24 L。同时，确定循环量也要考虑TEG浓度及吸收塔板数，这三者之间的关系可以归纳如下：

① 循环量和塔板数固定时，TEG浓度越高则露点降越大，这是提高露点降最有效的途径。

② 循环量和TEG溶液浓度固定时，塔板数越多则露点降越大，但一般工业上都不超过10块实际塔板。

③ 塔板数和TEG溶液浓度固定时，循环量越大则露点降越大，但循环量上升到一定程度后，露点降的增加明显减少，且循环量过大会导致重沸器超负荷，动力消耗也过大，因此溶液循环量最高不应超过33 L/kg(水)。

（3）提高TEG溶液浓度的途径

在常压再生的条件下，贫液中TEG浓度就取决于重沸器温度。由于TEG的热分解温度为206℃，故重沸器的操作温度一般在190℃左右，最高不超过204℃。此时，相应的贫液中TEG浓度质量分数约为98%。若要进一步提高浓度必须采取其他措施，如真空再生、惰性气气提和共沸蒸馏。

（4）降低TEG损失量的措施

TEG的价格较贵，应尽可能降低其损失量。对正常运转的装置，每处理100万立方米天然气的TEG消耗量大致为8～16 kg，超过此范围就应检查TEG大量损失的原因。工业经验表明，以下措施对降低TEG损失量是有效的。

① 选择合理的操作参数。在各种操作参数中温度对TEG损失量的影响最大。吸收塔的温度应保持在20～50℃，超过50℃后TEG蒸发损失量过大；重沸器的温度不应超过204℃，否则不仅蒸发损失量大，而且会导致TEG降解变质。

② 改善分离效果。原料气分离器是保证装置平稳操作的重要设备，不仅必须设置，而且要设计合理，干气出塔后也应经过分离器回收夹带的TEG液滴。

③ 保持溶液清洁。

④ 安装除沫网。在吸收塔和再生塔顶安装除沫网可以有效地降低因雾沫夹带而造成的TEG损失。吸收塔顶一般安装两层除沫网，其间隔至少应为150～200 mm，材质为不锈钢。

⑤ 加注消泡剂。当TEG溶液被污染而发泡时，吸收塔顶产生大量雾沫夹带，单靠除沫网和分离器难以全部回收，此时可以加消泡剂来控制。常用的消泡剂是磷酸三辛酯。

5）三甘醇污染控制与质量要求

为避免三甘醇受到污染，延长其使用寿命，应定期检查甘醇质量。三甘醇受到污染的主要因素有以下几个方面。

（1）热降解

为避免甘醇温度过高应控制重沸器的温度。

（2）盐类污染

页岩气采出水含有大量盐类，甘醇再生过程中会有盐类残存于甘醇内，使得盐类在重沸器内沉积，降低再生效率，缩短重沸器寿命。当甘醇内含盐量浓度达到0.25%

时，应排出受污染甘醇，清洗吸收和再生系统，更换新鲜甘醇。

（3）液烃污染

脱水系统存在液态烃的原因是：湿气洗涤效果差、进塔甘醇贫液温度低于干气温度、闪蒸分离器和活性炭过滤器效果差、气体与甘醇接触中部分气体溶解于甘醇内等。

（4）油泥积聚

页岩气携带的固体颗粒等杂质与液态烃结合，形成黑色黏稠状的污泥，加速泵的腐蚀，堵塞塔板和填料。

（5）发泡

甘醇受到液固杂质污染，气液接触温度过低，或吸收塔内气流速度过高等因素，会使甘醇发泡，因此脱水装备都配备消泡剂。

（6）氧化

为避免甘醇与空气接触，甘醇储罐应有惰性气体或者天然气覆盖，防止甘醇被氧化。

（7）pH值

若页岩气中含有酸性气体，甘醇自身降解，或者甘醇氧化会使甘醇自身pH值降低，导致设备腐蚀。因此，应按时监测甘醇pH值，利用中和方法使pH值维持在7.0 ～ 8.5。当甘醇pH值大于9.0时，会加剧甘醇生成乳状液、发泡和油泥沉积等问题。Fremin（1988）提出了甘醇各项指标要求如表5-3所示。

表5-3 三甘醇质量要求

参　数	三 甘 醇	
	富　液	贫　液
含水质量分数/%	3.5 ～ 7.5	< 1.5
氯化物质量浓度/(mg/L)	< 600	
含烃质量分数/%	< 0.3	
含铁质量浓度/(mg/L)	< 15	
悬浮固体质量浓度/(mg/L)	< 200	
pH值	7.0 ～ 8.6	
发泡倾向	在规定试验条件下，泡沫体积为10 ～ 20 mL，破灭时间为5s	
颜色外观	洁净，浅色至中黄色	

5.2.2 固体吸附法脱水工艺

1. 基本原理

溶剂吸收法具有投资低和操作成本低廉的优点，但是脱水效率较低，页岩气获得的露点降一般不超过45℃，对于诸如页岩气液化等需要深度脱水的情况时，溶剂吸收法不能满足页岩气的含水量要求，此时应采用固体吸附法脱水。应用此类方法脱水后的页岩气，含水量可低于1 mL/m^3，露点则低于−50℃。因此尽管溶剂吸收法在页岩气脱水领域应用广泛，但当要求页岩气露点降超过44℃时，就应该采用固体吸附法。

1）物理吸附与化学吸附

（1）物理吸附：物理吸附是指流体中被吸附的分子与吸附剂表面分子间为分子间吸引力——范德瓦尔斯力所造成，其吸附速度快，吸附过程类似于气体凝聚过程。在物理吸附中，吸附物在固体表面上可形成单分子层，也可形成多分子层，而且吸附和解吸的速度均较快，且容易达到吸附平衡状态。当气体压力降低或系统温度升高时，被吸附的气体可以容易地从固体表面逸出，而不改变气体原来的性质，这种现象称为脱附。吸附和脱附为可逆过程，工业上利用这种可逆性，借以改变操作条件，使吸附的物质脱附，达到使吸附剂再生、回收或分离吸附质的目的。

（2）化学吸附：化学吸附类似于化学反应。吸附时，吸附剂表面的未饱和化学键与吸附质之间发生电子的转移及重新分布，在吸附剂的表面形成一个单分子层的表面化合物。化学吸附具有选择性，不易吸附和解吸，它仅发生在吸附剂表面，且达到平衡的吸附速度较慢，是不可逆的过程，要很高的温度才能把吸附分子释放出来，并且释放出来的气体常已发生化学变化，不复呈原有的性质。为了提高化学吸附的速度，常常采用升高温度的办法。

物理吸附与化学吸附并不是互相排斥的，在同一物系内可能同时发生这两种吸附，也可能先进行物理吸附，然后温度升高后再进行化学吸附。以化学吸附过程脱除天然气中的水分时，由于吸附剂不能用一般方法再生，故工业上很少采用，不在这里讨论。

2）吸附过程

气-固吸附一般有三种形式，即间歇式、半连续操作和连续操作。第一种形式只应用于实验室或小规模工业生产。第三种形式虽然设备效率高，但设备的结构复杂，投资甚高。因此，固体吸附法天然气脱水大多采用半连续操作，即固定床吸附。

3）再生过程

对于固定床气–固吸附而言，主要有三种再生方法，即温度转换、压力转换和冲洗解吸。在天然气固体吸附脱水工艺中，实际应用的是第一种方法和第三种方法的结合。

2. 常用固体吸附剂

固体吸附脱水法是利用某些固体物质表面孔隙可以吸附大量水分子的特点来脱除天然气中的水分。脱水后天然气水含量可将至1 mg/L，这样的固体吸附剂有硅胶、活性氧化铝、分子筛等。这些固体吸附剂被水饱和后，易于再生，经过热吹脱附后可多次循环使用。表5–4列举了以上类型吸附剂的一些物理性质。

1）硅胶

硅胶是透明乳白色固体，分子式为$m\mathrm{SiO_2}\cdot n\mathrm{H_2O}$，主要成分为质量分数为97% ～ 99.7%的$SiO_2$，含有微量的$Al_2O_3$和结晶水。硅胶有粉状、圆柱条状和球状三种。

2）活性氧化铝

活性氧化铝是一种多孔、吸附能力较强的吸附剂，其中主要成分Al_2O_3约占94%，其他成分为H_2O、Na_2O、Fe_2O_3和部分金属化合物。对气体、蒸气和某些液体中的水分有良好的吸附能力，再生温度为175 ～ 315℃。国外天然气脱水常用的活性Al_2O_3有F–1型粒状、H–151型球状和KA–201型球状三种，

3）分子筛

分子筛是以Al_2O_3和SiO_2为基料人工合成的无机吸附剂，是具有骨架结构的碱金属或碱金属硅酸盐晶体。分子筛结构中有许多排列整齐的孔腔，并以直径均匀的孔道相连，只能吸附比孔径小的分子，因而分子筛吸附具有选择性。根据Al_2O_3和SiO_2配比不同，分子筛可以分为X型和A型两类。其分子式如下：$\mathrm{M}_{\frac{2}{n}}\mathrm{O}\cdot\mathrm{Al_2O_3}\cdot x\mathrm{SiO_2}\cdot y\mathrm{H_2O}$（M—某些碱金属或碱土金属离子，如Li、Na、Mg、Ca等；n—M的价数；x—SiO_2的分子数；y—水的分子数）。

表5-4 几种吸附剂的主要物理性质

类 型	硅 胶			活性氧化铝		分 子 筛
物理性质	0.3型	R型	H型	H-151型	F-1型	4A/5A
表面积/(m^2/g)	750～830	550～650	740～770	350	210	700～900
孔直径/Å	21～23	21～23	27～28	—	—	4.2
孔体积/(cm^3/g)	0.40～0.45	0.31～0.34	0.50～0.54	—	—	4.2
平均孔隙率/%	50～65	—	—	65	51	55～60
真相对密度	2.1～2.2	—	—	3.3	3.3	—
堆积密度/(kg/m^3)	720	780	720	630～880	800～880	660～690
视相对密度	1.2	—	—	—	1.6	1.1
比热容/[kJ/(kg·℃)]	0.92	1.05	1.05	—	1	0.84～1.05
导热系数/[kJ/(m·h·℃)]	0.52	—	0.5(38℃)	—	—	2.137
再生温度/℃	120～230	150～230	—	180～450	180～310	150～310
再生后水含量/%	4.5～7	—	—	6	6.5	变化
静态吸附容量(相对湿度60%)	35	33.3	—	22～25	14～16	22
颗粒形状	粒状	球状	球状	球状	粒状	圆柱状

3. 工艺流程与操作

1）工艺流程

采用不同吸附剂的页岩气脱水流程基本相同，使用的脱水装置大部分都是固定床吸附塔，即在立式圆柱筒体内填充多孔性固体吸附剂，页岩气流经吸附塔的同时含水量减少。但是采用固体吸附床进行脱水时，不能连续生产，当塔内吸附剂达到吸附饱和、出塔气体含水量上升前应终止进气。此时，接近饱和的吸附塔需要加热进行脱吸再生，再生后的吸附塔还需冷却才能重新投入使用。为了保证生产连续性，必须有两个或三个吸附塔轮流脱水。如采用两个吸附塔，则一个进行脱水，另一个进行冷却和再生。若使用三塔流程，则一个塔进行脱水，一个塔再生，另外一个塔进行冷却。

（1）双塔流程

双塔脱水工艺流程是比较经典的固体吸附脱水工艺，具体流程如图5-3所示。根据此流程，原料气经入口分离器（或涤气器）内除去固、液杂质后，进入脱水吸附塔，经干燥后的气体由塔底向外输送。再生气经加热炉加热后，由下向上流入吸附塔的加热床，去除吸附剂吸附的水分，恢复吸附剂活性。之后，再生气经加热炉旁通阀，进入冷却床层。由再生塔塔顶流出的再生气经冷却器冷却后，大部分水蒸气在再生分离器内凝析、分出。脱出游离水的再生气由分离器返回原料气，与原料气一起干燥。每个吸附塔的工作过程由吸附、加热再生和冷却三阶段组成，周而复始循环进行。

（2）分子筛吸附脱水

① 分子筛脱水工艺流程

分子筛因为具有很好的选择吸附性、高效吸附性能和高温脱水性能，所以常常成为首选的固体吸附剂。下面我们就以分子筛作吸附剂的双塔流程来说明吸附脱水的工艺原理，图5-4是分子筛吸附脱水原理流程图。图中，原料气自上而下流过吸附塔，吸附操作进行到一定时间后，进行吸附剂再生。再生气可以用干气或原料气，将气体在加热器内用蒸汽或燃料气直接加热到一定温度后，进入吸附塔再生。当床层出口气体温度升至预定温度时再生完毕。当床层温度冷却到要求温度时又可开始下一循环的吸附。吸附操作时，气体从上而下流动，使吸附剂床层稳定和气流分布均匀。再生时，气体从下向上流动，一方面使靠近进口端的被吸附的物质不流过整个床层，还可使床层底部干燥剂得到完全再生，从而保证天然气流出床层时的干燥效果（因为床层底部是湿原料气吸附干燥过程的最后接触部位，直接影响流出床层的干燥后的原料气的露点温度）。吸附法的最大优点是脱水后的干气露点可至-100℃，相当于水含量为0.8 mg/m^3。

② 分子筛脱水工艺参数确定

吸附法脱水工艺主要由吸附和再生操作组成。工艺参数应按照原料气组成、吸附后气体露点要求、吸附工艺特点等综合比较后确定。

a. 吸附操作

操作温度：原料气温度应尽可能低一些，这样含水量小，降低吸附器工作负荷。即使原料气压缩升压后，用空冷器冷却，温度应控制在45℃左右。但是，显然原料气最低温度要高于其水合物形成温度。

图5-3 典型的天然气吸附法脱水原理流程图(双塔流程)

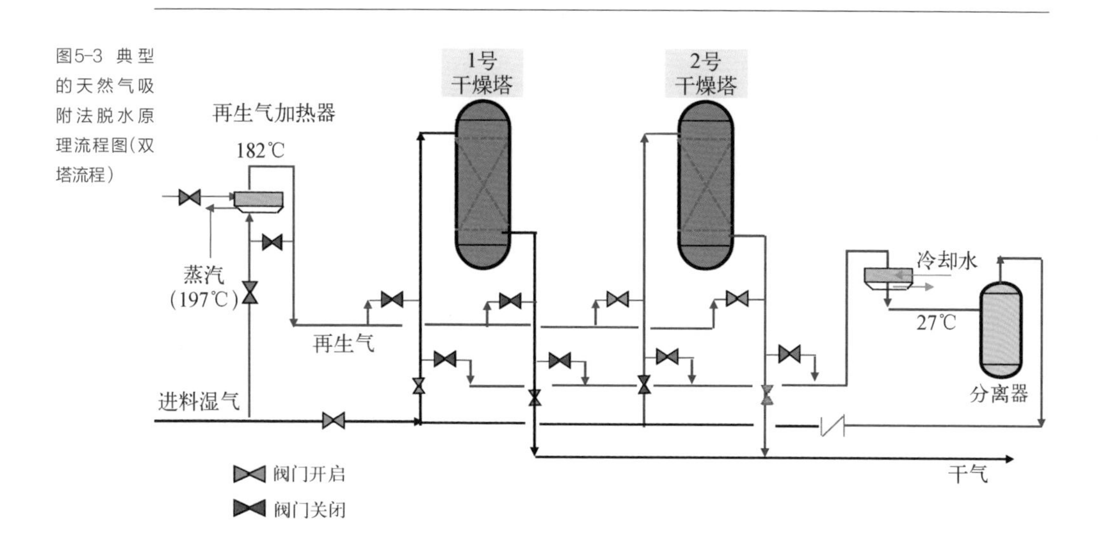

图5-4 分子筛吸附脱水原理流程图

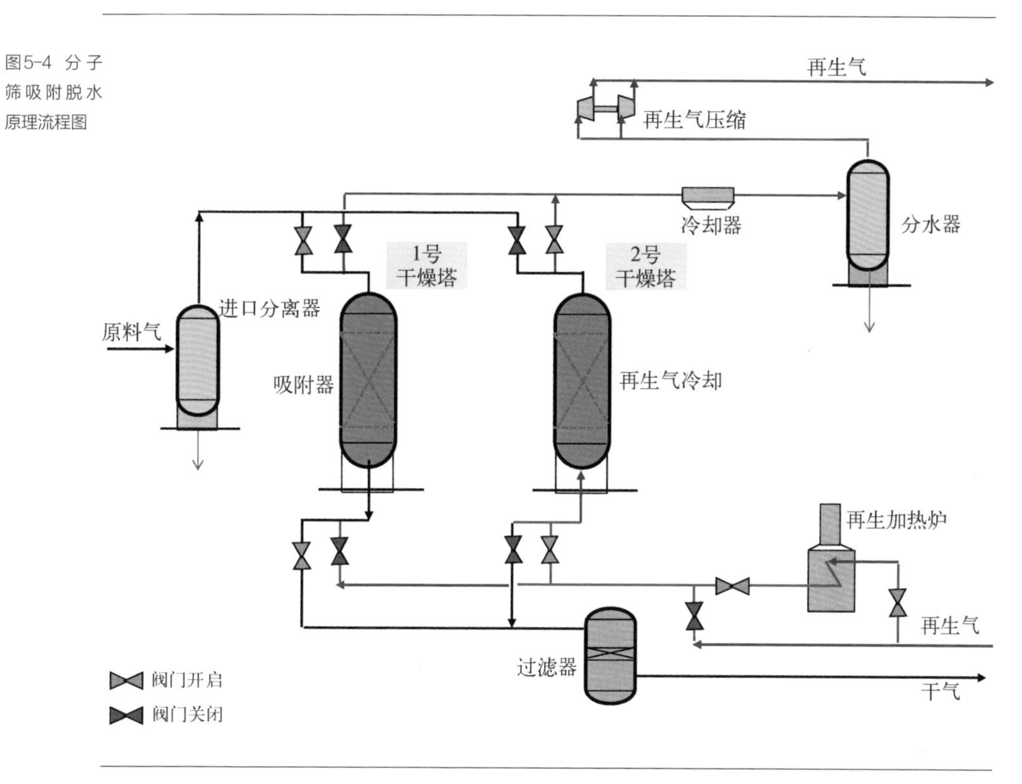

操作压力：实际操作中，选用的有效吸附容量比湿饱和容量小得多，因此，压力影响很小，可由轻烃回收工艺系统压力决定。操作过程中，应避免压力波动，在切换时，降压不能过急，以免床层气速过高，引起床层移动错位和摩擦，磨损分子筛，甚至被高速气流夹带出塔。

分子筛吸附使用寿命约为2～3年。

b. 吸附周期和再生操作

吸附周期：在吸附器处理气量、进口湿气含水量和干气露点已定后，周期时间主要决定于吸附剂的装填容量和选用的实际有效的吸附容量。操作周期应保证有足够的再生和冷却时间。操作周期一般为8 h和24 h两种。当原料气含水量波动很大（夏天，冬天）时，为保证干气露点，选用较长时间，可缩短操作周期。

再生温度：再生温度越高，再生后的分子筛的吸附容量越大。但再生温度过高会缩短分子筛的寿命，一般在200～300℃。

再生需要的时间：操作周期为24 h的，再生加热时间约为总周期时间的65%～68%，冷却时间约30%，其余的2%～5%的时间用于升、降压，倒阀门等辅助工作。操作周期为8 h的，再生加热时间约为总周期的50%～55%，冷却时间为40%，其余为升降压辅助时间。

冷却：为了将床层冷却到原来吸附时的温度，用干气冷却，流量与再生加热气流量相当。

③ 分子筛吸附水容量的确定

表5-5和表5-6所列的吸附容量都是在指定条件下的是静态吸附容量（湿饱和容量），动态吸附容量可参考下列数据：

活性氧化铝	4～7 kg H_2O/100 kg（吸附剂）
硅胶	7～9 kg H_2O/100 kg（吸附剂）
分子筛	9～12 kg H_2O/100 kg（吸附剂）

许多资料表明吸附剂再生200次后动态吸附剂容量降低30%，动态吸附容量测定方法见GB8770—88。

一般而言，取动态吸附容量的70%作为有效吸附容量是比较切合实际的。

④ 分子筛吸附器设计计算

a. 吸附周期确定：从目前国外引进项目看，大都是采用短周期，8 h，两个吸附塔。优点是装填分子筛量少,塔数少,投资省。采用24 h周期的双塔操作,比采用8 h周期操作的三塔(一个吸附,一个加热,一个冷却)分子筛装填量多一倍,但每天只再生一次,能耗比8 h周期的少。再生次数少,切换操作次数就少,有利于提高分子筛寿命。如果分子筛质量不过硬,要想缩短操作周期时间来弥补,8 h周期的操作弹性不大。所以应作全面的技术经济分析来确定吸附周期。

b. 吸附器直径计算:吸附器最优直径取决于适宜的空塔流速,适宜的高径比。实践证明,采用雷督克斯的半经验公式计算得一个空塔流速的值,然后用转效点核算是可行的。此半经验公式如下:

$$G=(C\rho_b\rho_g D_p)^{0.5} \tag{5-1}$$

式中 G——允许的气体质量流速,kg/(m²·s);

C——系数,气体自上向下流动,C值在0.25～0.32;自下向上流动,C值是0.167;

ρ_b——分子筛的堆密度,kg/m³;

ρ_g——气体在操作条件下的密度,kg/m³;

D_p——分子筛的平均直径(球形),或当量直径(条形),m。

GPSA工程数据手册(1987版)推荐基于压降为0.333 psi/ft(7.53 kPa/m)时用图5-5计算。

c. 吸附传质区长度

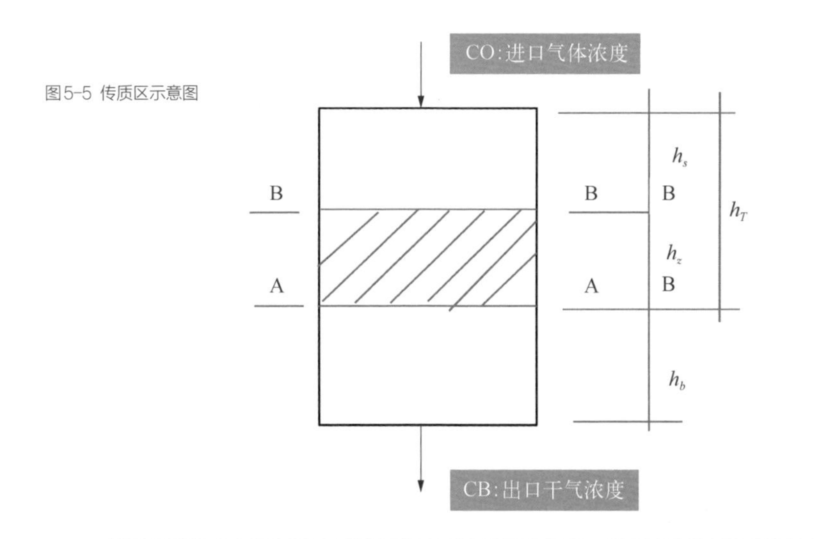

图5-5 传质区示意图

图5-5中，h_s是已被吸附质饱和的床层长度，h_z是吸附传质区的长度，h_b是尚未进行吸附的长度，h_T是整个床层的长度。到达转效点时，整个床层长度h_T达到设计指定的吸附容量，h_T稍大于$2h_z$。

h_z可用下面两种方法计算，一种是用

$$h_z = 1.41A\left[\frac{q^{0.7859}}{\nu_g^{0.5506}\varphi^{0.2646}}\right] \tag{5-2}$$

式中　A——系数，分子筛A=0.6，硅胶A=1，活性氧化铝A=0.8；

q——床层截面积的水负荷，kg/(m^2·h)；

ν_g——空塔线速，m/min；

ϕ——进吸附器气相对湿度，%。

另一种用GPSA工程数据手册（1987版）计算

$$h_z=0.435(\nu_g/35)^{0.3}Z \tag{5-3}$$

式中　Z=3.4（对3.2 mm直径的分子筛）；

Z=1.7（对1.6 mm直径的分子筛）。

d. 转效点计算（Break point）：其数学表达式为：

$$\theta_B = \frac{0.01X\rho_b h_T}{q} \tag{5-4}$$

式中　θ_B——到达转效点的时间，h；

X——选用的分子筛有效吸附容量，%；

h_T——整个床层长度，m；

其余符号意义和单位同前。

设计时，选定了有效吸附容量，操作周期后可以用此式校核。θ_B大于操作周期才能满足要求。

e. 气体通过床层压力降计算：GPSA工程数据手册1987版推荐用Ergen公式计算，计算式如下：

$$\frac{\Delta p}{L} = B\mu\nu_g + C\rho_g\nu_g^2 \tag{5-5}$$

式中　Δp——压降，kPa；

L——床层高度，m；

μ——气体黏度，mPa · s；

ν_g——气体流速，m/min；

ρ_g——气体操作状态密度，kg/m³。

⑤ 吸附器再生计算

吸附操作达到转效点后，失去吸附能力，需将吸附的水脱附，恢复吸附能力，这就是再生，再生最好用干气（露点温度低），加热后，流经分子筛床层加热，将吸附的水脱附，再生气进吸附器温度一般为260℃左右。当再生气出吸附器温度升高到180～200℃，并恒温约2小时后，可认为再生完毕。

a. 再生气量计算

再生加热所需的热量为Q，则：

$$Q=Q_1+Q_2+Q_3+Q_4 \tag{5-6}$$

式中　Q_1——加热分子筛的热量，kJ；

Q_2——加热吸附器本身（钢材）的热量，kJ；

Q_3——脱附吸附水的热量，kJ；

Q_4——加热铺垫的瓷球的热量，kJ。

计算出Q后，加10%的热损失，设吸附后床层温度是t_1，热再生气进出口平均温度为t_2，则：

$$Q_1=m_1c_{p1}(t_2-t_1) \tag{5-7}$$

$$Q_2=m_2c_{p2}(t_2-t_1) \tag{5-8}$$

$$Q_3=m_3\times 4\,186.8 \tag{5-9}$$

$$Q_4=m_4c_{p4}(t_2-t_1) \tag{5-10}$$

式中，m_1，m_2，m_3，m_4分别是分子筛的质量、吸附器筒体及附件等钢材的质量、吸附水的质量和铺垫的瓷球质量。4 186.8 kJ/kg是水的吸附热。c_{p1}，c_{p2}，c_{p4}分别为上述各种物质的比定压热容。设t'_2是再生加热结束时气体出口温度。t_3为再生气进吸附器时的温度，℃。

b. 再生温降

再生温降为：

$$\Delta t = t_3 - \frac{1}{2}(t'_2 + t_1) \tag{5-11}$$

在图5-5分子筛吸附脱水原理流程基础上，发展出了较为常用的分子筛工艺流程，具体如图5-6所示。该流程分为吸附和再生操作两个过程。

吸附：原料气经分离器进分子筛吸附塔，自上而下流经床层，水汽被吸附。气流自塔下部流出经过滤器进入轻烃回收装置，有在线分析仪纪录脱水后气体中含水量数据。由于吸附热，出塔气流温度升高约4 ～ 5℃。根据规定的操作周期，到时间切换再生。

再生操作：一般用经回收后的干气，基本不含水分，维持压力在300 ～ 400 kPa（绝），经加热设备加热到250 ～ 270℃进入需再生的吸附塔，自下而上流经床层。再生气出塔温度恒定在180 ～ 200℃两小时，可认为再生结束，接着进行冷吹，冷吹气仍用再生操作的气体，只是不经过加热，流量均按设计规定，可以是自下向上流动，也可以是自上向下流动。待出口气流温度达到50℃左右，可认为冷吹结束，切换为吸附状态备用。

2）操作周期和再生温度

脱水装置的操作周期分为长周期和短周期两类。一般管输页岩气脱水采用长周期操作，即达到转效点时才进行吸附塔的再生，操作周期通常为8 h，也有采用16 h或24 h的，这主要取决于原料页岩气的水汽含量。当干气的露点要求十分严格时，应采用较低的操作周期，即在吸附传质段的前边线达到吸附床层高度的50% ～ 60%时就进行切换。

脱水装置的处理量增加或吸附剂使用期限延长时，吸附剂的湿容量都要下降，同时也会使转效点时间变化。因此，工业装置上应按出口干气的露点来控制吸附塔的切换时间，并在干气管线上安装露点测定仪进行调节。

3）吸附剂的湿容量

吸附剂的湿容量由饱和段与传质段两个部分吸附剂的湿容量所组成，可以用下列经验公式进行计算：

$$Xh_T=X_sh_T-0.45h_ZX_s \tag{5-12}$$

式中 X——吸附剂的有效湿容量，kg（H_2O）/kg（吸附剂）；

X_s——吸附剂的动态平衡饱和湿容量，kg（H_2O）/kg（吸附剂）；

h_T——吸附传质段长度，m；

h_Z——吸附传质段前边线距床层进口的距离，m。

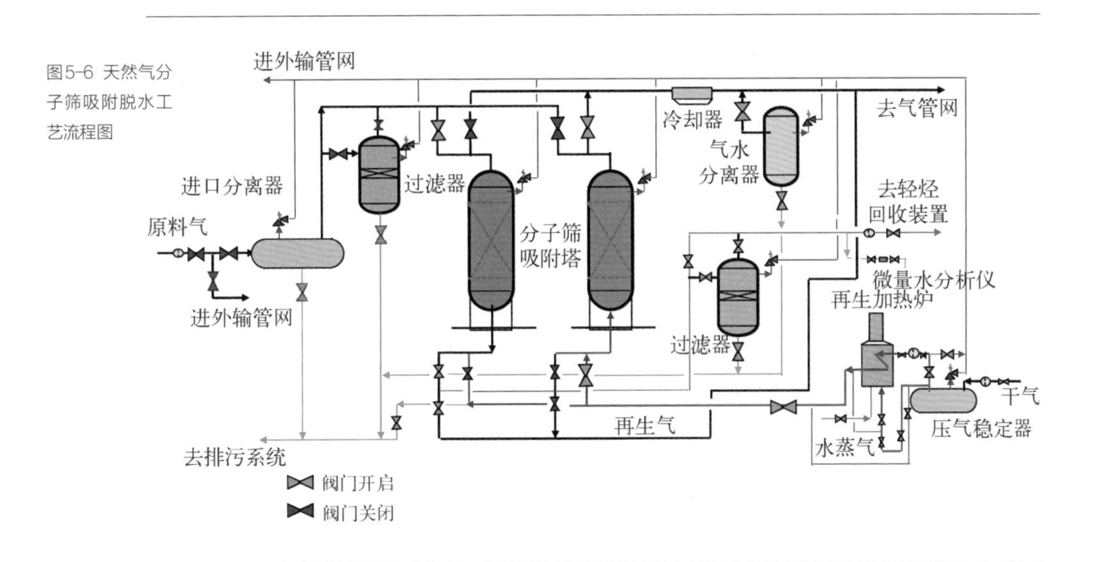

图5-6 天然气分子筛吸附脱水工艺流程图

4）吸附剂的再生温度

一般吸附剂的再生温度为175～260℃。以分子筛深度脱水为例，再生温度有时高达370℃，脱水后干气的露点可降至-100℃。通常再生时间超过4 h，吸附剂床层出口温度达到175～260℃的条件下，吸附剂能得到较高效率的再生。有时，为了脱除重烃等残余吸附物，有必要加热至较高温度，在不影响再生质量的前提下，应尽可能采用较低的再生温度，这样既可降低能量消耗，又可延长吸附剂的使用寿命。

5.2.3 其他脱水方法

1. 冷凝脱水法

低温冷凝是借助天然气与水汽凝结为液体的温度差异，在一定的压力下降低含水汽的温度，使其中的水汽与重烃冷凝为液体，再借助于液烃与水的相对密度差和互不溶解的特点进行重力分离，使水脱除。这种方法在达到脱水目的的同时，将部分轻烃进行分离，降低下游轻烃回收系统的生产负荷。但是为了达到较深的脱水深度，需要设置制冷设备来获得足够低的温度，这样会使脱水过程的工程投资、能量消耗增加，并进一步提高天然气的处理成本。

冷凝脱水过程一般与轻烃回收过程相结合(详见第6章：页岩气凝液的回收)，有节流膨胀冷却和加压冷却两种方法。其中，节流膨胀冷却是通过节流方法使天然气冷却，从而使气体中的水分冷凝下来的一种方法。由于天然气冷却过程中可能会形成天然气水合物，一般在气流中加入水合物抑制剂，防止水合物形成。加压冷却是通过增压方法使天然气中的水分分离出来。节流膨胀方法适用于高压气田，而增压冷却法适用于低压气田脱水，两种方法对气田压力要求较高，而且经济性较差，一般采用其他脱水方法。

2. 膜分离法

膜分离法是利用膜的选择性渗透脱除页岩气中水分的方法。天然气膜分离技术是利用特殊设计和制备的有机或无机高分子气体分离膜对天然气中酸性组分的优先选择渗透，当原料天然气流经膜表面时，其水分优先透过分离膜而被脱除掉。

20世纪80年代以来，膜分离脱水技术已经在一些国家进行技术开发，并逐步实现工业化。美国气体产品公司是气体膜分离技术应用的开拓者，该公司的膜分离技术应用于天然气脱水工艺，脱水率达到95%。我国在20世纪90年代才开始了膜分离脱水技术的应用研究，并最初在长庆气田进行了先导性试验，取得了较好的实验效果。膜分离法由于工艺简单、可靠性高、无污染、成本低等优点，给常规脱水方法带来冲击，但是目前在我国还没有广泛推广。同时，膜分离法也有烃损失、膜塑化溶胀性等需要解决的问题。

5.3 页岩气脱水工艺的选择

1. 溶剂吸收法脱水

溶剂吸收法只考虑三甘醇脱水。

1）三甘醇吸收脱水的优点

（1）能耗小，操作成本低。

（2）处理量小时，脱水系统紧凑并造价低，搬迁和移动方便，预制化程度高。

（3）三甘醇使用寿命长，损失量小，易于再生，成本低。

（4）脱水后干气露点可降至 −30℃左右，能满足下游浅冷回收轻烃的要求。

2）三甘醇吸收脱水的缺点

（1）干气露点温度高于吸附脱水，不能满足深冷回收轻烃的要求。

（2）原料气中携带轻质油时，易起泡。

（3）吸收塔的结构要求严格，最好用泡罩塔。

2. 固体吸附法脱水

1）固体吸附法脱水的优点

（1）脱水后，气体中水含量可低于 1 mg/m^3，露点温度可达 −70℃以下 。

（2）对进料气的温度、压力、流量等参数不敏感，操作弹性大一些 。

（3）操作简单，占地面积小 。

2）固体吸附法脱水的缺点

（1）对于大装置，设备投资大，操作成本高。

（2）气体压降大于溶剂吸收脱水。

（3）吸附剂使用寿命短，一般为 3 年，成本高 。

3. 溶剂吸收法与固体吸附法比较

溶剂吸收法和固体吸附法是天然气脱水常用的方法，工艺选择时，需要综合考虑技术和经济等因素。

（1）溶剂吸收法的建设费用低。溶剂吸收法装置相对较小，质量轻，占地面积少。气体处理量小于 28×10^4 m^3/d 时，吸收法比固体吸附法建设费用低约 50%。

（2）吸收法操作费用低。吸收塔的压降约 35 ～ 70 kPa，吸附塔的压降约为

70 ～ 350 kPa，而且吸收法脱除单位质量水所需再生热量少。

（3）吸收法甘醇在常压条件下进行，补充甘醇容易。吸附法更换吸附剂时须中断生产，影响下游连续供气。

（4）吸收装置脱水深度低。吸收法只能将页岩气含水量降低至8 mg/m^{3}左右，露点降至 −40℃左右。而吸附法能将页岩气脱水至比吸收法小一个数量级。

（5）吸收法对原料气压力、温度、流量变化的敏感性强；固体吸附剂脱水效果受工艺参数变化的影响相对较小，操作弹性大。

（6）甘醇受污染、热裂解或气流速度过高时容易发泡，并对设备和管线产生腐蚀；固体吸附剂不易腐蚀，但是吸附剂颗粒容易发生机械破碎。

（7）页岩气中的重烃以及酸性气体容易使固体吸附剂中毒，丧失吸附活性。

综上所述，在能达到页岩气脱水深度要求的前提下，通常溶剂吸收法优于固体吸附法。在有些情况下不适宜采用溶剂吸收脱水，比如页岩气是酸气、冷冻温度低于 −34℃的天然气加工、同时脱水和脱烃来满足水露点和烃露点的要求，这时固体吸附脱水就显示出其优越性。在实际的生产中，吸附法脱水主要用于天然气凝液回收和天然气液化装置中的天然气深度脱水，以防止天然气在低温系统中产生水合物堵塞设备和管道。

第6章

页岩气凝液的回收

6.1 页岩气凝液回收的概念、目的和前提条件

6.1.1 天然气凝液的概念

1. 天然气凝液的概念

所谓天然气凝液，是从天然气(包括气田气、凝析气田气及油田伴生气等)通过冷凝而回收得到较重组分的烃类液体，即C_2^+烃类组分。国外简称NGL，即Natural Gas Liquids。由于NGL相对密度较原油低，国内油田将NGL称为“轻烃”。此外，国内也有些著作称之为天然气液体、轻油或天然气液烃。

NGL是从天然气中回收的重组分，热值比甲烷高，因此经济价值高。其通常可分为三部分：乙烷、液化石油气(Liquefied Petroleum Gas，LPG，C_3+C_4)和稳定轻烃(C_5^+)。稳定轻烃也称稳定凝析油、天然汽油、凝析汽油或轻油等。

冷凝回收的烃类的组成和数量主要取决于天然气类型。普通天然气中的烃类组分含量有一定的规律性。气藏气主要由甲烷组成，乙烷及更重烃类含量很少。因此，只有当轻烃成为产品时其价值比在商品气中高时，才考虑进行天然气凝液回收。伴生气通常轻烃多，为了满足商品气或管输气对烃露点和热值的要求，同时也为了获得一定数量的液烃产品，必须进行天然气凝液回收。凝析气中含有大量的轻烃，应进行凝液回收。

2. 页岩气凝液的概念

页岩气凝液的回收的原理和工艺技术路线与天然气凝液回收基本一致。根据前述对页岩气的概念，页岩气以干气为主，少量有湿气。根据《天然气工程手册》中将C_5^+液体含量为13.5 mL/m^{3}作为区分湿气与干气的界限。所以页岩气凝液的回收中以回收乙烷、液化石油气(LPG)为主，稳定轻烃(C_5^+)次之，但有时也会有例外。

6.1.2 页岩气凝液回收的目的

与普通天然气不同，页岩气既不像普通气藏气那样含有少量的轻烃组分，也不像

凝析气和伴生气中含有大量的轻烃组分。页岩气中的轻烃组分变化范围比较大，可以在不足2%到将近40%之间变化，因此为满足工艺要求或追求经济价值，必要时需要回收页岩气凝液。

与普通天然气凝液回收目的相似，从页岩气中进行凝液回收的目的有三个：满足管输要求；满足天然气热值要求；在某些条件下，最大限度追求凝液回收量。

1. 满足管输要求

开采出的页岩气含有的中组分和重组分愈多，气体的临界凝析温度越高，也就是说气体在管道输送过程中越容易产生凝液。当在管道中产生凝液时，管道内产生气液两相流，降低传输量，增大管道压降。此时为保证下游设备正常工作，需在管线终端设置价格昂贵的段塞流捕集器进行气液分离。而且，凝析液在输气管道中会聚集在管道低洼处，从而使管道流通面积减少，影响输气能力，降低输送效率。此外，输气管道中凝液的排放存在安全隐患，国内曾发生因天然气中排出的烃类凝液而引发爆炸的事故。

因此，页岩气在外输前，有必要进行凝液回收，使管输页岩气的烃露点低于管线的最低管输温度，防止烃类凝液析出，降低输气成本，提高输气效率，避免事故发生。

2. 满足天然气热值要求

各个国家对商品天然气的热值都有规定，热值一般都控制在35.4 ～ 37.3 MJ/m^3，最大一般不超过41 MJ/m^3，可以通过控制烃露点来控制重组分含量和热值。

如果天然气中可以冷凝回收的烃类很少，只需适当回收天然气凝液进行露点控制即可；如果可以冷凝回收的烃类成为液体产品比作为商品气中的组分具有更好的经济效益时，则应在满足商品气最低热值要求的前提下，应最大限度地回收天然气凝液。因此，天然气液回收的深度不仅取决于天然气的组成（乙烷和更重烃类的含量），还取决于商品气对热值和烃露点的要求等因素。

3. 追求更大经济价值

液体石油产品的价格一般高于相当热值的气体产品，即回收的液态轻烃价格高于热值相当的气体，一般情况下回收轻烃都能获得较高的经济利润。目前，我国和俄罗斯天然气销售价格都以m^3计价，但是天然气销售价格按照气质和热值确定是未来发展的趋势。天然气凝液利润较高，但是从页岩气内回收凝液，使气体量减少，影响了气体热值，影响气体销售利润。因此，页岩气中的乙烷、丙烷、丁烷以及其他重组分烃类既可以作为气体销售，也可以作为凝液销售，采取哪种销售方式能获得最大的经济利益是决定页岩气凝液回收和回收率的依据。

能源市场瞬息万变，回收并加工NGL的页岩气处理厂应具有适应市场需求的操作弹性。当轻烃回收利润丰厚时，则在保证商品天然气热值的前提下最求较高的凝液回收率。当销售气质和热值较高的页岩气能获得较高利润时，在满足管输要求前提下，可以适当调整凝液回收率。页岩气作为新兴能源，开采难度大，投资高，风险大，确保气田产品能获得最大经济利润显得尤为重要。因而，对经济性进行细致比较，合理确定页岩气凝液回收率对页岩气田经济效益有重要影响。

6.1.3 页岩气凝液回收的前提条件

虽然NGL是天然气中很有价值的伴生产品，但可否建设回收NGL的装置还需要一定的前提条件，主要是资源条件。

NGL是一种资源，因此资源是可否建设装置的首要前提。页岩气资源量取决于天然气量和其中的NGL含量。气藏气有湿气与干气，或富气与贫气之别，其区分的依据是NGL含量。中国20世纪70年代出版的《天然气工程手册》将C_3^+液体含量为94 mL/m^{3}作为区分富气与贫气的界限，将C_5^+液体含量为13.5 mL/m^{3}作为区分湿气与干气的界限。显然，富含NGL的页岩气有更好的加工价值。除NGL含量外，页岩气作为较难开采的非常规资源，其日产量以及可开采年限也是决定是否可以建设NGL回收装置的主要依据。

因此是否从页岩气中进行NGL回收，需要结合气田页岩气组分及产量等因素确定。

6.2 页岩气凝液回收方法

页岩气与普通天然气凝液回收的方法基本一致，主要包含吸附法、油吸收法、冷凝分离法和膜分离法。图6-1是页岩气的凝液回收方法分类图。

图6-1 页岩气凝液回收方法分类图

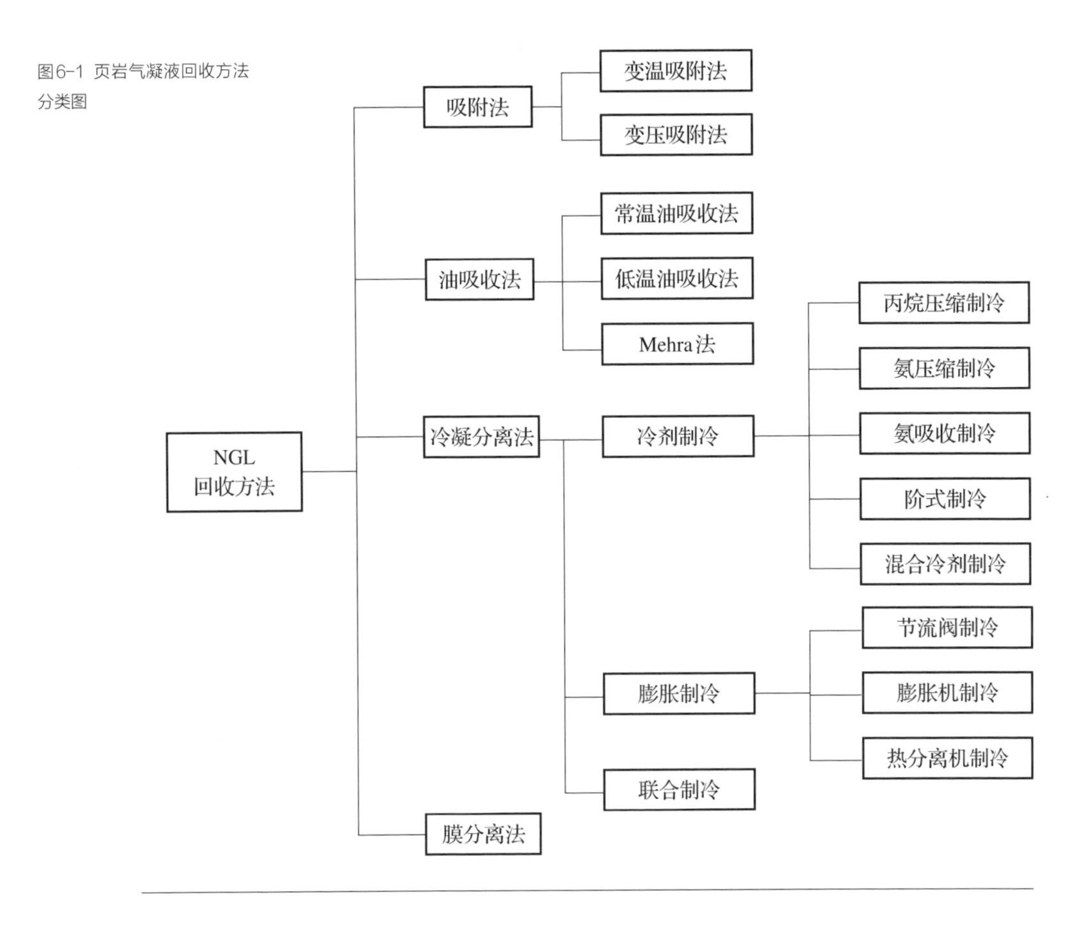

6.2.1 吸附法

传统的吸附法属于常温吸附，系使用固体吸附剂在常温下从天然气中吸附NGL组分而后升温将NGL组分解吸回收的方法。此法的优点是装置不需特殊材料和设备；缺点是需切换操作，再生过程耗热集中，需要很大的再生炉，成本较高，装置能耗高，其燃料气消耗约占进料气量的5%，另外产品的局限性大。因而该方法主要应用于20世纪70年代以前，目前应用较少。

6.2.2 油吸收法

油吸收法是基于天然气中各个组分在吸收油中溶解度的不同而实现NGL回收的方法。烃类之间的互溶遵循相似相溶的规律，即相对分子质量和沸点愈接近的两种烃类互溶性越大，且在压力越高、温度越低的情况下，溶解度越大。油吸收法利用不同烃类在吸收油中溶解度不同，在高温低压条件下用吸收油吸收页岩气中的轻烃组分，从而使天然气中各个组分得以分离的方法。吸收了各种轻烃组分的富吸收油在低压、高温条件下与被吸收的轻烃组分分离，使吸收油得到再生，并循环使用。

所用的吸收油可有不同相对分子质量，通常在100 ～ 200。吸收油为直链烷烃的混合物，一般采用石脑油、煤油或柴油，是20世纪五六十年代广为使用的一种天然气液回收方法，该方法优点是系统压降小，可使用碳钢，对原料气预处理没有严格要求，单套装置处理能力大。但由于投资和操作费用高，20世纪70年代以后已逐渐被更加经济与先进的冷凝分离法所取代。

油吸收法气体压降小，但是回收工艺复杂，设备多，能耗大，乙烷的回收率低，已经基本退出了气体加工工业。油吸收法领域的Mehra方法在20世纪80年代兴起，比传统的油吸收法有一定优势，其最大特点是在提高回收效率的同时，可以根据市场要求对乙烷和丙烷的回收率进行调节。但是，Mehra方法发展速度与20世纪70年代后出现的冷凝分离法相比较慢，应用并不普遍。

6.2.3 冷凝分离法

天然气在常温下是气态，冷凝分离就是在一定压力和温度条件下将天然气中的C_3^+（或C_2^+）在低温下冷凝进行分离。

原理：一定组成的原料气混合物在一定的压力下，经制冷降温部分冷凝后，将变成气液两相状态，达相平衡时，各组分因挥发度不同，其在气液两相中的分布会有不同，利用此原理可将不同组分进行分离。

制冷方法：冷凝分离需要冷量，工业上获得冷量的方法是多种多样的，但从原理上可分为冷剂制冷和气体膨胀制冷两大类。按工艺可分为：冷剂制冷（如丙烷循环制冷）、膨胀机膨胀制冷、联合制冷（在工艺流体自身膨胀制冷的基础上外加冷剂制冷）。

分离方法：包括分离器相平衡分离和精馏系统精馏分离。

工艺流程：一般包括增压（对低压原料气）、脱水、制冷和分馏。如图6-2是冷凝分离凝液回收的工艺过程图。关于预处理、增压、净化在有关章节已经介绍。这里主要介绍制冷和分馏。

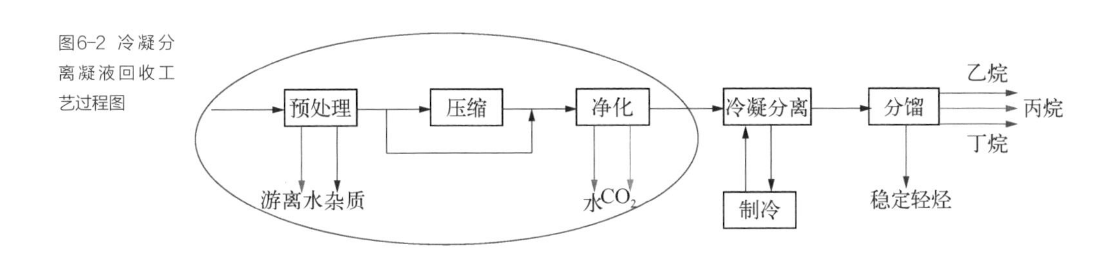

图6-2 冷凝分离凝液回收工艺过程图

1. 冷剂制冷法

冷剂制冷法也称为外加冷源法，或蒸气压缩制冷，或机械制冷，是利用制冷剂（如氨、氟利昂等）汽化时吸收汽化潜热的性质，使之与原料气换热，从而获得低温的方法。典型冷剂制冷过程如图6-3所示。

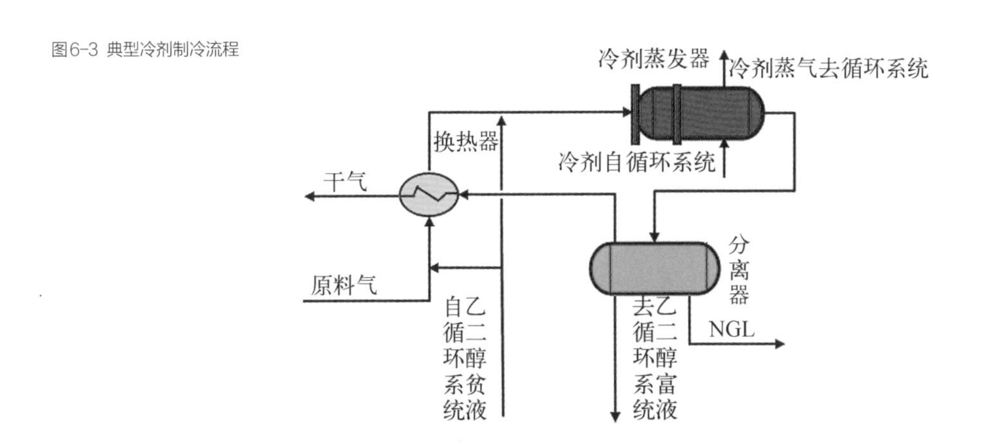

图6-3 典型冷剂制冷流程

原料气与来自低温分离器的销售干气换热，温度下降。随后，原料气进入冷剂蒸发换热器，制冷剂在汽化过程中吸收原料气的热量，使气体获得低温。低温原料气进入分离器析出NGL，析出NGL后的剩余气体经换热器与原料气换热，达到管输温度要求后进入管线系统。低温工艺过程有可能产生天然气水合物，因此在原料气降温前注入水合物抑制剂乙二醇，吸收水分的乙二醇富液进入再生系统提浓。

冷剂制冷法有以下特点。

（1）是由独立设置的冷剂制冷系统向原料气提供冷量，其制冷能力与原料气无直接关系；

（2）天然气液的回收深度，可通过选择不同温度级别的冷剂（制冷工质）实现，例如氨、丙烷及乙烷，也可以是乙烷、丙烷等烃类混合物；

（3）制冷循环可以是单级或多级串联，也可以是阶式制冷（复叠式制冷）循环。

不同制冷剂获得的低温效果不同，一般氨、氟利昂作为制冷剂，可使天然气获得 –25℃的低温；丙烷作为制冷剂，可使页岩气温度降至 –40℃左右。

在典型的冷剂制冷流程基础上，根据天然气处理实际以及工艺要求，按照压缩级数或冷机不同，发展了几种制冷流程，后面将对几种常见的冷剂制冷工艺流程进行简要说明。

1）冷剂蒸气单级压缩制冷工艺

冷剂蒸气单级压缩制冷工艺多使用氨或丙烷作为冷剂，用于回收原料气中C_3及以上部分（即凝析油和部分LPG）的浅冷工况，流程图见6–4，图中关键工艺是升压和加入乙二醇防止生成固体水合物。

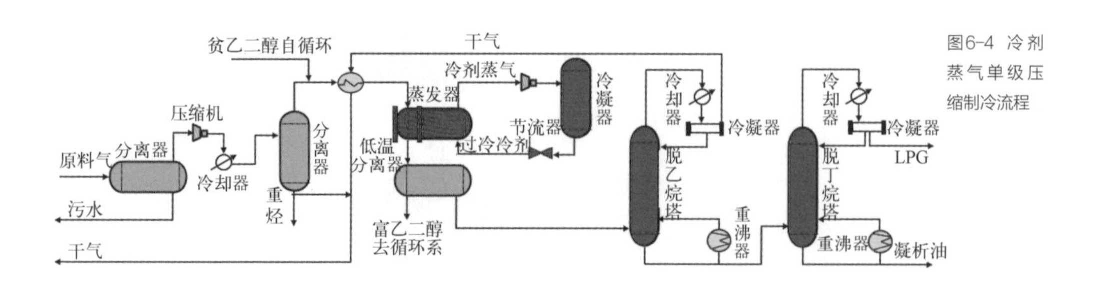

图6–4 冷剂蒸气单级压缩制冷流程

冷剂蒸气单级压缩制冷工艺的核心设备为冷剂制冷循环系统，该系统是由不同直径的管道和制冷机发生状态变化的其他部件串接成一个封闭的循环回路，主要包含制冷压缩机、节流器、冷凝器和蒸发器。该循环系统工艺过程分为蒸发过程、压缩过程、冷凝过程和节流过程四部分，其工作原理是液态的冷剂吸收原料气中热量，汽化为蒸气状态，达到使原料气温度降低的目的。蒸气态的制冷剂进入压缩机增压，进入冷凝器液化，随后经节流器降温降压后再次进入蒸发器循环利用。

冷剂蒸气单级压缩工艺中，制冷剂在循环过程中只经过一次压缩，最低蒸发温度为–40 ～ –30℃，而原料气获得的温度高于最低蒸发温度。为了使原料气获得更低温度，要求较低的冷剂蒸发温度。而蒸发温度越低，蒸发压力也就很低。这时压缩机的压缩比必然会增大，导致一系列问题：

（1）压缩机实际吸气量减小，甚至不能吸入气体，只是无谓的消耗摩擦功。

（2）压缩机的排气温度升高，将影响制冷剂的化学稳定性，甚至会出现润滑油的炭化现象，使压缩机润滑条件恶化，严重影响压缩机的正常运转。

单级压缩制冷工艺常使用氨作为制冷剂，为了使工艺流程能正常进行，一般不希望单级压缩的压缩比大于8。

国内某一氨冷单级压缩装置的原料气、NGL及干气组分参数见表6–1。

表6–1 氨冷单级压缩装置原料及产品组分
单位：%

组 分 构 成	原料气各组分含量	NGL各组分含量	干气各组分含量
C_1	66.82 ～ 71.96	—	87.02
C_2	9.55 ～ 9.96	0.19	6.32
C_3	9.97 ～ 11.79	5.11	4.75
i–C_4	1.13 ～ 1.49	4.21	0.42
n–C_4	3.69 ～ 5.69	20.49	1.27
i–C_5	2.0 ～ 2.34	9.41	0.11
n–C_5	0.48 ～ 1.15	22.8	0.11
C_6	0.22 ～ 0.28	26.96	—
C_7	0.06 ～ 0.12	9.07	—
C_8^+	0.03 ～ 0.08	1.76	—
H_2S+CO_2	0.07 ～ 0.18	—	—
N_2	0.19 ～ 0.83	—	—

由表6–1可以看出，此装置出口产品干气中丙烷含量仍然较高，回收率很小。因此，冷剂蒸气单级压缩工艺只适用于回收C_3^+的浅冷工况，若要提高C_3回收率，必须采用适用于中冷或深冷工况的工艺流程。

2）丙烷两级制冷回收NGL

由于冷剂蒸气单级压缩制冷工艺受到压缩比的限制，原料气获得的冷量有限，使C_3的回收率不高。此时，可采用两级压缩制冷工艺，提高C_3回收率。丙烷两级制冷工艺回收NGL的流程可使原料气温度降低至–40℃左右，也适用于浅冷工况。图6–5为以丙烷作为制冷剂的两级制冷回收NGL的流程。

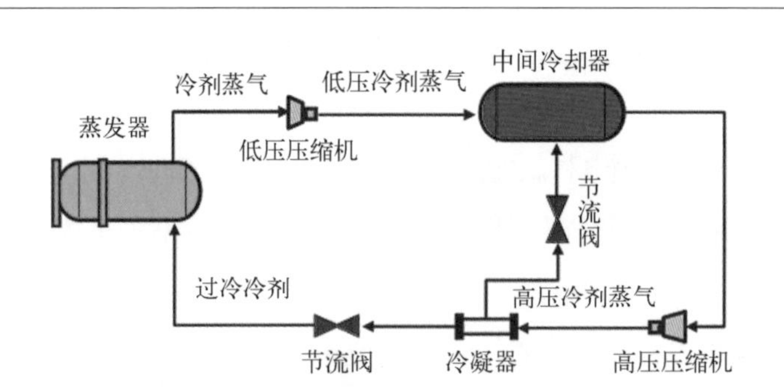

图6–5 丙烷两级制冷流程

与单级压缩相比，两级压缩制冷工艺的基本原理与其一致，即：在闭合循环回路中，利用冷剂蒸发，吸收原料气的热量，使原料气降温。不同的是，两级压缩制冷循环包含蒸发过程、一级压缩（低压压缩机）、中间冷却、二级压缩（高压压缩机）、冷凝过程和节流过程六部分，即来自蒸发器的低压冷剂蒸气先进入低压压缩机，经过中间冷却器后再进入高压压缩机，当冷剂蒸气被压缩到冷凝压力时，排入冷凝器。

两级压缩制冷工艺实质是将一个本来较高压缩比的单级压缩工艺分解成两个压缩比适中的压缩的过程，这样，每级压缩比适中，避免了单级压缩中压缩比过大产生的问题。而且，经过中间冷却，减少了压缩机的功耗，提高了经济性。

3）氨液吸收制冷流程

无论是单级压缩制冷流程还是两级压缩制冷流程，都是通过消耗功来获得冷量，而吸收制冷流程则是通过消耗热量来获得冷量。吸收系统的制冷剂是由两种沸点不同的物质组成的，低沸点物质作为冷剂，而高沸点的物质作为吸收剂。氨水溶液是NGL回收工艺中较为常用的制冷剂，其中氨液作为冷剂，而水是作为吸收剂。氨液制冷可使原料气获得约–30℃的低温，也适用于浅冷工况。

氨液吸收制冷流程也是一个循环系统，其工作原理是：在外加热源的作用下，发生器中的氨水蒸发，并在精馏塔内形成高浓度的氨蒸气，冷凝后经节流降压进入蒸发器内蒸发，并吸收大量热，为原料气提供冷量，然后氨蒸气再与发生器产生的稀氨水在薄膜接收器内接触并被吸收，使稀氨水变为浓氨水，完成循环。氨液吸收制冷工艺具体流程见图6–6。

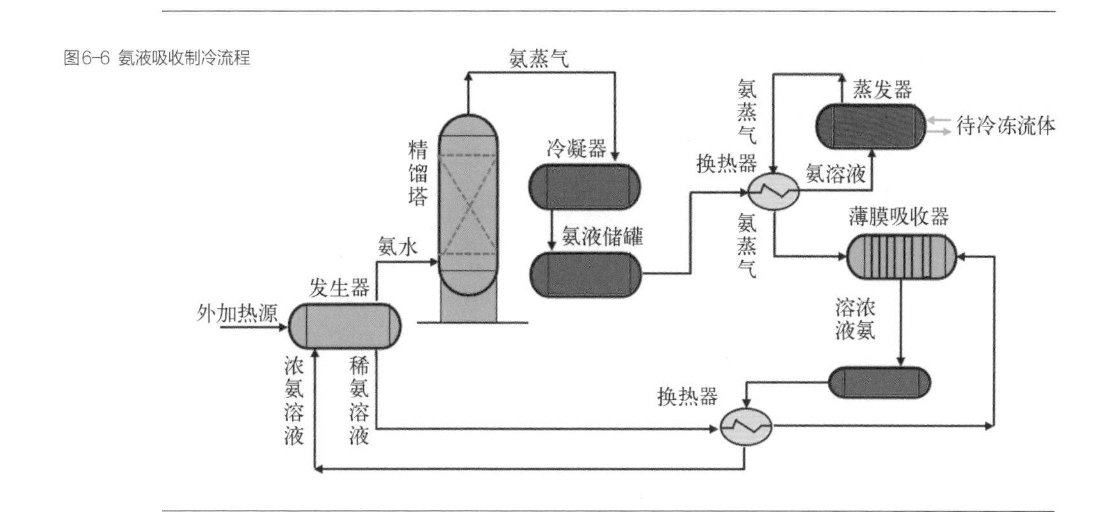

图6–6 氨液吸收制冷流程

氨液吸收制冷系统的能量利用率低于氨压缩制冷系统，但是能利用高温废气或蒸气等余热，避免能量浪费。此外，由于氨作为制冷剂，是一种二级毒性商品，在循环过程中有可能在储罐、阀门、法兰等处发生泄漏，造成人身和财产损失，因此在焊接和设备安装过程中按要求施工，并在运行操作过程严格遵守规范。

4）阶式制冷系统

用不同常压沸点冷剂逐级降低制冷温度的制冷循环称为阶式制冷工艺或复叠式制冷工艺，属于冷剂制冷方法范畴。前几节中使用的丙烷或氨作为制冷剂，其制冷温度一般为–40 ～ –30℃，只适用于浅冷工况。当工艺上要求中冷或深冷工况，而又必须使用冷剂制冷工艺时，需要采用阶式制冷工艺。常用的阶式制冷工艺包含丙烷–

乙烷(或乙烯)两级阶式制冷和丙烷–乙烷(或乙烯)–甲烷三级阶式制冷工艺。阶式制冷在工艺实质上是不同冷剂单级压缩制冷的组合,其阶数取决于使用冷剂的种类。图6–7是典型的丙烷–乙烷两级阶式制冷工艺。

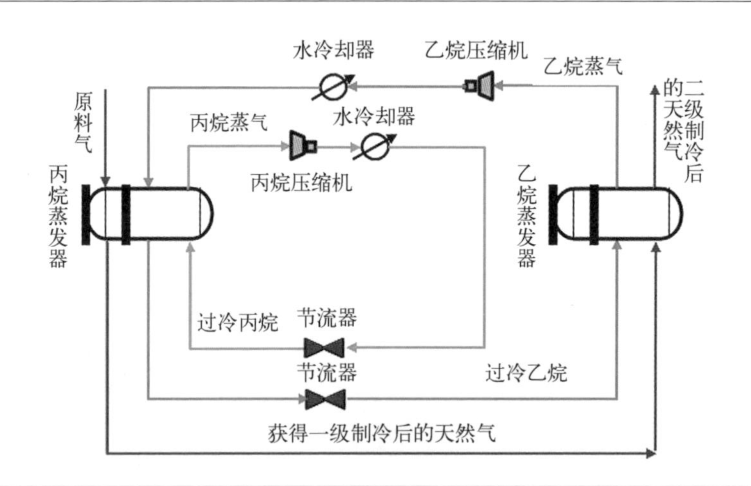

图6–7 阶式制冷流程

图中,第一级采用丙烷作为制冷剂,原料气在冷却器中冷却到–40 ~ –30℃,分离出重烃组分后进入第二级冷却。由丙烷冷却器中蒸发的丙烷蒸气经压缩机增压,水冷却器冷却后重新液化,循环流入丙烷冷却器。第二级采用乙烷做制冷剂,天然气被冷却到–80 ~ –60℃,乙烷蒸气继续在循环系统中工作。

阶式制冷能耗较低,但是装置流程复杂,在天然气凝液回收中应用较少,主要应用于天然气液化和乙烯生产中。

5)混合冷剂系统

天然气的温降规律符合连续下降曲线,而无论是分级制冷还是阶式制冷,获得的温度是单一值,而不是一个温度范围,这样冷剂和天然气的温差时大时小,降低换热效率。20世纪70年代发展起来的混合冷剂系统系利用沸点不同的几种冷剂,按照一定比例构成混合冷剂,可以获得较宽的温度范围,使混合冷剂蒸发曲线尽量与天然气温降曲线相匹配,提高换热效率,具体流程如图6–8所示。

混合冷剂制冷适用于深冷工况,普遍应用于生产LNG,在天然气凝液深度回收方面也有应用。根据制冷温度的要求,混合冷剂既可以由C_1 ~ C_4的烃类制冷剂组成，也可由N_2和$C_1 \sim C_3$的混合物制成。在NGL深度回收工艺中，主要应用烃类混合冷剂，其组分为30%C_1，25%C_2，35%C_3和10%C_4。

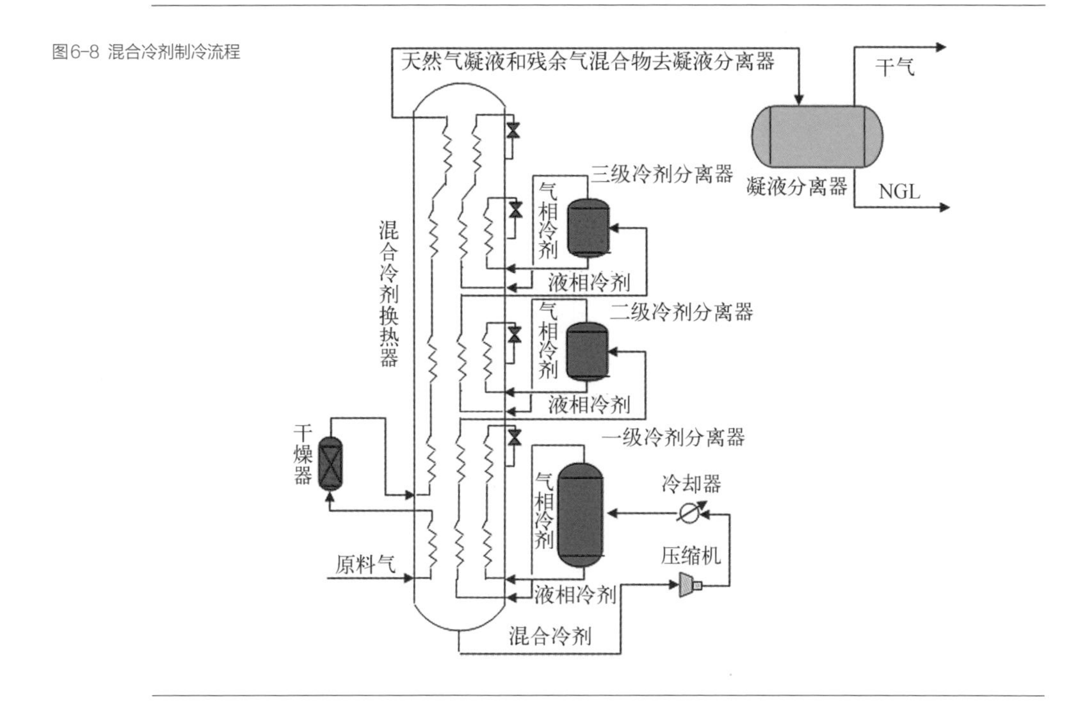

图6-8 混合冷剂制冷流程

2. 膨胀制冷

膨胀制冷法也称直接膨胀制冷法或自制冷法。此法是通过各种类型的膨胀设备使气体本身的压力能转变为冷能，气体自身温度降低，将轻烃从原料气中分离出来。常用的膨胀制冷设备有节流阀（也称焦耳–汤姆孙阀）、透平膨胀机及热分离机等。

1）节流膨胀制冷

节流膨胀制冷元件是节流阀，其原理是气流产生焦耳–汤姆孙效应（J–T效应），因此节流阀也叫J–T阀。节流膨胀制冷的典型工艺流程如图6-9所示。原料气与低温分离器来的干气换热、降温后，由节流阀节流降压，气体获得低温，在分离器内析出NGL。节流制冷设备简单，投资少，适用于原料气压力较高的情况。

节流膨胀前后被冷却气体的温降主要取决于气体的初始、终态的压力和温度。此种工艺能耗高、效率低、NGL的回收率较低，常用于对NGL回收率要求不高的浅冷工况。若节流会使气流压力降低，为满足管输压力要求，必要时需要对原料气增压。

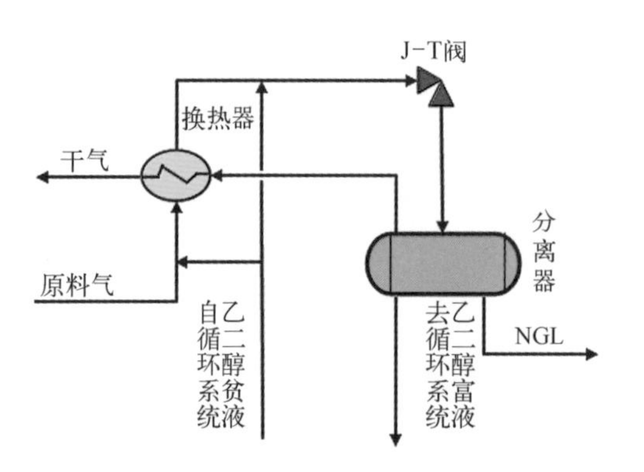

图6-9 节流膨胀制冷流程

2）透平膨胀制冷

利用透平膨胀机代替节流阀，产生制冷效果的方法叫透平膨胀制冷。1964年美国首先将透平膨胀机制冷技术用于天然气凝液回收过程中。由于此法具有流程简单、操作方便、对原料气组成的变化适应性大、投资低及效率高等优点，因此近年来发展很快。美国新建或改建的天然气凝液回收装置有90%以上采用了透平膨胀机制冷法。图6-10为透平膨胀机工作原理。

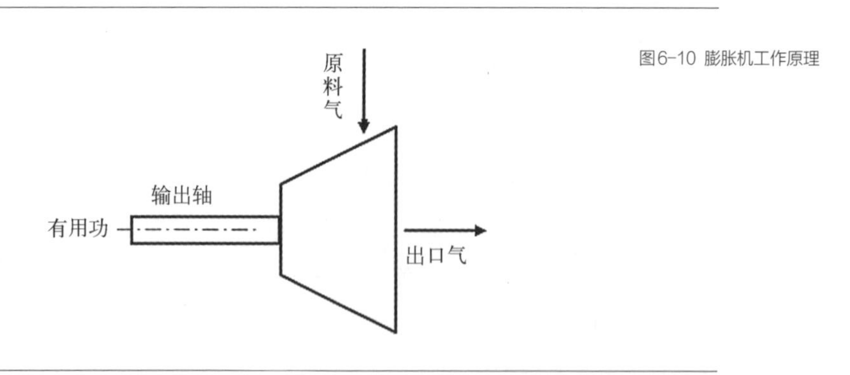

图6-10 膨胀机工作原理

透平膨胀机是压缩气体通过喷嘴和工作轮时减压膨胀，推动膨胀机叶轮转动，从而将压力势能转换为膨胀机叶轮动能。透平膨胀机制冷原理是气体在膨胀机中绝热膨胀对外做功，由于同外界没有热量的交换，膨胀所做的功以内能的减少为补偿，使气体获得低温。

按气体在工作轮中的流向，透平膨胀机可分为向心径流式、轴流式和向心径–轴流式（径–轴流式）三种。按照气体在工作轮中是否继续膨胀，透平膨胀机可分为冲动式（冲击式）和反作用式（反击式）两种。在NGL回收工艺中大多使用向心径–轴流反作用式膨胀机。

（1）单级膨胀机制冷

单级膨胀机制冷是传统工艺中的典型制冷流程，也叫做ISS流程（Industrial Standard Single Stage），该流程如图6–11所示。

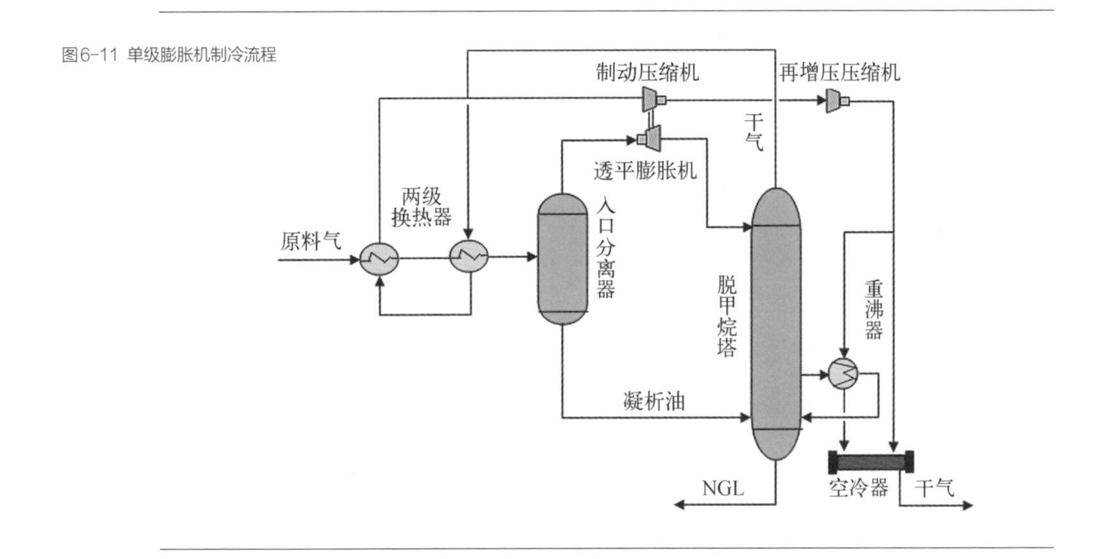

图6–11 单级膨胀机制冷流程

原料气析出水和凝析油后进入分子筛脱水，使气体水含量降低，避免下游冷凝过程中出现水合物。脱水后的干气与脱甲烷塔来的冷天然气进行二级换热降温后进入低温分离器（膨胀剂入口分离器），分出凝析油。低温气体通过透平膨胀机膨胀，进入脱甲烷塔。脱甲烷塔起分离作用，甲烷蒸气从塔顶流出，重组分烃类从塔底流出。由上向下脱甲烷塔的温度逐步升高，低温分离处的凝析油在塔温接近油温处进入脱甲烷塔，分离出凝析油中的甲烷，NGL得到一定程度的稳定。

当节流阀或热分离机制冷不能达到所要求的凝液收率时，可考虑采用膨胀机制冷。上面单级膨胀制冷流程是用于原料气较贫（C_2^+小于0.33 ～ 0.4 L/m^3）的浅冷工况，如果原料气较富（C_2^+大于0.4 L/m^3）时，单级膨胀制冷不能达到气体冷却的温度要求，应考虑在上述流程的两台气/气换热器间增设一套由冷剂制冷的气体冷却器，并在冷却器下游设凝液分离器，以减少膨胀机出口的液体负荷。

（2）两级膨胀制冷

由于单级膨胀制冷适用于浅冷工况，被冷却气体获得冷量不足，导致NGL回收率有限，尤其是页岩气中乙烷和丙烷含量较高，而丁烷和戊烷含量相对低，在上述情况下，可以采用两级膨胀制冷流程，增加NGL回收率。大庆油田20世纪80年代引进了两级膨胀机流程装置，用于生产天然气凝液，其工艺如图6-12所示。

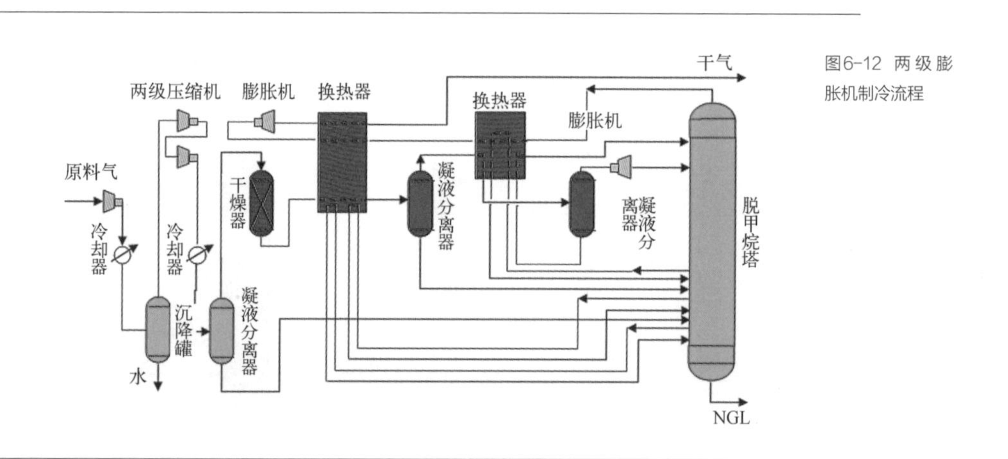

图6-12 两级膨胀机制冷流程

（3）其他膨胀制冷流程

在单级膨胀制冷流程以及两级膨胀制冷流程的基础上，为了满足凝液回收的不同要求，发展了不同的膨胀机制冷流程，包括残余气再循环、气体过冷、残余冷气再循环、分流回流、塔顶气循环、液体过冷、丙烷高回收率及直接换热等工艺。这些流程在膨胀制冷基础上巧妙安排流程，从而达到节能降耗、降低投资和提高凝液回收量的目的。

① 残余气再循环流程

残余气再循环流程（Residue Recycle，RR）流程将常规流程的残余气增压至管输压力后，其中一部分返回至冷箱冷凝为气液混合物，进入脱甲烷塔作为塔顶回流，并在向下流动过程中发生闪蒸汽化，吸收汽化热，为塔提供更多冷量。由于残余气再循环为脱甲烷塔提供额外附加冷量,可提高分离器和膨胀机出口温度,避免发生冰堵现象,操作也较为稳定。

② 气体过冷流程

气体过冷流程(Gas Subcooled Process, GSP)(图6-13),适合于较贫气体(C_2^+烃液小于400 mL/m^3)。与经典型的单级膨胀制冷流程相比,气体过冷流程中从分离器中流出的气体不是全部进入膨胀机,而是部分从低温分离器分出的气体与塔顶气在冷凝器内交换热量,冷凝为气液混合物,进入塔顶作为回流物。液体向下流动中蒸发吸热,为塔提供冷量,从而提高乙烷回收率。该改进措施可以从脱甲烷塔塔顶回收更多的C_2^+,而且降低了膨胀机的处理压力,扩大生产能力,所需总的压缩功率也降低了。

图6-13 气体过冷流程

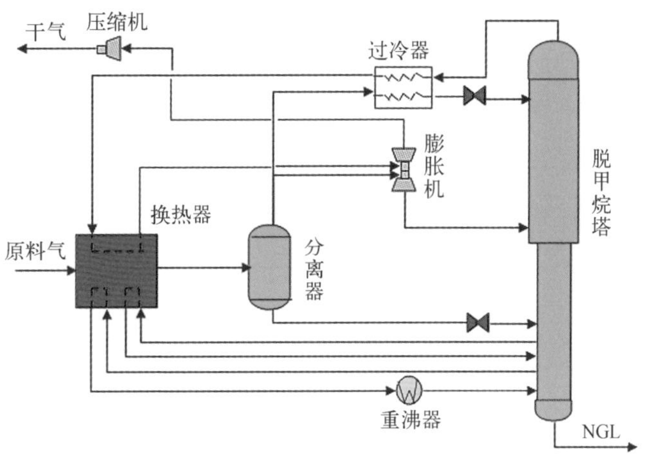

③ 残余冷气再循环流程

残余冷气再循环流程(Cold Residue Recycle, CRR)(图6-14)也叫冷干气回流流程,适合于超高C_2^+回收率的工况。它是在气体过冷流程基础上,为了增加塔顶回流量,在塔顶系统内加装一台压缩机和回流冷凝器,对部分塔顶气进行增压、冷凝。此工艺提高了乙烷回收率,但是增加了压缩机和冷凝器能耗。

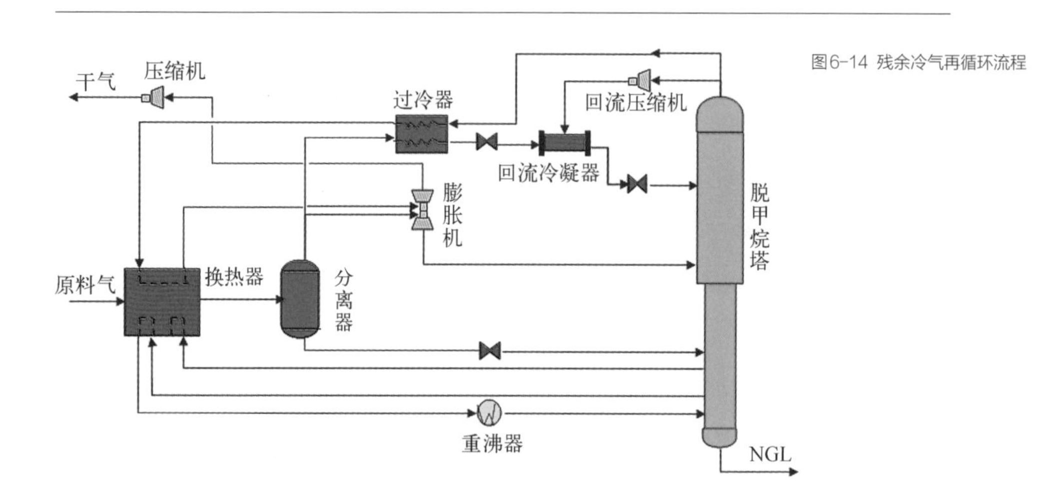

图6-14 残余冷气再循环流程

④ 分流回流流程

分流回流流程(Split-Flow Reflux, SFR)(图6-15)与CRR流程相似,也是在GSP流程基础上发展而来的,只不过是将GSP流程中的回流压缩机换成了回流罐,将已过冷的气流再度节流降温经回流冷凝器后,再进入脱甲烷塔。该工艺适合于要求较大丙烷回收率而不回收乙烷的工况。

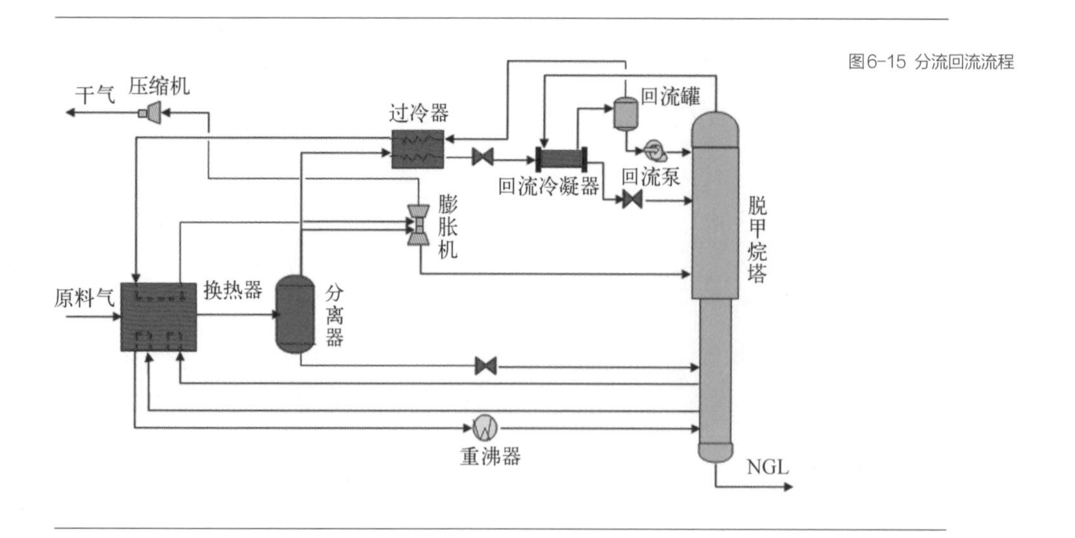

图6-15 分流回流流程

⑤ 塔顶气循环流程

塔顶气循环流程(Overhead-Recycle, OHR)也是单级膨胀制冷工艺的衍生工艺，只是在单级膨胀制冷的基础上，将脱甲烷塔的塔顶气冷却后作为塔顶回流，同时跟GSP流程类似也在脱甲烷塔顶部增加吸收段，提高吸收效率，具体流程如图6-16所示。

图6-16 塔顶气循环流程

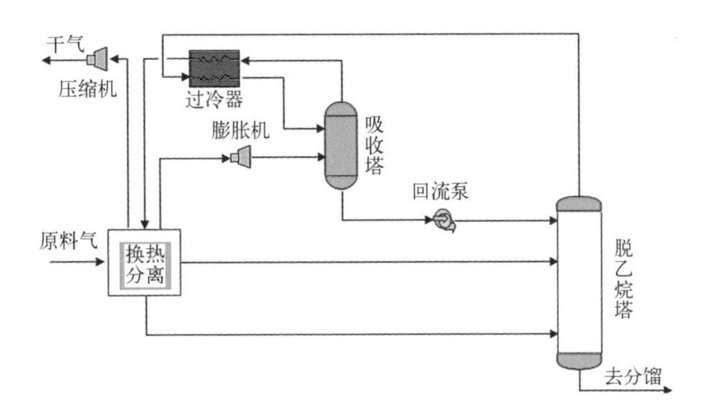

⑥ 液体过冷流程

液体过冷流程(Liquid Subcooled Process, LSP)相对简单，国外部分设计采用此种流程，主要适合于原料气较富(C_2^+烃液大于400 mL/m^3)。液体过冷流程如图6-17所示。

图6-17 液体过冷流程

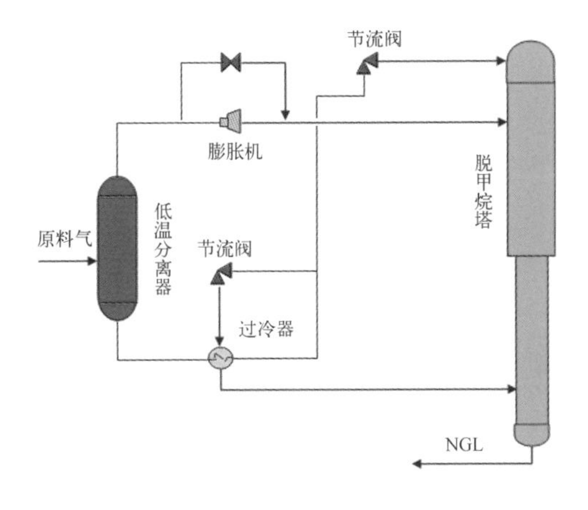

在相同条件下，单级膨胀制冷和塔顶气循环工艺吸收特点如表6-2所示：

表6-2 OHR和ISS工艺NGL回收比较
单位：%

工　艺	塔顶气循环工艺（OHR）	单级膨胀制冷工艺（ISS）
丙烷回收率	99.60	84.0
乙烷回收率	0.7	0.6

从表6-2可以看出，OHR流程和单级膨胀制冷工艺乙烷回收率都很小。

⑦ 丙烷高回收率流程

丙烷高回收率流程（Improved Overhead Reflux，IOR）适合于只回收C_3^+的工况。该流程分为三个热量交换过程：一是通过脱乙烷塔塔顶产物的凝液作为吸收剂，与膨胀机来的低温气体逆流接触进行热量交换，吸收C_3^+；二是吸收塔塔底流出的富液进入冷箱与原料气进行热量交换后进入脱乙烷塔，吸收塔塔顶的贫液还可以为脱乙烷塔提供塔顶回流；三是低温分离器分离出的流体经节流降温后也可以与原料气进行热量交换。该流程的实质是通过塔顶或塔底低温液体吸收的方法使脱乙烷塔顶气内的C_3^+含量降至最低值，使C_3^+的回收率达到99%以上。图6-18为典型的丙烷高回收率流程。

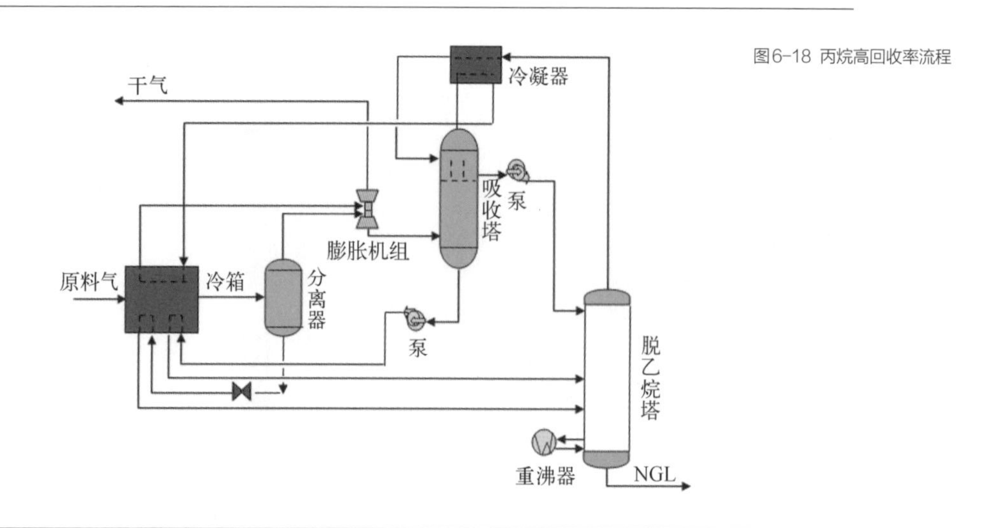

图6-18 丙烷高回收率流程

⑧ 直接换热工艺流程

直接换热工艺流程（Direct Heat Exchange, DHX）是加拿大埃索资源公司（Esso Resources Canada L td）于1984年首先提出的，在相同条件下使装置C_3^+收率由原来的72%提升至95%。我国对DHX工艺中塔设备的翻译主要有DHX塔、重接触塔、轻组分分馏塔、脱甲烷塔等。直接换热工艺也被称为“双塔流程”工艺，即在ISS流程工艺基础上加装DHX塔，工艺流程如图6-19所示。虽然该工艺自20世纪90年代陆续在国内新建的轻烃回收装置中普遍采用，相关技术运用也日趋成熟。DHX工艺主要应用于回收C_3^+的工况。

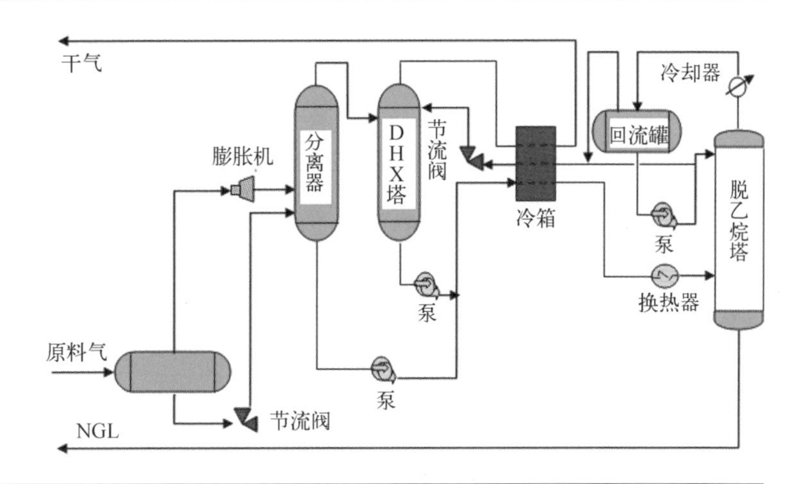

图6-19 直接换热工艺流程

3）热分离机

热分离机是20世纪70年代由法国ELF-Iknm公司研制的一种简易的气体膨胀制冷设备，其工作原理是通过气体绝热膨胀，使气体降温。热分离机按结构可分为静止式和转动式两种。自20世纪80年代末期以来，热分离机已在我国一些天然气液回收装置中得到应用。

3. 联合制冷法

在一些情况下，单独使用膨胀机制冷不能满足生产要求，此时可辅以冷剂制冷，成为联合制冷。联合制冷法冷量来自两部分：一部分由膨胀制冷法提供；一部分则由冷剂制冷法提供。国内外很多大型NGL回收装置都是采用联合制冷工艺。典型的联合制冷工艺如图6-20所示。

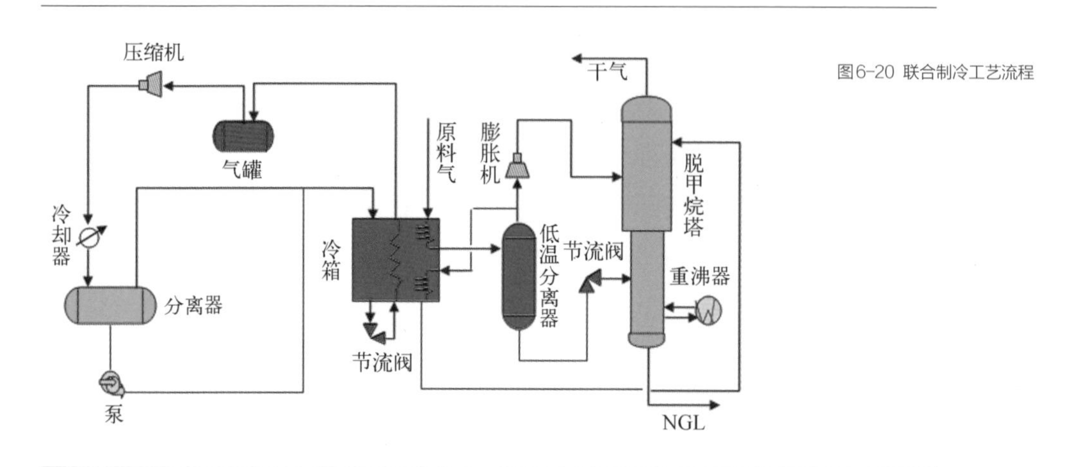

图6-20 联合制冷工艺流程

根据设计工艺条件，冷剂一般由甲烷、乙烷、丙烷以及一些重烃组成。根据此工艺，原料气首先经冷剂制冷工艺降温，然后再经膨胀机降压降温。联合制冷中的冷剂制冷工艺与普通单一冷剂制冷工艺相同，膨胀工艺也与前面所述的单一膨胀相同，只是发挥两种制冷工艺的优点，使得两种工艺互相辅助。

6.3 凝液回收工艺方法选择

前面介绍了多种多样的凝液回收工艺，具体到页岩气，应考虑多方面的因素，对可供选择的工艺进行细致地技术经济评价后，选择合理的工艺。

6.3.1 影响因素

1. 原料气处理量

原料气处理量决定处理装置规模，装置处理量大，投资高；反之，若原料气处理量小，可选择装置较小的工艺。页岩气凝液回收装置规模应具体按照页岩气产量设置，并且考虑到气田具体开发方案预测的高峰年产量大小和变化趋势。

2. 原料气组成

原料气的组成对工艺流程的选择及安排有重要影响。不同页岩气田产出的甲烷含量变化范围较大，同一页岩气田不同生产时间段气质成分也有所不同。当页岩气原料气气质较富时，回收凝液所需的冷量就越多，应选择能耗较小的工艺。而且，如果原料页岩气中含有酸性气体（CO_2）或非酸性气体（N_2等）等杂质时，应考虑在流程中安排脱除这些杂质的装置。

3. 原料气压力和干气外输压力

原料页岩气压力和干气外输压力是决定工艺方法有无压力能量可以利用，从而影响装置经济性的重要因素。当原料页岩气压力明显高于预计干气外输压力时，应尽量考虑膨胀制冷工艺。

4. 产品方案

烃类组分回收率要求对工艺选择影响较大。当要求有较高的丙烷回收率时，显然需要深冷法工艺流程。若考虑只回收轻油及部分液化石油气，浅冷工艺就可满足。

6.3.2 工艺方法选择的建议

从凝液回收工艺选择的影响因素可以看出，页岩气凝液回收工艺流程选择需要考虑多方面因素才能选择合理的工艺。下面从多方面角度对不同工艺方法做一些比较。

1. 冷剂制冷与膨胀制冷的比较

目前NGL回收工艺中，冷剂制冷和膨胀制冷是应用最为广泛的工艺，但两者的适用条件有一定区别，具体如表6-3所示。

表6-3 冷剂制冷与膨胀制冷工艺比较

制冷方法	冷剂制冷	膨胀制冷
1	中等低温制冷，一般不低于−70 ℃，在−70℃以上时热力学效率高于膨胀机	适宜于低温制冷，在−100℃时热力学效率高
2	原料气和外输干气压差小，不因外输气增压多耗功	原料气和干气间有压差可利用，无论制冷温度高低均可用膨胀机
3	原料气较贫，压力低，要求高丙烷回收率，必须增压，宜使用混合制冷剂	原料气较贫，压力低，要求高丙烷回收率，必须增压
4	原料气较富，压力低，要求高丙烷回收率，宜用冷剂制冷。但若压力太低，必须增压时，需做比较决定是否采用冷剂制冷	原料气较富，压力高，不需要增压也可获得高丙烷回收率，外输干气量较原料气少得多，膨胀机制冷量不足，需加辅助制冷，经比较后，也可采用膨胀制冷

由表6-3可以定性地认为，如果原料气与产后干气存在可以利用的压差，并且需要采用深冷工艺时，应首先考虑使用膨胀制冷工艺。当原料气与产后干气无压差可用，且原料气较富时，可选用冷剂制冷工艺。

2. 不同膨胀制冷工艺比较

前面介绍了透平膨胀机、节流制冷阀和热分离机的工作原理，三者性能见表6-4。

表6-4 不同膨胀制冷工艺比较

工　艺	膨胀机	节流阀	热分离机
温降效果	最大	最小	中等
制冷量	最大	最小	中等
热效率	最高	最低	中等
压降调节	不灵活	灵活	不灵活
流量变化	适应性差	适应性强	适应性差
可操作性	易出故障	不易出故障	不易出故障
费用	最高	最低	中等
工业用途	较多	较多	较少

热分离机由于性能上与膨胀机和节流阀相差较大，优点较少，在工业上使用较少。膨胀机和节流阀都有各自适用于不同条件的特点，在工业上应用较多。

3. 冷剂选择

冷剂制冷法应用广泛，所选冷剂既可以应用于单独的冷剂制冷工艺，也可以作为辅助制冷与膨胀制冷结合，成为联合制冷法。采用冷剂制冷时，应选取适合的制冷介质。

氨液是较为常用的冷剂，但是蒸发温度为−33.4℃，因此使原料气获得的温度较高。丙烷可以使天然气获得更低的温度，但是对机械系统要求较高。乙烷可以使天然气获得比丙烷更低的温度，但是临界温度较高，必须与另外一种冷剂形成阶式制冷系统。混合冷剂一般由乙烷和丙烷或其他烷烃按一定比例组成，能量效率高于阶式制冷，投资低，但是操作复杂程度高。

6.4 页岩气凝液的稳定分馏和产品规格

不管是页岩气，还是普通天然气，因其回收方法和目的的不同可分为两种：一种是以控制烃露点为目的、以浅冷法为回收方法回收的凝液，主要成分是C_3^+；另一种是以控制热值或以追求最大回收率为目的、以中冷和深冷法回收的凝液，主要成分是C_2^+。为了保证凝液保存和运输过程的安全性，并切割为可供销售的产品，需要对获得的凝液进行稳定和分馏处理。

6.4.1 页岩气凝液的稳定分馏

凝液稳定目的是根据产品结构要求去除凝液中的不稳定成分，保证产品运输和储存的安全性。当目的产品为C_2^+时，应当除去凝液中的甲烷；当目的产品为C_3^+时，应除去凝液中的甲烷和乙烷。在工业上，常采用提馏或分馏工艺对凝液进行稳定处理。

1. 提馏稳定

提馏稳定是利用提馏塔，按照蒸馏目的将NGL中的不稳定成分脱除的工艺方法。提馏塔是NGL常用的稳定塔器，工艺流程如图6-21所示。页岩气凝液经冷却后，从塔顶进入提馏塔，稳定后的凝液由塔底排出，部分塔底凝液循环进入重沸器加热后，作为塔底回流液。塔顶气可用作燃料或增压后进入外输管线。

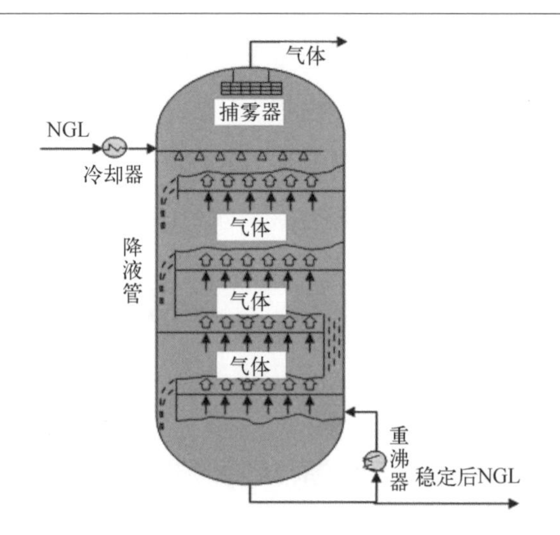

图6-21 凝液提馏工艺流程

提馏工艺中应折衷考虑蒸馏塔的进料温度：一、避免当进料温度过高时，大量中间组分被脱除，降低凝液回收量；二、避免当进料温度过低时，凝液中的应被脱除的轻组分未被脱除干净，影响凝液稳定效果。

2. 分馏工艺

凝液除了可用提馏塔稳定外，也可用分馏塔稳定（图6-22），而且应用较为普遍。凝液与塔底产品换热后由塔的中部进塔，进料温度与进塔处的温度相差不大，使原料气进塔时的闪蒸量很小。塔顶气冷却后，凝液中的中间组分在回流罐内冷凝、分离，并被泵送回塔内，分布在塔顶层。回流冷凝液促使气流中的中间组分凝析，使塔顶气的浓度提高。

与提馏塔相比，分馏工艺回收的中间组分较多，大部分轻组分被脱除，在保证稳定质量的同时，提高了凝液回收量，但同时增加了设备投资和操作费用。

图6-22 凝液分馏工艺流程

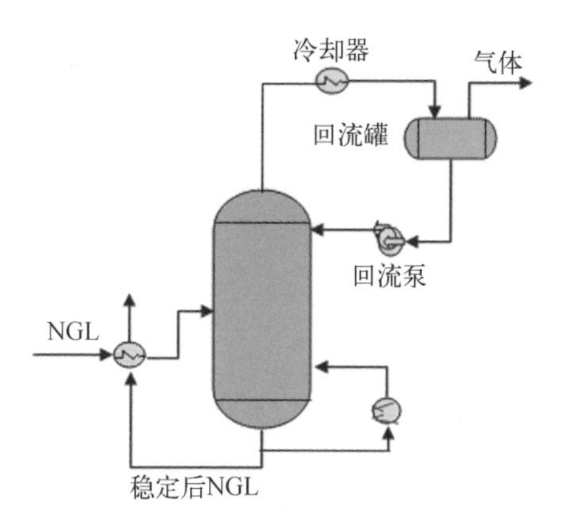

凝液稳定工艺中的提馏稳定工艺和分馏工艺只能分离两种产品，而页岩气凝液是一种由多种烃类组成的混合物，有时为了得到较为纯净的不同产品，需要对凝液进行顺序分馏处理。分馏工艺的实现主要按照产品种类要求，依靠设置分馏塔数目，每个分馏塔分馏出一种或两种产品，具体流程见图6-23。

NGL分馏按照从轻到重的顺序流程，分馏可以获得甲烷、乙烷、丙烷、正丁烷、异丁烷以及天然汽油，第一级分馏塔分出的甲烷则被外输。采用顺序分馏流程可以合理利用低温凝液的冷量。

图6-23 凝液顺序分流工艺流程

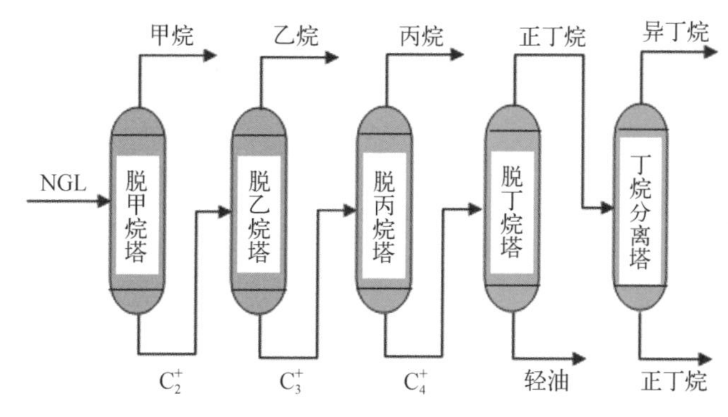

6.4.2 页岩气凝液的产品规格

普通天然气NGL产品每种产品都有规定的参数要求。页岩气NGL的产品都由乙烷、液化石油气以及稳定轻烃三部分组成，其NGL产品也与普通天然气NGL产品质量要求一致。

1. 乙烷

我国暂时没有针对NGL中的乙烷产品的规格，表6-5中列出了美国气体加工者协会（GPA）公布的乙烷质量标准。

表6-5 乙烷质量标准

烃类类别	C_2/%（质量分数）	C_1/%（质量分数）	C_3/%（质量分数）	C_4^+/%（质量分数）	CO_2/（mL/m^3）	H_2S/（mL/m^3）	S/（mL/m^3）	O_2/（mL/m^3）	H_2O/（mL/m^3）
含量要求	≥90	≤1.5	≤6	≤2.5	≤10	≤6	≤5	≤5	≤13

2. 液化石油气

表6-6中列出了中国液化石油气规定的丙烷、丁烷及丙丁烷混合物质量要求。

表6-6 不同凝液产品质量要求

参数类别	商品丙烷	商品丁烷	商品丙丁烷混合物
蒸气压（37.8℃，不大于）/kPa	1 430	485	1 430
丁烷及以上组分（不大于）/%	2.5	—	—
戊烷及以上组分（不大于）/%	—	2	3
蒸发残留物（不大于）/（mL/100 mL）	0.05	0.05	0.05
油渍观察	通过	通过	通过
密度（20℃）/（kg/m^3）	实测	实测	实测
铜片腐蚀（不大于）/级	1	1	1
总含硫量（不大于）/（mg/L）	185	140	140
游离水	—	无	无

3. 稳定轻烃

稳定轻烃为C_5^+组分，质量要求如表6-7所示。

表6-7 C_5^+组分质量要求

参数类别	1号	2号
饱和蒸气压/kPa	74～200	夏<74，冬<88
10%蒸发温度/℃（不小于）	—	35
90%蒸发温度/℃（不大于）	135	150
终馏点/℃（不大于）	190	190
60℃蒸发率/%	实测	—
含硫量/%（不大于）	0.05	0.1
机械杂质及水分	无	无
铜片腐蚀/级（不大于）	1	1
颜色，赛波特色号（不小于）	+25	—

第 7 章

页岩气田增压

7.1 增压目的、特点和增压方法

7.1.1 增压目的

1. 满足集输管网压力要求

页岩气田开发一般经历试采阶段、产能建设阶段、稳产阶段、产量递减阶段和小产量生产阶段。页岩气田一般分为常压、略高压和特高压气藏，在开发初期产量较高，井口气压力较大，能满足气田集输管线工作要求。但是页岩气田产量递减速度较快，压降较大，会出现井口气压力因小于集输系统压力，而无法进入集气管网的情况，此时需要在气田设置增压装置，保证后期开发气田生产系统正常运行。而且，不同页岩气田地质构造、气藏原始压力不同，加之集气管网可能接受不同投产时间的气源，投产早的页岩气井井口气压力明显小于投产较晚的页岩气井井口气，如果，低压气源与高压气源共用一套集输管网时，有必要对低压气源进行增压。

2. 满足页岩气凝液回收工艺的压力要求

当需要从页岩气中回收凝液，而页岩气自身压力不能满足制冷需求时，应对页岩气在凝液回收前或凝液回收后进行增压，同时满足膨胀制冷回收页岩气凝液的工艺和压力两方面要求。

3. 满足页岩气外输及气举要求

页岩气在经中心处理站净化后，达到气质要求，大部分需要增压站增压外输至LNG厂或者用气终端；页岩气井经水力压裂后，初期投产排液量高，需要通过气举排液来投产；此外，对于关井时间较长的页岩气井需要通过气举来实现再启动。因此，除外输部分页岩气外，剩余一部分页岩气应用于气田开发的气举工艺。

7.1.2 页岩气站场增压特点

1. 基础设施薄弱

按照国土资源部做出的关于国家页岩气发展的规划，我国页岩气勘探开发以四川、重庆、贵州、湖南、湖北、云南、江西、安徽、江苏、陕西、河南、辽宁、新疆为重点，建设长宁、威远、昭通、富顺—永川、鄂西渝东、川西—阆中、川东北、安顺—凯里、济阳、延安、神府—临兴、沁源、寿阳、芜湖、横山堡、南川、秀山、辽河东部、岑巩—松桃等19个页岩气勘探开发区。而页岩气田主要位于上述地区中的偏远山区、沙漠或其他不利于工程建设的地区。这些页岩气田基础设施薄弱，可依托的供电、供水、交通等条件非常差。

2. 工作介质不清洁

从页岩气井产出的页岩气含有水、CO_2、N_2，及钻完井作业产生的固体颗粒和其他机械颗粒杂质，清洁度差。尽管页岩气增压前，已经被过滤和分离装置进行过处理，但是仍然要求增压设备对页岩气气质有较强的适应能力。

3. 工况变化大

气田生产过程中，页岩气的压力、流量波动幅度和频率较大，这就要求压缩机设备以及其他相关设备能适应这种变化状况，自身的允许进口压力和流量负荷有一定的弹性。

4. 规模小

目前，国内页岩气“工厂化”钻井尚未普及，一般采用单井开采，井距较远，在一定范围内难以形成较大的产气量，气田增压站设置应符合处理量小的特点。若未来“工厂化”钻井技术在页岩气开发中普遍实现，矿产增压站还需适应“工厂化”布井方式的特点。

7.1.3 增压方法

页岩气田矿场增压方法与普通天然气田增压方法都是机械增压或压能传递增压方法，其中机械增压应用广泛。

1. 机械增压

机械增压是利用气体压缩机将机械能转换为天然气压能的方法。压缩机在原动机的驱动下通过转子或者活塞的运动实现能量转换，达到增压目的。机械增压法是气田最为常用的增压方法。气体压缩机的种类很多，根据工作原理的不同可以分为往复式压缩机、离心式压缩机、螺杆式压缩机等。

2. 高、低压气压能传递增压

所谓压能传递就是将高压的气体压能传递给低压气体，达到使低压气体增压的目的。在普通天然气增压工艺上，压能传递方法应用较少，原因是该方法效率低下，而且必须有高、低压气源同时存在。在页岩气增压工艺选择上，也应优先选择机械增压方法。

7.2 页岩气田增压站工艺设计

7.2.1 页岩气田增压站分类

增压站分为两种：分散式增压站和集中式增压站。分散式增压站设在气井井场，低压页岩气在井场经压缩升压后送入采气管线。集中式增压站设在多井集气站或者集气总站，页岩气在多井集气站或集气总站经压缩后送入集气管线。

分散式增压和集中式增压并不是对立关系，气田可以兼顾两种增压方式。在进行气田增压站设计时，应根据确定的开发方案，考虑气田开发总体井场部署规划，结合现有集输管网等设施，对总体集输规划方案进行经济技术评价，充分论证，从而确定气田增压站模式。

7.2.2 页岩气田增压站设计基础资料

在进行气田增压站工艺设计时，首先了解必要的基础资料，同时，还应了解与增压站工艺设计有关的气田集输规划及系统设计资料、气象、水文、地质、社会环境等资料。对于基础设计资料，都应以实事求是的原则为基础，并且进行严密的分析和研究。增压站设计基础资料主要内容如下：

（1）页岩气气质、处理量和压缩比；

（2）页岩气田水文、地质、气象资料；

（3）气田现有集输设施以及开发远景规划；

（4）建站地区交通运输情况、工业和农业现状。

7.2.3 页岩气田增压站站址选择

增压站站址选择应遵循以下原则：

（1）应在气田地面工程建设整体规划确定的区域内选择；

（2）应根据气田的生产特点，结合拟选站址的地形、地质特点、气象、水文、交通运输、安全环保等，进行技术经济综合分析比较确定；

（3）站址应在能满足生产要求的前提下，方便人员生活；

（4）站址应节约用地，尽量利用荒地；

（5）站址位置应避开山洪、滑坡、泥石流等自然灾害频发、地质状况不稳定的地段；

（6）气田增压站外部区域布置防火间距应符合现行国家标准的规定。

7.2.4 增压站工艺流程及辅助系统

增压站工艺流程设计应根据页岩气田采气集输系统工艺要求，包含增压站最基本的工艺过程，即分离、加压和冷却三个步骤。考虑到压缩机的启动、停车、正常操作、检修等生产上的要求以及事故停车的可能性，工艺流程还必须考虑页岩气的“循环”、调压、计量、HSE等。此外，还应包括为了保证流程正常运转必不可少的配套辅助系统，如燃料系统、自动控制系统、冷却系统、润滑系统等。

增压站由调压、分离、增压、燃料及启动、放空五个基本单元组成。增压站单元组成如图7-1所示。

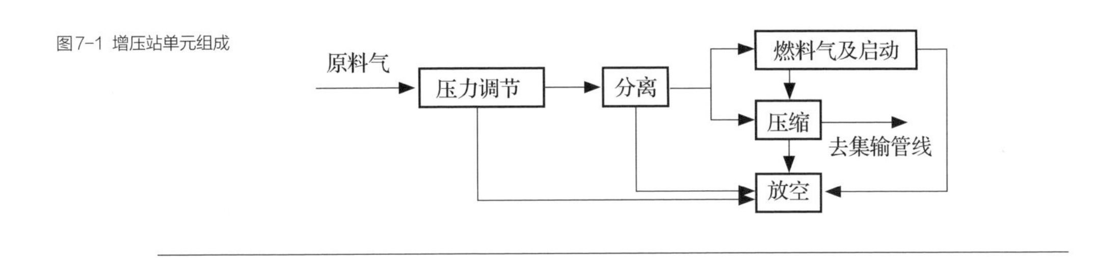

图7-1 增压站单元组成

7.3 增压工艺流程和燃料气处理

增压站工艺流程应根据集输系统工艺要求，满足气体除尘、分液、增压、冷却、越站、试运和机组启动、停机、正常操作和安全环保等要求。

7.3.1 工艺流程

1. 单井及多井增压流程

1）单井增压流程简介

单井增压流程一般由分离、压缩、燃料气及启动和放空4个单元组成，其原理流程如图7-2所示。

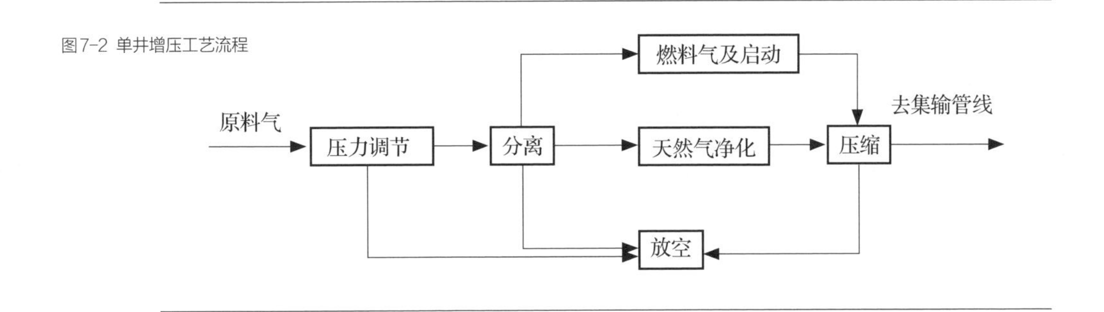

图7-2 单井增压工艺流程

2）多井增压流程简介

多井增压流程与单井增压流程不同，不同压力的多股原料气进入分离单元，须在分离单元前增加调压单元，其他流程与单井增压流程相同。

某些页岩气田重烃含量较高，为回收页岩气中的轻烃，不管是单井增压还是多井增压，流程中应包含净化单元。

2. 多井增压流程

多井增压流程一般由调压单元、分离单元、净化单元、燃料气及启动单元、增压单元和放空单元六部分组成。

1）调压单元

来自各井的页岩气压力不同，为了防止各井相互干扰矿场集输压力系统，保证压缩机工作效率，各井气源须经压力调节后才能进入分离单元。

2）分离单元

页岩气自各井进入管汇系统调压后，进入分离器分离出页岩气中的游离水、水合物抑制剂及其他杂质。

3）净化单元

制冷单元制冷剂一般采用氨制冷工艺，保证进入压缩机的页岩气中无凝液，并使进入集输管网的页岩气烃露点和水露点达到管输要求。经分离器出来的页岩气在制冷装置的作用下冷却，并且再经制冷单元后续的分离器分离出页岩气内的凝液、水和水合物抑制剂。一般，为了使进入压缩机的页岩气更为纯净，需要在制冷装置后设置几组分离器。

4）燃料气及启动单元

由于页岩气中不含H_2S，少量的凝液在制冷装置中被脱除。因此，在燃料气单元中，燃料气只需在压缩机进口管线引出，经调压和计量后供给燃气发动机。

5）增压单元

来自各井的原料气经初级分离、初级凝液回收和净化后，进入增压装置增压外输。

6）放空单元

放空单元有两个功能，一是在增压工艺某一环节出现故障或事故时，页岩气能经放空系统安全放空；二是为方便增压站停产检修安全进行，先利用放空系统放掉站内各单元及管线内的残余气体。增压流程中的任何一个环节（除净化单元）都需要放空单元参与，避免某单元压力过高发生事故。

3. 增压工艺流程选择

单井增压流程具有调度灵活、压力调节方便和可操作性好的优点，但是对于钻井数量庞大的气田，压缩机数量多，流程复杂，管理分散，从而增加开发投资和操作费用。我国蜀南气矿采用单井增压流程，导致设备维护复杂，经济效益较低。

多井增压流程将页岩气输送到集气站集中增压有利于实现设备集中控制管理，无须单独设置压缩机组和净化单元，大大降低投资。

页岩气田增压流程选择应在满足生产要求的前提下，结合气田压力变化、气井总体布局等具体状况，合理选择增压流程。例如，若页岩气田采用“工厂化”钻井方式，井数多，井位集中，适合于采用多井集中增压工艺。若页岩气田受到所在区域环境、技术要求等限制，不宜采用“工厂化”方式开采，或者部分采用“工厂化”开采，部分采用单井开采方式，可选择集中增压和单井增压复合工艺。苏里格气田单井压力下降较快，产量低，其开发特点与页岩气田开发特点相似，就采用了复合增压工艺。

7.3.2 燃料气处理

各压缩机制造厂家生产的燃气发动机对燃料气的气质有一定要求，一般要求燃料气中含H_2S小于0.1%，不含液态水，且C_4^+含量不能过高。页岩气中不含H_2S，因此燃气发动机中不必要设置脱硫装置，但是页岩气中含有CO_2，需要考虑燃气发动机材料。如果页岩气中的CO_2含量大于50%，那么燃气发动机材料应选用特殊防腐材料。反之，采用标准材料。

燃气发动机所用燃料不仅对气质有要求，而且对甲烷指标（热值）也有要求。甲烷指数一般在50～100均能满足燃气发动机对燃料气低发热值的要求。只有这样，燃气发动机才能安全平稳运行而不会发生爆燃现象。

7.4 压缩机种类和选型

7.4.1 压缩机分类

为了更好了解压缩机工作过程以及优缺点，便于工程实际的选型和配置，这里主要根据不同压缩机工作原理讨论压缩机的特点。压缩机按工作原理可以分为：容积式、速度（动力）式和热力式三种。每种压缩机型又可以分为多种类别，具体见图7-3。

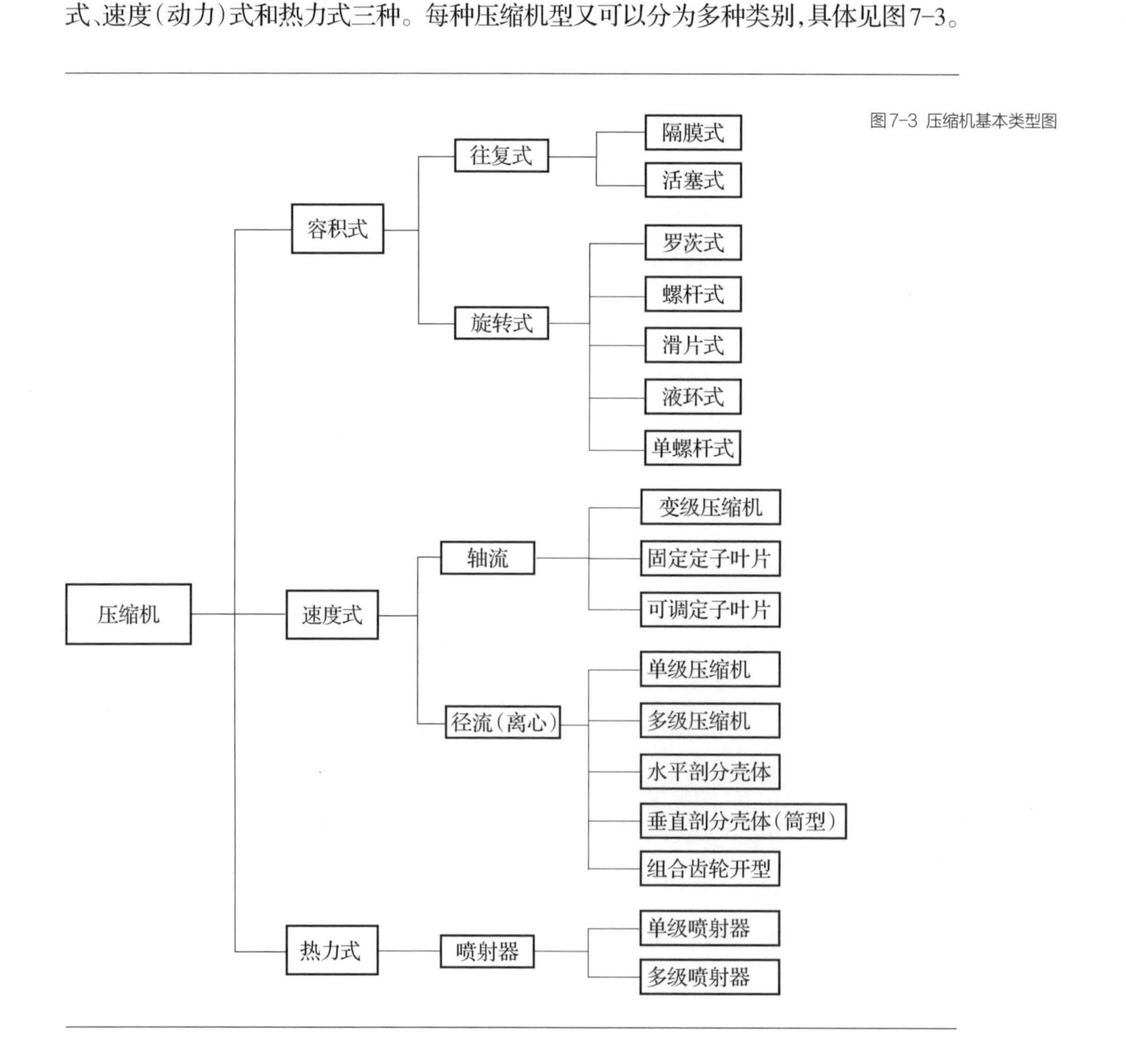

图7-3 压缩机基本类型图

在容积式压缩机中，气体压力的提高是通过压缩机活塞对气体做功，使气体体积受到压缩实现增压。速度式压缩机中，气体的压力是由气体分子的速度转化而来的，即先使气体分子得到一个很高的速度，然后在固定空间元件中使一部分动能转化为气体的压力势能。喷射器是热力式压缩机，它采用高速气体或蒸气喷射携带向内流动的气体，然后在扩压器中实现气体动能向压能的转换。

矿场集输中，往复式压缩机、螺杆式压缩机和离心式压缩机最为常用。其中往复式压缩机是由电动机或天然气发动机驱动；螺杆式压缩机由电动机驱动；离心式压缩机由燃气轮机或电机驱动。

往复式压缩机特别适用于小流量、高压或超高压力的场合，通常每级最大压缩比为3∶1到4∶1。并不是压缩比越高越好，较高的压缩比能引起机械效率和容积效率的下降，增加矿场能耗。同时压缩机的排气温度也限制了压缩机的压缩比，因机械方面的原因通常限制温度在180～205℃以下。天然气压缩机对排气温度有要求，所选压缩机的每级压缩比一般不大于4∶1。往复式压缩机效率高，耐久可靠，压力范围宽，流量调节方便，但是体积庞大，结构复杂，维修工作量大，工作中噪声较大。

离心压缩机用于大流量、中低压的场合。按排量分为小排量（～254 m^3/min）、中排量（254.8～991 m^3/min）和大排量（单进口时991～5 097.6 m^3/min）。离心式压缩机排量大，结构简单紧凑，操作灵活，易于实现自控；缺点是效率低，能耗大，流量过小时会出现喘振现象。

螺杆式压缩机是旋转式压缩机的一种，分为干式和喷油螺杆式压缩机两种，适用于中小排量、中低压的场合。螺杆式压缩机结构简单，体积小，振动小，易于维护，排气温度一般不高于90℃。其缺点是油耗和电耗高，噪声大。目前，螺杆式压缩机在常规天然气增压中很少采用。

三种常用压缩机优缺点对比见表7-1。

表7-1 常用压缩机优缺点对比

序　号	往复式压缩机	离心式压缩机	螺杆式压缩机
1	转速低、排量小、尺寸小、机身重	转速高、排量大、尺寸小、机身轻	转速较高、排量大、尺寸小、机身轻

（续表）

序　　号	往复式压缩机	离心式压缩机	螺杆式压缩机
2	有往复运动元件，惯性力大、振动大、流量不均匀	无往复运动元件、惯性力小、工作平稳、流量均匀	无往复运动元件、惯性力小、振动小、流量均匀
3	压缩比大，终温、终压高	压缩比有限，终压有限，终温低	压缩比低，终温、终压低
4	效率高	效率低，能耗大	效率低，能耗大
5	气体可能被润滑油污染	无润滑油，气体能保持纯净	润滑油消耗量大
6	流量与压力无直接关系，调节范围宽，无喘振现象，并联时工作稳定	流量与压力有关，小流量时工作不稳定，易发生喘振	流量与压力无关，调节范围宽，无喘振现象
7	加工精度要求高，安装和检修复杂	加工要求高	加工简单

7.4.2　压缩机及驱动机的选用

1. 气体性质对压缩机选用的要求

1）安全问题

压缩机压缩介质是烃类气体的混合物，属于易燃易爆的危险性物质，安全问题突出。页岩气所处压力、温度越高，爆炸范围越大。防止压缩机或管道内形成爆炸性混合物的措施是避免产生死角，压缩机开车前应先置换设备内部气体。

2）气质的影响

在天然气集输过程中，气体组成和性质会发生变化，所选机组对气体组成应有较强的适应能力。一般应给出一定的组成范围，选用离心式压缩机时，更应注意，否则将对压缩机产生严重影响。

3）压缩过程中的液化问题

页岩气在压缩过程中不可避免会有部分冷凝液化，因此应注意凝液排除。对于往复式压缩机，为了避免事故的发生，压缩机的各级气缸应有较大的余隙容积，并在气缸下部安装凝液出口阀门，及时排出凝液。同时曲轴箱应注意适当的密封，防止液化后的烃类渗透到曲轴箱内，影响润滑油性质。

选用离心式压缩机时，轴密封油中可能因漏入气体而被稀释，为此系统中应设置气体分离设施。

4）排气温度的限制

页岩气组成跟普通天然气一样，成分主要是烷烃，为了减少油蒸气炭化和着火危险，排气温度宜在140℃以下。

2. 压缩机的选型原则

在选择压缩机时，首先应满足工艺要求，主要有以下几个方面。

（1）压缩介质对压缩机提出的要求，如能否允许有少量的介质泄漏，能否允许被润滑油污染以及排气温度的限制等；

（2）压缩机的排气量、入口压力和出口压力。

在满足上述工艺要求的前提下，几种类型的压缩机选型比较时，一般可参考以下几点。

（1）需要对气体进行高压和超高压压缩时，一般采用往复式压缩机。但是随着工业装置向大型化方向发展，压缩机的排气量越来越大，应考虑选用大型压缩机组。

（2）对于输气量较大且平稳、排气压力为中、低压的情况宜选用离心式压缩机。

（3）当流量较小时，应选用往复式压缩机或螺杆式压缩机。

（4）喷油杆式压缩机由于兼顾往复式和离心式压缩机的诸多优点，且可调范围宽，在气田矿场集输中应用逐渐增多。无油螺杆压缩机除在气量调节、单级压缩比等方面不如喷油螺杆压缩机外，也具有上述特点，而且可以对湿气进行压缩。

（5）往复式压缩机采用机组式安装，一般为3～4台，包含备用压缩机。离心式压缩机一般不考虑备用机组。

结合美国已开发成熟的页岩气田地面工程建设经验，往复式、离心式和螺杆式压缩机组都有采用，但是工程实际中以往复式压缩机组应用最为广泛。

3. 驱动及类型与选用

气田压缩机的动力来源有柴油机、燃气轮机、燃气发动机和电动机等。柴油机质量轻，功率小，主要在小型移动式压缩机上使用。页岩气生产实际中，为节约成本，便于管理，大多使用天然气驱动的燃气轮机或者燃气发动机。

1）电动机

电动机可以作为往复式压缩机和离心式压缩机驱动机，在容易获得电能，且电价便宜的地方应用较广泛。电动机有很多优点，如：结构紧凑、投资低（总投资相当于装备燃气轮机压缩站的1/2 ～ 2/3）、功率范围宽、操作简单、运转平稳、安装维修费用低、寿命长、工作可靠性高。但是电动机也有不少缺点，如速度调节困难，须加装变速装置来实现增速或减速。另外，页岩气田往往远离电网，而且要求双回路供电，气田自身铺设供配电线路和变电站投资较高，因此电动机作为压缩机驱动机使用受限于电源和电价。

2）燃气发动机

燃气发动机采用天然气作为燃料，其优点是热效率高，燃料气消耗低，可以直接与往复式压缩机连接而不需变速。但是燃气发动机体积大，结构复杂，安装和维护费用高，辅助设备繁杂，运行噪声大，只用在要求高压缩比时才应用。

3）燃气轮机

燃气轮机作用原理是把气体的内能转化为机械能。燃气轮机结构简单，体积小，重量轻。另外，气温较低时，功率反而增加，这与用气需求的季节变化相适应，润滑油系统冷却用水需求量少，适合水资源贫乏的地区使用；燃气轮机的转速高，可和离心压缩机直接连接；而且，重要的是燃气轮机可充分利用气田产生的废气，达到废物利用的目的。但是燃气轮机有热效率低的缺点。

选用驱动机应根据以下原则：

（1）驱动机的转速与已选压缩机转速相匹配。

（2）从能源有效利用和投资方面看，驱动机应优先考虑利用天然气燃料，采用天然气发动机或燃气轮机。一方面，可以省去电站建设、电缆铺设和变配电站建设环节，节省投资；另一方面，充分利用气田产生废气，使能源得到有效利用，有利于环境保护。中、小型压缩机宜采用电动机驱动。

（3）驱动机的额定功率应比压缩机轴功率大10% ～ 25%的余量，以备压缩机超载情况和空气试车用。

（4）若选择燃气轮机，首先应考虑整个压缩系统的整体设计参数、建设周期，燃气轮机的热效率、燃料气的消耗量以及操作成本等。

（5）燃气轮机的余热应合理利用，选用时应当把燃气轮机与工艺对动力和热力的总需求综合分析，实现能源的梯级利用。

7.4.3 压缩机的热力计算

页岩气压缩过程的热力计算可以根据理想气体状态方程近似计算，也可以按真实气体压缩过程计算。

1. 理想气体压缩过程

理想气体是物理学上为了简化问题而引入的一个理想化模型，现实生活中不存在。通常状况下，只要实际气体的压强不是很高，温度不是很大都可以近似地当成理想气体来处理。而从分子运动理论的观点来看，理想气体应该具有以下特点：分子本身的线度比起分子间的平均距离来可以忽略；除碰撞的一瞬间外，分子之间以及分子与容器壁之间都没有相互作用；分子间以及分子与容器壁的碰撞都是完全弹性的，且气体分子的动能不因碰撞而损失。真实气体在愈低压、愈高温的状态，性质愈接近理想气体。理想气体在压缩过程中应满足理想气体状态方程，公式如下：

$$pV=nRT \tag{7-1}$$

式中 p——气体压强，Pa；

V——气体体积，m^3；

n——气体的物质的量，mol；

R——比例系数，在摩尔表示的理想气体状态方程中，其值约为 $(8.314\,41 \pm 0.000\,26)$ J/(mol · K)；

T——气体温度，K。

如果被压缩气体为混合气体，那么理想气体状态方程则变为：

$$pV=(p_1+p_2+\cdots+p_n)V=(n_1+n_2+\cdots+n_n)RT \tag{7-2}$$

1）理想气体压缩分类

理想气体的压缩过程又分为等温压缩、绝热压缩和多变压缩三种情况。

(1) 等温压缩

顾名思义,等温压缩即页岩气在压缩过程中温度保持不变。对于页岩气压缩而言,压缩后气体温度应该升高,为最大限度使气体压缩过程中保持温度不变,压缩机实际工作中引入冷却系统,降低页岩气压缩后的温度。

页岩气在等温压缩过程中假设为理想气体,其温度保持不变,且满足理想气体状态方程。

$$p_1V_1=p_2V_2=\text{常数} \tag{7-3}$$

在等温压缩过程中,所消耗的理论功率为:

$$N=0.016\,7p_1V_1\ln\varepsilon \tag{7-4}$$

式中 N——功率,kW;

p_1——吸入压力,kPa;

V_1——吸入状态下气体体积流量,m^3/min;

ε——压缩比,$\varepsilon=p_2/p_1$;

p_2——压缩机排气压力,kPa。

页岩气在等温压缩中,功率消耗非常小,页岩气虽然被假设为理想气体的等温压缩,实际并不存在,但是可以通过公式进行定性的理论分析。

(2) 绝热压缩

假设气体在压缩过程中,不与外界进行热交换,此时被压缩页岩气满足方程:

$$p_1V_1^k=p_2V_2^k=\text{常数} \tag{7-5}$$

式中 k——绝热指数,对于理想气体 $k=\frac{C_p}{C_v}$;

C_p——气体的比定压热容,kJ/(kg · ℃);

C_v——气体的比定容热容,kJ/(kg · ℃);

p_1,p_2——分别表示吸入压力和排气压力,kPa。

气体的绝热指数k与温度有关,常压条件下不同烃类气体的绝热指数可根据手册获知，烃类气体的绝热指数在不同温度下的值如图7-4所示。

图7-4 烃类气体的绝热指数

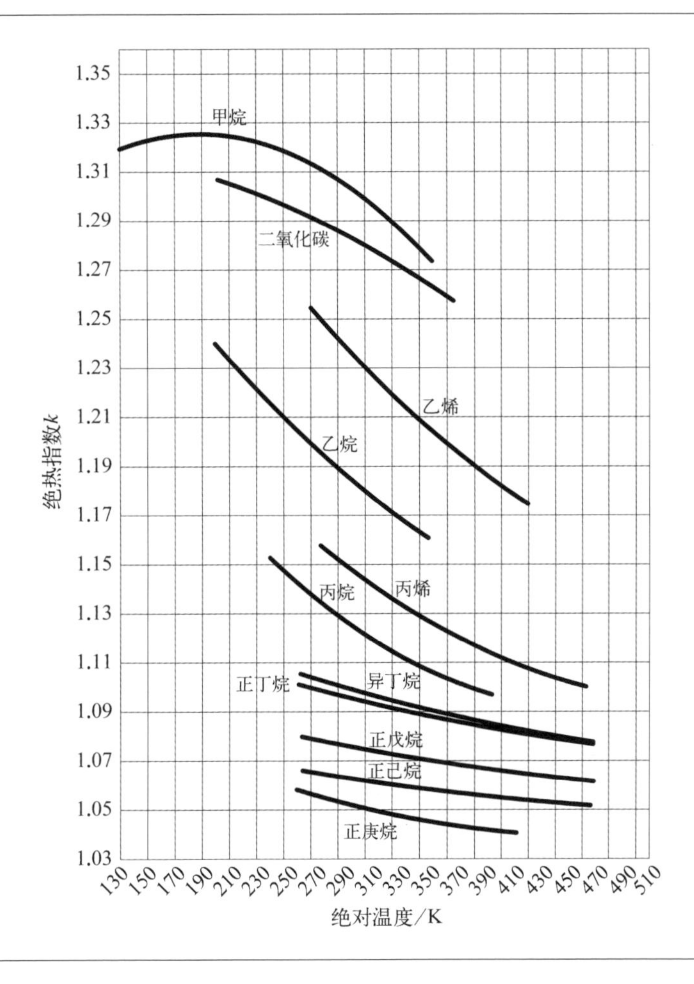

烃类气体的绝热指数随温度的升高而降低，计算式应选用出入口平均温度下的绝热指数。混合气体的绝热指数可按下式计算：

$$\frac{1}{k-1}=\sum\frac{y_i}{k_i-1} \tag{7-6}$$

式中 k——混合气体绝热指数；

k_i——混合气体中i组分的绝热指数；

y_i——气体中i组分的摩尔分数。

绝热压缩时，气体温度发生变化，压缩后气体最终温度为：

$$T_2 = T_1 \varepsilon^{\frac{k-1}{k}} \tag{7-7}$$

式中　T_1——压缩机吸入温度，K；

T_2——压缩机排气温度，K；

绝热压缩过程中所消耗的功率为：

$$N = 0.016\,7 p_1 V_1 \frac{k}{k-1}\left(\varepsilon^{\frac{k-1}{k}} - 1\right) \tag{7-8}$$

式中符号同式(5-4)和式(5-6)。

(3) 多变压缩

在多边压缩过程中，既不是绝热过程，也不是等温过程，气体和外界有热量交换，此时气体符合公式：

$$p_1 V_1^m = p_2 V_2^m = \text{常数} \tag{7-9}$$

式中，m为多变指数，描述气体在压缩过程中各状态参数的变化，是影响压缩机实际功率的重要参数，它与绝热指数间有如下关系：

$$\eta_p = \frac{\dfrac{m}{m-1}}{\dfrac{k}{k-1}} \tag{7-10}$$

式中　η_p——多变效率，是衡量压缩机是否正常运行和运行是否经济的重要指标。

多变压缩过程的最终温度可按下式计算：

$$T_2 = T_1 \varepsilon^{\frac{m-1}{m}} \tag{7-11}$$

多变压缩过程的理论功率消耗可按下式计算：

$$N = \frac{0.016\,7 p_1 V_1 \dfrac{m}{m-1}\left(\varepsilon^{\frac{m-1}{m}} - 1\right)}{\eta_p} \tag{7-12}$$

式中符号意义如前。

页岩气增压要求广泛，而压缩机是增压过程中的核心设备，压缩机组的投资以及运行费用分别占到压气站总投资和总经营费用的一半左右，因此研究压缩机的多变过程，对于保障现有压缩机系统安全、高效运行、提高经济性和指导设备维护及更换具有重要意义。

2）压缩机排气温度、功率以及中间冷却

（1）排气温度

对于往复式压缩机，排气温度可按绝热公式计算：

$$T_2 = T_1 \varepsilon^{\frac{k-1}{k}} \tag{7-13}$$

上式中，在压缩比一定情况下，混合气体绝热指数越大，经压缩后温度上升值越大。

而对于离心式压缩机，排气温度按多变过程计算：

$$T_2 = T_1 \varepsilon^{\frac{m-1}{m}} \tag{7-14}$$

不管是往复式压缩机，还是离心式压缩机，排气温度计算原理一致，只是在离心式压缩机终温计算中绝热指数k由多变指数m代替。

（2）压缩机功率

对于往复式压缩机，其理论功率可按下式计算：

$$N = 0.016\,7 p_1 V_1 \frac{k}{k-1} \left(\varepsilon_a^{\frac{k-1}{k}} - 1 \right) \tag{7-15}$$

$$\varepsilon_a = \frac{p_2}{p_1 (1 - a_1)(1 - a_2)} \tag{7-16}$$

其中，为了降低计算误差，对压缩机压缩比进行修正，ε_a为考虑到进、排气阀压力损失在内的往复式压缩机实际压缩比。当气体为空气以及密度接近空气的气体，活塞平均线速度为3.5 m/s时，a_1，a_2可由相关文献查得。一般在相同压力的情况下，气体阻力较大时，a_1，a_2的值也较大。

当气体的密度与空气密度相差较大或活塞的线速度不等于3.5 m/s时，应当考虑修正。当活塞平均线速度改变时，式中的a值按下式修正：

$$a' = a \left(\frac{u_m}{3.5} \right)^2 \tag{7-17}$$

式中　u_m——压缩机的活塞速度，m/s；

当气体的密度和空气密度相差较远时，a值按下式修正：

$$a' = a\left(\frac{\rho}{1.293}\right)^{\frac{2}{3}} \tag{7-18}$$

式中　ρ——实际气体的密度，1.293为空气密度。

往复式压缩机的实际消耗功率可按下式计算：

$$N_s = \frac{N}{\eta_g \eta_c} \tag{7-19}$$

式中　η_g——机械效率，对于大中型压缩机其值为0.9～0.95，小型压缩机为0.85～0.9；

η_c——传动效率，采用皮带传动的压缩机传动效率约为0.96～0.99，齿轮传动的传动效率为0.97～0.99，直联时传动效率为1。

在选择原动机的功率N_d时，应考虑10%～25%的余量，即N_d=（1.10～1.25）N_s。

对于离心压缩机，需要研究三个主要参数：多变能量头、马赫数和功率。

① 多变能量头

多变能量头的概念相当于泵的扬程，是指单位质量的被压缩气体经压缩后蕴含的能量与压缩前状态的差值。多变能量头可由下式计算：

$$h_p = \frac{m}{m-1}ZRT\left[\left(\frac{p_2}{p_1}\right)^{\frac{m-1}{m}} - 1\right] \tag{7-20}$$

式中　h_p——多变能量头，kg · m/kg；

Z——压缩系数；

R——气体常数，847.9 kg · m/（kg · K）；

p_1，p_2——与前面公式中意义相同。

② 马赫数

马赫数是气流速度和气体音速的比值，是一个无量纲量，是衡量气体压缩性的最重要参数。

$$M_h = \frac{u_2}{\sqrt{gkRT_1}} \tag{7-21}$$

式中　M_h——马赫数；

u_2——叶轮圆周转速，m/s；

k——气体绝热指数；

g——重力加速度，9.81 m/s^2；

R——气体常数，847.9 kg · m/（kg · K）；

T_1——气体入口温度，K。

在给定介质的情况下，叶轮转速越高则马赫数越大。其值越大，说明气体的压缩性影响越显著。

③ 压缩机的功率

压缩机的功率可用以下方法计算：

$$N = \frac{0.0167 p_1 V_1 \frac{m}{m-1}\left[\left(\frac{p_2}{p_1}\right)^{\frac{m}{m-1}} - 1\right]}{\eta_p} \tag{7-22}$$

式中　η_p——多变效率。

离心压缩机实际消耗功率N_s为：

$$N_s = \frac{N}{\eta_g \times \eta_c} \tag{7-23}$$

η_g为机械效率，一般遵循下列原则：

$N > 2\,000$ kW时，η_g=97% ～ 98%；

N=1 000 ～ 2 000 kW时，η_g=96% ～ 97%；

$N < 1\,000$ kW时，η_g=94% ～ 96%。

η_c为传动效率，当采用直接传动时，η_c=1.0；当采用齿轮传动时，η_c=0.93 ～ 0.98。

（3）压缩机的中间冷却

在矿场集输与处理中，有时工艺要求压缩机能提供较大的压缩比，此时需要进行中间冷却。第一段压缩后的气体经过冷却后，再进入第二段进行压缩，这样既可以降低气体出口温度，又减少功率消耗。对于往复式压缩机，采用中间冷却可以避免气缸温度过高，超过润滑油闪点。对于离心式压缩机，随着各级进口温度的升高，各级的压缩比会下降。因此，在需要较大压缩比的情况下，需要采取中间冷却工艺。在工程处理上，需要在压缩机各级间设置中间冷却器。中间冷却器被形象地比喻为压缩机之肺，它涵盖了所有管式换热器的结构形式，其冷却效果和可靠性直接影响压缩机的气动性能和效率。

采用多级压缩后,当压缩机的各段入口温度相同以及各段压缩比相同时,绝热压缩过程和多变压缩过程的压缩机的理论功率可以按下面公式计算。

对于绝热压缩,其理论功率为:

$$N = 0.0167F \cdot B \cdot p_1V_1 \cdot \frac{k}{k-1}[\varepsilon^{\frac{k-1}{B \cdot k}} - 1] \tag{7-24}$$

式中 F——中间冷却器压力损失校正系数,对于二级压缩,F=1.08;对于三级压缩,F=1.10;

B——压缩级数;

ε——总压缩比。

对于多变压缩过程,理论功率为:

$$N = \frac{0.0167F \cdot B \cdot p_1V_1 \frac{k}{k-1}[\varepsilon^{\frac{k-1}{B \cdot k}} - 1]}{\eta_p} \tag{7-25}$$

其中,上式各符号与式(7-24)意义相同。

2. 真实气体压缩过程

真实气体是对应于假设的理想气体而言,它在压缩过程中遵循如下方程:

$$pV=ZnRT \tag{7-26}$$

式中 p——气体绝对压强,Pa;

V——气体体积,m^3;

Z——压缩因子,表示真实气体偏离理想气体的程度,也能表示真实气体的压缩难易程度;

n——气体的物质的量,mol;

R——比例系数,在摩尔表示的理想气体状态方程中,其值约为(8.314 41±0.000 26)J/(mol·K);

T——气体绝对温度,K。

1）实际气体压缩最终温度

与理想气体不同，真实气体绝热指数$k \neq C_p/C_v$，真实气体压缩遵循下列方程：

$$T_2 = T_1 \varepsilon^{\frac{k_T-1}{k_T}} \tag{7-27}$$

$$p_1 V_1^{k_v} = p_2 V_2^{k_v} = 常数 \tag{7-28}$$

式中　k_T——温度绝热指数；

　　k_v——容积绝热指数。

温度绝热指数k_T可由图7-5根据常压下绝热指数k以及对比温度、对比压力查得（图左半部分曲线从左到右依次p_r=0.1，0.2，…，0.6，0.8的情况；图右半部分曲线从左到右依次k=1.02，1.04，1.06，…，1.66，1.68，1.70的情况）。k_v和k_T以及k的关系可由图7-6查得（曲线从左到右依次为k=1.02，1.04，1.06，…，1.68，1.70，1.72）。

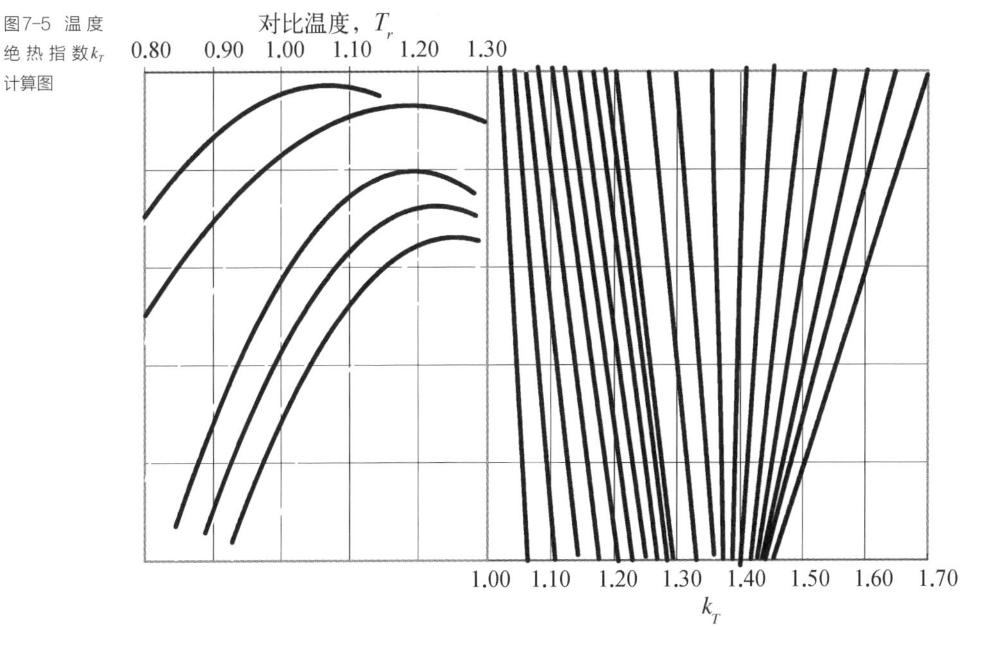

图7-5 温度绝热指数k_T计算图

2）真实气体压缩的功率

对于绝热压缩，其理论功率为：

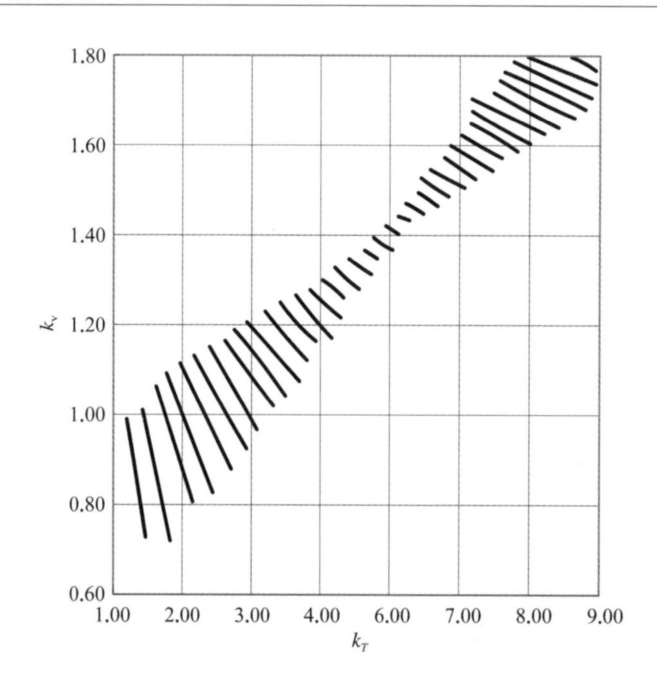

图7-6 k_v和k_T及k的关系图

$$N = 0.0167 p_1 V_1 \frac{k_T}{k_T - 1}\left(\varepsilon^{\frac{k_r - 1}{k_r}} - 1\right) \times \frac{Z_1 + Z_2}{2Z_1} \tag{7-29}$$

式中　Z_1——压缩机进口状态下压缩因子；

Z_2——压缩机出口状态下压缩因子。

7.5 常用压缩机

7.5.1 活塞式压缩机

1. 工作原理

活塞式压缩机主要构件为气缸和活塞，两者共同组成密闭压缩容积。活塞在气缸内做往复运动，使气体在气缸内完成吸气、压缩和排气整个冲程，进排气阀门来控制气体进入和排出气缸。

活塞式压缩机的气缸有单作用和双作用两种，单作用气缸只有一侧才有进、排气阀，活塞经过一次往复循环，只能压缩气体一次；双作用的气缸两侧均有进、排气阀，活塞往复运动时，吸气和排气在两侧交替进行，一侧进行压缩排气，另一侧进行吸气。

2. 排气量和供气量

1）排气量计算

排气量是指在压缩机排气端口测得的单位时间内排出的气体体积，换算到第一级进气条件下（压力、温度、湿度）的值。供气量是指排出的气体在标准大气压和273 K或293 K温度条件下计算的干燥气体的容积值。排气量和供气量有如下关系：

$$V_s = \frac{p_0 T_0}{(p_s - \phi p_{sa})\ T_s} V \tag{7-30}$$

式中 ϕ——进气状态下的相对湿度，%；

p_{sa}——进气温度条件下的饱和蒸气压，kPa；

p_0——标准大气压，p_0=101.325 kPa；

T_0——视规定条件下的温度，一般T_0=273 K或T_0=293 K；

p_s——进气压力，kPa；

T_s——进气温度，K；

V——供气量，m^3/min。

2）排气量调节

为了保证压缩机排气量与生产要求以及系统参数匹配，必须对排气量进行调节。活塞式压缩机的排气量调节分为间断调节和连续调节。

（1）间断调节。压缩机定时停转，截止进气，减荷阀空转调节，进排气管连通，连接不变辅助容积等。

（2）连续调节。改变转速、部分行程顶开进气阀门、连接可变辅助容积等。

① 改变转速。主要在以天然气发动机为驱动机的压缩机上应用，转速的可调范围为额定转速的60%～100%。低于额定转速下运行时，效率降低。

② 顶开进气阀。有完全顶开进气阀和部分行程顶开进气阀。前者只能进行间

断调节。

部分行程顶开进气阀的装置通过手轮调节弹簧的弹簧力，改变阀片开启程度，达到连续调节的目的。顶开进气阀调节的经济性良好，但阀片因受额外的负荷，寿命较短，密封性较差，常在大中型压缩机中使用。部分行程顶开进气阀的调节量能达到全气量的30%～40%。

③ 连接可变辅助容积。为可变容积的余隙阀，通过手轮改变余隙活塞的位置，从而改变余隙缸的容积，进行排气量的分级调节。这种方式的使用可靠性和经济性好，多用于大型压缩机。

7.5.2 离心式压缩机

1. 工作原理

离心压缩机的级由叶轮及与其相配合的固定元件组成。每两次中间冷却或抽气、加气之间的级称为段。每个机壳所包含的机器本体称为缸。

离心式压缩机叶轮旋转时，气体自轴向进入，在离心力作用下以很高的速度被甩出叶轮，进入扩压器中，由于扩压器流通面积逐渐增大，从而使气体的速度降低而压力提高，机械能转化为压力能。随后，气体被第二级吸入，进一步提高压力，以此类推直到达到额定压力。

2. 离心压缩机的流量调节

(1) 改变转速。随着转速的改变，压缩机的特性曲线相应改变，从而达到流量调节的目的。

改变转速的调节方法是几种调节方法中最省功的办法，但要受驱动机的限制。当压缩机采用燃气轮机作为驱动机时，宜采用此种调节方法。

(2) 排气管节流。在压缩机排气管上安装调节阀，来改变压缩机出口处压力，从而调节压缩机流量。

(3) 进气管节流。该方法与排气管节流方法原理相近，但比排气管节流更易操作，调节气量范围更广泛，同样可以节省功率消耗。用电动机驱动的压缩机一般常用此方法调节气量，对大气量机组可节省功率5% ～ 8%。

（4）进气管装导向片。在压缩机的叶轮进口处安装导向片，使气流变更流向，从而改变机组的排气压力和输气量。这种方法比进口节流效率高，但结构复杂。

（5）旁路或放空调节。当生产要求的气量比压缩机排气量小时，但其剩余部分经冷却器返回到压缩机进口的方法叫旁路调节。此方法一般用来防止喘振现象，很少单独采用。

3. 工作中的异常现象

1）喘振

所谓喘振是离心压缩机的一种特殊现象。任何离心压缩机按其结构尺寸，在某一固定的转速下，都有一个最高的工作压力，在此压力下有一个相应的最低流量。当离心压缩机出口的压力高于此数值时，就会产生喘振。工艺流程中一切使压缩机出口压力升高，以及使压缩机进口压力降低的因素，都能使通过压缩机的流量减小，到一定程度就会出现喘振。例如三甘醇脱水和浅冷集气装置中的压缩机，当其空气冷却器结冰、积炭使其压力升高时，就会引起压缩机出口压力升高，严重时出现喘振。因此，空气冷却器压差升高应作为发生喘振现象的报警参数。再比如压缩机排气管线中的止回阀失灵，堵塞管道也会发生喘振。

发生喘振时，压缩机组剧烈振动，并伴随着异常噪声，而且是周期性地发生；与机壳相连接的出口管线也随之发生较大的振动；进口管线上的压力表指针大幅度摆动；出口止回阀处发生周期性的开和关的撞击声响；主电动机的电流表指针大幅度摆动；操作仪表上流量表等也发生大幅度摆动。上述现象会使压缩机受到损坏，破坏影响主要有：破坏压缩机密封性，使润滑油窜入流道，影响冷却器和冷凝器效率；严重的喘振会造成转子轴窜动，烧坏止推轴瓦，叶轮有可能被打碎；在喘振极严重情况下，会损伤齿轮箱、电动机以及连接压缩机的管线和设备。

为了避免喘振的发生，必须使压缩机的工作点远离喘振点，使系统的操作压力低于喘振压力。生产实际中需要的气体量低于喘振点流量时，为避免喘振发生，可采用循环的方法，即：使压缩机出口的一部分气体经冷却后，返回压缩机进口。

由于离心压缩机工作中有喘振问题，流量范围受到限制，因此选用过大的压缩机并无益处。若选用过大压缩机，为避免喘振发生，就必须大量循环或放空气体，造成不必要的功率消耗。

2）自振

离心压缩机轴由于自身重力作用，在静止状态以及转动过程中是弯曲的，即：轴的转动中心和轴中心不可能在同一中心线上，一般偏差在0.03 ～ 0.05 mm。由于中心偏差，轴在转动过程中会有一个离心力，使自身发生振动，称为自振。发生自振的同时，离心力会使转子发生振动，称为强迫振动。自振频率和轴的刚度以及几何尺寸等参数相关，强迫振动的次数决定于转子的转速。当强迫振动与轴的自振频率相同时，会产生共振，此时的压缩机转速叫做临界转速。在临界转速条件下，机器的振幅达到最大，对机器的破坏性也达到最大。因此，在压缩机启动和运转时，应尽量避免压缩机在临界转速下工作。

离心压缩机的临界转速是轴本身的一种特性，而且临界转速不止一个，转速较低的叫第一临界转速，转度较高的叫第二临界转速。

一般情况下，当压缩机在第一临界转速以下运转时，其工作转速应不大于第一临界转速的70%，即：

$$\text{工作转速} \leqslant 0.7\,\text{第一临界转速}$$

当压缩机在第一临界转速和第二临界转速之间工作时，应使：

$$1.3\,\text{第一临界转速} \leqslant \text{工作转速} \leqslant 0.8\,\text{第二临界转速}$$

在第一临界转速下工作的压缩机，启动和停车时不经过第一临界转速，受振动影响小，较为安全。但是实际应用中，大部分压缩机在第一临界转速和第二临界转速之间工作，为避免压缩机受到较大破坏，应在启动和停车时，使工作转速迅速通过第一临界转速。

7.5.3 螺杆式压缩机

1. 工作原理

螺杆式压缩机按运行方式不同可分为无油螺杆和有油螺杆两类。无油螺杆也称干式螺杆,主动转子通过同步齿轮带动从动转子。有油螺杆中,主动转子直接驱动从动转子,结构简单。

在螺杆式压缩机的转子每个运动周期内,某一个工作容积中的气体因容积缩小而被压缩,压力升高。在这个工作容积与排气口连通之前(包含连通瞬间),此容积内气体压力称为内压缩终了压力。内压缩终了压力与进气压力的比值,称为内压缩比。而排气管内的气体压力与进气压力的比值,称为外压缩比。内压缩比受进、排气口的位置和形状影响。外压缩比受运行工况或工艺流程所要求的进、排气压力影响。与一般活塞式压缩机不同的是螺杆式压缩机的内、外压缩比彼此可以不相等。当内、外压力不相等时,将引起附加能量的损失,同时伴随着周期性排气噪声。

2. 排气量调节

螺杆压缩机的调节方法有:变转速调节、停转调节、控制进气调节、进排气管连通调节、空转调节以及滑阀调节等,这里主要对变转速调节和滑阀调节进行简要介绍。

1)变转速调节

螺杆式压缩机的排气量和转速成正比。变转速调节的主要优点是整个压缩机的结构不需要任何调整,气体在压缩机内部的工作过程基本相同。如果不考虑相对泄漏量的变化,压缩机的功率下降值是与排气量的减小值成正比关系的。因此,变转速调节经济性良好。由于螺杆压缩机有其自身的最佳转速,过分低于最佳转速时,运行效率将大大降低,通常调速范围为额定转速的60% ~ 100%。

2)滑阀调节

滑阀调节与活塞式压缩机的部分行程顶开进气阀调节基本原理相似,通过减短螺杆的有效轴向长度,以达到有效排气量的目的。

滑阀调节具有以下特点:

(1)调节范围宽广,可以在10% ~ 100%的排气范围内进行无级调节。

(2)调节经济性好,在10% ~ 100%的排气范围内,驱动机消耗的功率几乎随压缩机排气量的减少而成比例下降。

(3)调节方便,适用于工况变化频繁的场合。

第 8 章

压裂返排液地面处理及再利用

8.1 概述

8.1.1 水力压裂主要工作内容

由于页岩气藏岩性特别致密，对作业井的压裂特征参数不清楚，试验潜在风险高、难度大，加上页岩气藏压裂作业井规模大、排量高，需要动用的设备也多，在工艺设计、地面配套等方面需要进行针对性的分析。与常规油气的水力压裂相比，页岩气藏压裂作业属于高排量（>10 m^3/ min）、超大规模（>2 000 m^3），因此对于注入设备选型提出很高要求。

根据chesapeake经验，水力压裂一口水平井，平均需要3 785 m^3的水量。作业者通常在中等深度（一般在5 000 ～ 10 000英尺，约1 524 ～ 3 048 m）的高压页岩中泵入低黏度水基减阻流体和支撑剂进行增产处理。高压条件下泵入的液体在页岩中形成裂缝。这些裂缝可以从井筒向外在页岩中延伸上千英尺，从而达到驱气的效果。通过水力压裂，水和沙子的混合物在高压下被注入页岩气井，并在岩石中形成细小的裂纹，并将页岩气带至地表。

美国Barnett页岩气大型水力压裂作业现场，将100多个装满水的罐运往井场并放置在井场周围。泵送装置、管汇和监测设备等则被放置在井场中心周围。

压裂设备和工具是完成压裂施工的重要部件。随着压裂工艺的不断发展，对设备工具的要求也越来越高。为此，国内外制造了许多专门的水力压裂设备及工具。压裂用的动力机械设备很多，仅专用特殊施工车辆就达数十辆之多。这些设备能造成高压条件，泵送高压液体，快速均匀搅拌混沙液体。根据它们在压裂施工中的不同功能，其关键装备主要有压裂车、混砂车、平衡车、仪表车等。

8.1.2 压裂液组成成分

压裂液中水含量约90%，沙含量约9%，化学添加剂约1%。用于高压液中的化学添加剂有250余种，常用的有减阻剂、杀菌剂、除氧剂、碳化物稳定剂、稀醛液等，图8-1是一种水力压裂的压裂液体积组分图例。

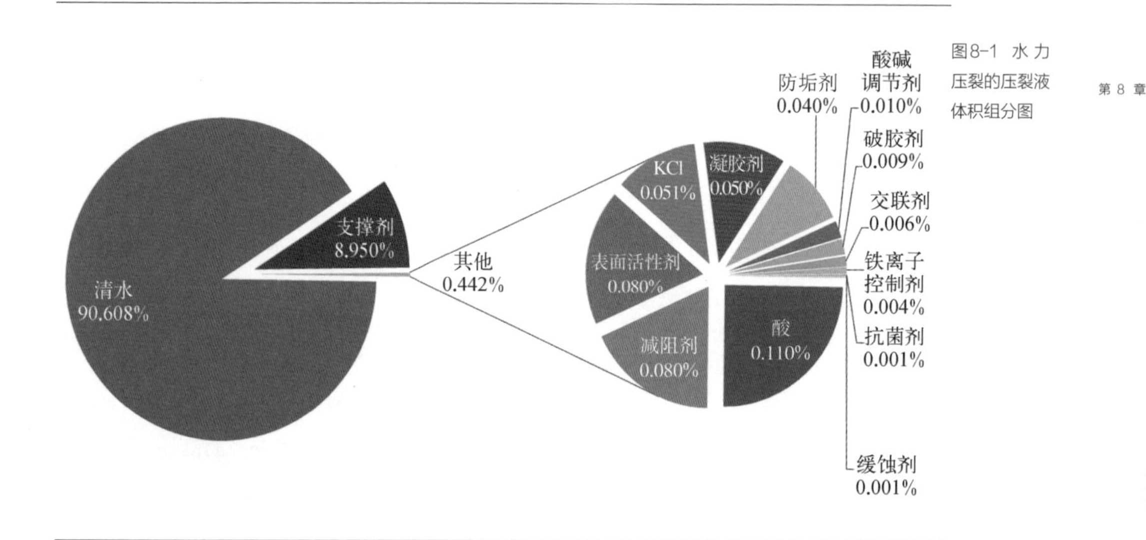

图8-1 水力压裂的压裂液体积组分图

8.1.3 水力压裂消耗水量

水力压裂技术需要消耗大量水资源且不可回收。每口井需要消耗7 500～19 000 m^3的水，其中的25%～30%将要回流到地面，水力压裂井比传统的井需要更多的水。在美国密歇根的Antrim页岩气田，一个传统的井一次需要190 m^3的水。然而据估计如果是水平钻井，一个水力压裂井一次需要190 000 m^3的水，大约是一个1 000 MW煤电站12 h的用水量。北美平均每口页岩气井压裂需耗费水量约15 000 m^3。

8.1.4 压裂返排液再利用的目的

在页岩气开采中，需要在一开始就对初始阶段生成的大量返排水进行处理，否则会造成环境污染和资源浪费，页岩气生成的水往往具有较高盐度。表8-1是常规油气产出水和页岩气出水的比较。

表8-1 常规油气和页岩气出水量比较

	常规油气	页岩气
出水量	最初出水量非常低	初期出水量很高，仅仅几周就达到4 546 m^3/d
	水的比例逐渐增加，直到大量出水	这种高水量迅速下降为少量产出水，约8 m^3/d
出水特点	主要是地层中的自然水	返排水主要是压裂过程中注入的水
	产出水随油气一起产出	返排水的特点是其含盐度高（溶解固体总量的水平）

1. 压裂返排液再利用可产生的经济效益

页岩气高效开发的关键技术是水平钻井和水力压裂，一个典型的页岩气水平钻井在钻探和水力压裂过程中需要使用4 000 ～ 15 000 m^3水，其中70% ～ 90%的水在过程中消耗。而返排液经过水处理设施后进行净化，处理后的水可重复用于钻井或水力压裂，处理后的淤泥可通过无害化处理埋存至地下。通过水资源的重复获取利用，可以降低25%的水资源成本。

2. 压裂返排液再利用可减少环境污染

为了减少水力压裂带来的环境破坏，在每次压裂完成之后，对压裂返排液进行回收和重新利用，是一项比较重要的补救措施。美国许多页岩气钻井就建在传统天然气生产场所附近，因此，压裂后的水能够被回收和处理，并利用到下次水力压裂中。据估计，美国页岩气钻探中，大约有70%的水来自水力压裂回收的水。

因为水力压裂技术应用于工业，众所周知，会使用大量水和造成水污染问题，水污染对居住地区甚为敏感。压裂返排液含有用于水力压裂处理的化学添加剂和自然产生的浓盐水，有时候有少量的放射物质，比如镭。返排液必须要妥善处理才能避免对公共健康和环境的危害。美国14家油气公司过去5年中使用了约2.95×10^6 m^3压裂添加剂，包括750种化学产品和苯及铅等有毒物质。压裂返排液如果未及时处理或造成泄漏，对生态环境的影响将不可低估。环保人士和当地居民长期以来都认为，此举会使地下水受到甲烷和其他化学物质的污染。

8.2 压裂返排液

8.2.1 压裂返排液的水质特征

由于压裂液化学添加剂有250余种，压裂液在进入地层后，经历了高温高压，与地层水和地层矿物组分充分接触后，返排时物理和化学性质会发生改变，且此变化很难预测。经过水力压裂后，其返排液还夹带着溶解的固体颗粒（氯、硫酸盐和钙），金属（钙、镁、钡、锶），及来自地下岩层的放射性物质和盐类，在开采不同类型页岩气时所采取的压裂液的化学成分各不相同，其返排液也各不相同。压裂返排液的化学成分具有多样性，如表8-2是美国不同压裂井返排液的组成成分。

表8-2 美国不同压裂井返排液化学成分比较

参　数	压裂返排液 1/（mg/L）	压裂返排液 2/（mg/L）	压裂返排液 3/（mg/L）	压裂返排液 4/（mg/L）
钡	7.75	2 300	3 310	4 300
钙	683	5 140	14 100	31 300
铁	211	11.2	52.5	134.1
镁	31.2	438	938	1 630
锰	16.2	1.9	5.17	7
锶	4.96	1 390	6 830	2 000
TDS	6 220	69 640	175 268	248 428
TSS	490	48	416	330
COD	1 814	567	600	2 272

8.2.2 压裂返排液再利用水质量要求

一个典型的页岩气水平钻井在钻探和水力压裂过程中需要使用4 000 ～ 15 000 m^3水，其中70% ～ 90%的水在过程中消耗。而返排液经过水处理设施后进行净化，处理后的水可重复用于水力压裂，处理后的淤泥可通过无害化处理埋存地下。通过水资源的重复获取利用,可以降低25%的水资源成本(表8-3)。

表8-3 压裂返排液再利用水质量要求

组　成	浓度/(mg/L)
氯	3 000 ～ 9 000
钙	350 ～ 1 000
钡	忽略
悬浮固体物	<50
石油和可溶性有机物集合	<25
细菌	Cells/100 mL<100

8.2.3 压裂返排液量规模

页岩气开采所使用的压裂液中,90%都是水,在压裂结束后,约有30% ～ 70%的压裂液会被抽回地面,称之为“返排液”。

按北美平均每口页岩气井压裂需耗费15 000 m^3的水量计算,按返排液量是压裂水量的30% ～ 70%计,每口井在整个生命周期将产生4 500 ～ 10 500 m^3的有毒废水,并且废水中的有毒盐水浓度是海水浓度的6倍。

8.3 压裂返排液再利用地面处理技术

8.3.1 国内外油田污水处理技术与工艺现状

1. 油田采出水污染物

(1) 悬浮固体和胶体: 泥沙、各种菌、胶质沥青质等;

（2）油：分散油、乳化油和浮油；

（3）溶解物质：钙镁离子等。

2. 目前国内外石油开采中，处理含油污水通常采用的工艺路线有以下几种。

（1）物理方法：调节、隔油、气浮、沉降、旋流、过滤、出水；

（2）化学方法：调节、中和、絮凝、出水；

（3）物理+化学方法：调节、隔油、絮凝、沉降、过滤、出水；

（4）物理+化学+生物法：调节、隔油、絮凝、厌氧、好氧、沉降、过滤、出水。

3. 油田污水处理方法

针对油田不同污水中污染物质的特征，油田常用的采油污水处理方法可按其作用原理分为三大类：物理处理法、化学处理法和生物处理法。

1）物理处理法

物理处理主要是物理作用，物理处理法的重点是去除污水中的矿物质和大部分固体悬浮物、油类等。物理法主要包括重力分离、离心分离、过滤、膜分离、吸附、气浮、水力旋流、粗粒化聚结、蒸发等方法。

（1）膜分离法：利用膜将水中的物质（微粒或分子或离子）分离出去的方法统称为水的膜分离技术。在膜分离技术中，使水中的物质透过膜来达到处理目的时称为渗析，使水透过膜来达到处理目的时称为渗透。膜分离技术有渗透、电渗析、反渗透、扩散渗透、纳滤、超滤、微孔过滤等。膜过滤法工艺流程简单，处理效果好，出水一般不带油，但处理量较小，不太适合大规模污水处理，而且过滤器容易堵塞。

① 电渗析：电渗析是在外加直流电场作用下，利用离子交换膜的选择透过性（即阳膜只允许阳离子透过，阴膜只允许阴离子透过），使水中阴阳离子做定向移动，从而达到离子从水中分离的一种物理化学过程。电渗析法常用于水中脱盐，例如进行苦咸水的淡化，或为制作纯水的前处理等。

② 反渗透：如果把纯水和水溶液用半透膜隔开，半透膜只容许水透过而不容许溶质透过，这时就可以看到水透过膜流动的现象。若是纯水和溶液都处于同一压力下，则水将透过膜从纯水一侧流入溶液的另一侧，这种现象称为渗透。在不附加外力的情况下，渗透现象一直进行到溶液一侧的水面高出纯水一侧水面的高度

产生的静水压力恰好可抵消水由纯水向溶液流动的趋势，在溶液一侧外加的压力若超过溶液的渗透压，就会产生一种相反的现象，使渗透改变方向，溶液一侧的水将透过膜而流向纯水的一侧，这种现象称为反渗透。反渗透可用于海水和苦咸水淡化，在工业废水处理中也可用于有用物质的浓缩回收。反渗透膜多为致密膜、非对称膜和复合膜，目前用于水处理的反渗透膜主要有醋酸纤维素（CA）膜和芳香族聚酰胺膜两大类。

③ 超滤、微滤：超滤又称超过滤，用于截留水中胶体大小的颗粒，而水和低相对分子质量的溶质则允许透过膜。其机理是筛孔分离，因此可根据去除对象选择超滤膜的孔径。当膜的孔径增大到0.2 μm以上时，称为微滤膜，主要去除微粒、亚微粒和细粒物质，又称精密过滤。水经微滤膜过滤时，微滤膜通过筛选作用，可去除尺寸大于膜孔的颗粒物，所以尺寸小于膜孔的无机盐和有机物都难于被截留，细菌也只能被部分地截留，所以微滤膜主要能去除颗粒尺寸比膜孔更大的黏土、悬浮物、藻类、原生生物等。超滤：用于去除污水中的大分子物质和微粒。

（2）吸附法：吸附法是利用吸附剂的多孔性和较大的比表面积，将油田污水中的溶解油和其他溶解性有机物吸附在表面，达到油水分离的目的。在污水处理中，吸附法处理的对象是污水中用生化法难以降解的有机物或用一般氧化法难以氧化的溶解物，包括木质素、氯或硝基取代的芳烃化合物、杂环化合物、洗涤剂、合成染料、除锈剂、DDT等。当适用活性炭等对这类污水进行处理时，它不但能吸附这些难以分解的有机物，降低COD，还能使污水脱色、脱臭，把污水处理到可重复利用的程度。所以吸附法常用于含油污水的深度处理。其最新研究进展体现在高效、经济吸附剂的开发与应用。磁吸附分离法是其最新研究成果。常用吸附剂有活性炭、硅藻土、铝矾土、磺化煤、矿渣以及吸附用的树脂等，其中活性炭最为常用。

（3）浮选法：浮选法又称气浮法，是一种固-液分离或液-液分离。它是通过某种方法产生大量的微细气泡，使其与污水中密度接近于水的固体或液体污物微粒黏附，形成密度小于水的气浮体，在浮力作用下，上浮至水面形成浮渣而实现固-液分离或液-液分离。因此，实现气浮分离必须具备三个条件：第一，必须向污水中提供充足的微细气泡；第二，必须使污水中的污染物质能形成悬浮状态；第三，必须使气泡与悬浮颗粒物质产生黏附作用。

在污水处理中，气浮法应用广泛：① 分离地面水中的细小悬浮物、藻类及微絮体；② 分离回收含油污水中的悬浮油和乳化油；③ 分离回收以分子或离子状态存在的目的物，如表面活性物质和金属离子；④ 代替二次沉淀池，分离和浓缩剩余活性污泥，特别适于易产生污泥膨胀的生化处理工艺中。

（4）水力旋流法：水力旋流法是国外20世纪80年代末开始开发和应用的高效除油法，有压力式和重力式两种，其设备固定，液体依靠水泵压力或重力由切线方向进入设备，造成旋转运动产生离心力。

（5）粗粒化聚结法：粗粒化法（亦叫聚结法）是使含油废水通过一种填有粗粒化材料的装置，使污水中的微细油珠聚结成大颗粒，达到油水分离的目的。本法适用预处理分散油和乳化油。其技术关键是粗粒化材料，从材料的形状来看，可分为纤维状和颗粒状；从材料的性质来看，许多研究者认为材质表面的亲油疏水性能是主要的，而且亲油性材料与油的接触角小于70°为好。当含油废水通过这种材料时，微细油粒便吸附在其表面上，经过不断碰撞，油珠逐渐聚结扩大而形成油膜。最后在重力和水流推力下，脱离材料表面而浮升于水面。粗粒化材料还可分为无机和有机两类。外形可做成粒状、纤维状、管状或胶结状。聚丙烯、无烟煤、陶粒、石英砂等均可作为粗粒化填料。粗粒化除油装置具有体积小、效率高、结构简单、不需加药、投资省等优点，缺点是填料容易堵塞，因而降低除油效率。

（6）蒸发法：污水的蒸发法处理是指加热污水，使水分子大量汽化逸出，污水中的溶质被浓缩以便进一步回收利用，水蒸气冷凝后可获得纯水的一种物理化学过程。主要用于浓缩高浓度有机污水，浓缩放射性污水，浓缩废酸、废碱等。污水进行蒸发处理时，既有传热过程，又有传质过程。根据蒸发前后的物料和热量衡算原理，可以推算蒸发操作的基本关系式。

常用的蒸发处理可按两种方法进行分类：① 根据二次蒸汽是否利用，可分为单效蒸发和多效蒸发两种。单效蒸发的特点是二次蒸汽不再利用，冷凝后直接排放，主要用于小批量、间歇生产的情况；多效蒸发的特点是将几个蒸发器按一定方式组合起来，将前一个蒸发器所产生的蒸汽引到后一个蒸发器中作为热源使用，其中每一个蒸发器称为一效，凡通入加热蒸发器称为第一效，用第一效的二次蒸汽作为加热剂的蒸发器称为第二效，依此类推。多效蒸发主要用于大规模的连续生产。② 根据操作压力不同，可分为常压蒸发、加压蒸发和减压蒸发三种。

（7）结晶法：是指通过蒸发浓缩或者降温冷却，使污水中具有结晶性能的溶质达到过饱和状态，让多余的溶质结晶析出，加以回收利用。

结晶方法主要有两种：① 蒸发结晶法，对于溶解度随温度降低而变化不大的物质结晶，如NaCl、KBr等，常采用去除一部分溶剂的结晶法，即溶液的过饱和状态是通过溶剂在沸点时的蒸发或在低于沸点时的汽化而获得。② 冷却结晶法，对于溶解度随温度降低而显著降低的物质结晶，常采用不去除溶剂的结晶法，即溶液的过饱和状态通过降温冷却获得。

结晶法在污水处理中主要是回收卤水中的盐类。

（8）热蒸馏法：蒸馏操作是通过对混合物加热建立汽、液两相体系，所得的汽相还需要再冷凝液化。蒸馏过程适用于各种浓度混合物的分离，平衡蒸馏又称闪蒸蒸馏，简称闪蒸，是一种连续、稳定的单级蒸馏操作。被分离的混合液先经加热器加热，使之温度高于分离压力下料液的泡点，然后通过减压阀使之压力降低至规定值后进入分离器。过热的液体混合物在分离器中部分汽化，将平衡的汽、液两相分别从分离器的顶部、底部引出，即实现了混合物的分离。

热蒸馏法在处理可溶性固体溶液方面是一项很成熟的技术，加热的蒸汽通过热交换器冷凝，产生纯净的水，对于浓度达到300 000 mg/L的固相溶液，利用结晶法处理返排液是可行的，但耗能高，投资大。

2）化学处理法

化学絮凝法、水解酸化法和化学氧化法是经常采用的化学方法。化学法主要用于处理废水中不能单独用物理法或生物法去除的一部分胶体和溶解性物质，特别是含油废水中的乳化油。包括混凝沉淀、中和、化学氧化和还原、离子交换等。化学处理法主要用于去除乳化油，一般是直接用化学药剂来削弱分散态油珠的稳定性。

（1）水解酸化法：水解酸化法是在水解菌的作用下，难降解的大分子有机物发生开环裂解或断链，最终转化为易生物降解的小分子有机物，从而提高油田污水的可生化性，减少后续处理负荷。该方法需要和生化法结合使用，形成水解酸化－生化处理工艺。

（2）化学氧化法：化学氧化法是在催化剂作用下，用化学氧化剂将污水中呈溶解状态的无机物和有机物氧化成微毒或无毒物质，使之稳定化或转化成易于与水分离的形态，以提高其可生化性。化学氧化法包括臭氧法、UV/O_3氧化法、UV/H_2O_2氧化法和催化氧化法等，一般作为预处理技术或与其他方法联用。超临界水氧化技术因其快速和高效的优点，近年来得到了迅速发展。

（3）化学絮凝法：化学絮凝法普遍应用于各油田，一般作为预处理技术与气浮法联合使用。常用的絮凝剂有无机絮凝剂、有机絮凝剂（合成类有机高分子和天然改性类有机高分子絮凝剂）和复合絮凝剂。有机高分子絮凝剂具有用量少、效率高、处理速度快和产生污泥量少等优点，因此近年来研究发展迅速，在油田污水处理中研究及运用较多。

3）生物处理法

生物处理法利用微生物的生物化学作用使污水得到净化，包括厌氧生物处理法和好氧生物处理法（即活性污泥法、生物膜法、接触氧化法、纯氧曝气法等）。生物法处理应是污水处理的首选工艺，不仅因为该方法具有彻底去油和成本低的特点，同时还因为微生物法处理的污水有利于保持污水水质的稳定。生物法在开放处理系统中通入空气，使污水处于有氧状态，当有氧存在时，可大幅度抑制硫酸盐还原菌等厌氧菌的生长。同时，在生化处理过程中，微生物消耗污水中大部分微生物所需的营养，当污水处理好后，污水中因没有微生物生长所需要的营养基础，在储存和输送过程中，有害的微生物不能继续生长，这样可在很大程度上减轻污水的沿程恶化问题。对含油污水分离和筛选优势菌种的研究是生化法的发展方向。

4）各种污水处理方法比较

油田污水处理的方法虽然很多，但每种方法都有其局限性（表8-4），物理法和生物法一般需要专门的设备，需要消耗动力；化学法要使用化学试剂；从各自技术特点来看，物理法既可用于预处理，如浮选法、沉淀工艺，也可用于精细处理，如精细过滤；化学法只能辅助物理法使用；生物法主要用于除油过程，其特点是可以彻底除油，一般用于精细处理，这是物理化学法不能代替的，在炼化行业已广泛使用。

表8-4 各种污水处理方法对比表

处理方法			适用范围	去除粒径/μm	优点	缺点	作用
物理法	膜分离法	电渗析	乳化油 溶解油	>60	处理水质好，设备简单，不产生含油污泥	需先进行过滤，膜清洗困难，运行费用高	水中脱盐，海水淡化
		反渗析					城市污水深度处理
		超滤、微滤					污水中的大分子物质和微粒
物理法	吸附法		溶解油	<10	处理水质好，设备占地少	吸附剂再生困难，投资高	难以降解的有机物或难以氧化的溶解物，污水深度处理
	浮选法		分散油 乳化油	>10	处理效果好，工艺成熟	占地面积大，浮油难处理	细小悬浮物、藻类及微絮体，金属离子，
	蒸发法			<200	设备简单	需先进行过滤或化学沉淀，维修困难	浓缩高浓度有机污水、放射性污水、废酸、废碱
	结晶法						回收卤水中的盐类
	热蒸馏			<10	处理效果好，不需要预处理	技术复杂，设备占地大，操作费用高，投资大	重金属离子，降低总矿化度
	水力旋流法		乳化油 分散油		处理量大，效率高，设备小，工艺成熟	处理水质不稳定，处理黏度不高，操作费用高	除油
	聚结法		分散油 乳化油	>10	处理效果好，设备小	滤料易堵	除油
化学法	化学氧化法		乳化油	>10	处理效果好，设备小	设备投资高，操作费用高	用于预处理，和其他污水处理方法联合使用
	化学絮凝法		乳化油	>10	处理效果好，工艺成熟	药剂用量大，污泥难处理	用于预处理，和浮选法联合使用

（续表）

处 理 方 法			适 用 范 围	去除粒径 / μm	优　　点	缺　　点	作　　用
生物法	厌氧法		溶解油	<10	处理成本低，污泥量少	设备处理时间长，出水须进一步处理	
	好氧法		溶解油	<10	处理水质好，工艺设备简单，处理成本低	基建费用高	

4. 污水处理方法的选择原则

油田污水的污染物是多种多样的，往往不可能用一种处理单元就能把所有的污染物质去除干净。一般一种污水往往需要通过几个处理单元组成的处理系统处理后，才能达到排放或回注要求。采用哪些方法或哪几种方法联合使用需根据污水的水质和水量、排放或回注标准、处理方法的特点、处理成本和回收经济价值等，通过调查、分析、比较后才能决定，必要时还要进行小试、中试等试验研究。所以污水处理的方法选择有三个原则：一是保证污水处理达标，二是尽量降低处理成本，三是选用成熟的污水处理技术。通常油田采出水处理在技术上将上述处理方法分为初级处理、二级处理和三级处理。

1）初级处理

初级处理属于预处理，用于去除污水中的浮油和部分悬浮状态的污染物质，通过中和调整污水的pH，减轻污水的腐化程度和后续处理工艺负荷的处理方法。主要手段有：油水分离、絮凝沉降、浮选、中和。经初级处理后可部分去除悬浮物，但一般不能去除污水中呈溶解状态和胶体状态的有机污染物。初级污水处理工艺的目标主要是油田产出水处理后回注。

2）二级处理

二级处理主要采用生物化学处理方法除去污水中大量的有机污染物。主要方法有：活性污泥法、曝气法、氧化塘法、生物滤池及厌气处理，经过二级处理后，污水中大部分悬浮物、化学需氧量（COD）、生化需氧量（BOD）已被去除。但仍不能去除一部分生物不能分解的有机物和溶解性无机物，还残留有磷、氮和大量病菌。污水经过初级处理后，可以有效地去除部分悬浮物，BOD也可以去除一部分，但一般不能去除污水中呈溶解状态的和呈胶体状态的有机物和氧化物、硫化物等有毒物质，不能达到污水排放标准。因此需要进行二级处理。二级处理可以去除污水中大量BOD和悬浮物，在较大程度上净化污水，对保护环境起到了一定的作用。但随着污水量的不断增加，水资源的日益紧张，需要获取更高质量的处理水，以供重复利用或补充水源，为此，有时需要在二级处理的基础上，再进行污水三级处理。二级污水处理工艺的目标是对油田产出水进行处理后达标外排。

3）三级处理

污水三级处理又称污水深度处理。它多采用化学和物理方法，经三级处理后的出水可重复利用。主要方法有：离子交换、电渗析、超滤、反渗透、活性炭吸附、臭氧法等。目的是为进一步去除二级处理未能去除的污染物质，其中包括微生物以及未能溶解的有机物或磷、氮等可溶性无机物。三级处理是深度处理的同义词，但两者又不完全一致。三级处理是经二级处理后，为了从污水中去除某种特定的污染物质，如磷、氮等而补充增加的一项或几项处理单元；深度处理则往往是以污水回收、重复利用为目的，而在二级处理后所增设的处理单元或系统。三级处理耗资大，管理复杂，但能充分利用水资源。完善的三级处理由除磷、脱氮、去除有机物（主要是难以生物降解的有机物）、病毒和病原菌、悬浮物和矿物质等单元过程组成。根据三级处理出水的具体去向、其处理流程和组成单元是不同的。三级污水处理工艺的目标是油田产出水处理后主要用于稠油蒸气驱动的锅炉回注水等。

8.3.2 压裂返排液再利用地面处理技术

1. 压裂返排液污染物

根据前边对压裂返排液的描述，把压裂返排液污染物归纳为以下六点：

（1）溶解性固体总量（也称总含盐量，TDS）：高盐度会影响钻井液中某些降阻剂的效力，产生不利的沉淀析出。大多数情况下，返排液和生成水的总溶解固体浓度高于新压裂液的理想浓度。

(2) 总悬浮固体颗粒(TSS): 返排液的处理程度应使悬浮固体不会导致注入系统结垢或孔隙堵塞。

(3) 金属含量: 应对成垢的化学品(包括钡、钙、镁)进行限制,防止其对设备和基础设施造成负面影响。

(4) 细菌、降阻剂和其他添加剂。

(5) 烃类(轻质油和CH_4)及各种可溶性有机物。

(6) 放射性物质及淤泥。

2. 压裂返排液处理方法研究成果与不足

国内外针对页岩气开发水力压裂返排废液处理方法已进行了多年的持续研究,具有一定的理论水平和实际应用能力。主要处理方法包括物理化学法、高级氧化法以及生物化学法。

1) 物理化学法

物理化学法是综合运用物理和化学原理使废液得到净化的处理方法,主要可去除废液中的胶体和其他溶解性物质,特别是含油废液中的乳化油。常用的物理化学法包括混凝沉淀法和吸附法。

(1) 混凝沉淀法是向返排废液中添加絮凝剂和助凝剂等水处理剂来破坏胶体物质的稳定性,使胶体物质经历脱稳、碰撞、聚集,从而生成较大絮凝体,易于废液过滤分离的方法。反应过程中包括双电层压缩、静电中和、吸附架桥、沉淀网捕等作用机理,同时利用重力或离心力实现污染物的有效去除。其中,影响混凝沉淀法处理效果的重要因素是絮凝剂和助凝剂的配方。絮凝剂包括聚合氯化铝、硫酸铝、三氯化铁等水处理剂,助凝剂包括聚丙烯酰胺、硅酸钠等水处理剂。目前,该处理方法在去除石油类物质、溶解性物质上有一定的效果,但实际运用中依然存在不足,如添加水处理剂量大,操作步骤复杂,处理剂配方不固定,反应时间长等问题。

(2) 吸附法是将返排废液通过多孔介质的粉末或颗粒组成的滤床,使污染物被吸附在介质表面而被去除的方法。其中,影响吸附法处理效果的重要因素是吸附剂的使用寿命,常用的吸附剂包括活性炭与焦炭。目前,该处理方法能有效降低返排废液的化学需氧量值,同时具有脱色除臭等功能,但实际运用中依然存在不足,如吸附剂成本高、吸附剂再生能力差、对进水水质要求高等问题。

2）高级氧化法

高级氧化法是在特定的环境温度和压力下，通过产生反应活性极强的羟基自由基来氧化难降解有机物的方法，经过该方法处理后的废液，其生化性能可以得到明显改善。常用的高级氧化法包括芬顿氧化法、臭氧氧化法、电化学氧化法。

（1）芬顿氧化法是利用芬顿试剂在酸性环境下，通过Fe^{2+}和H_2O_2的催化氧化反应，生成H_2O、O_2和羟基自由基，其中Fe^{2+}作为催化剂，H_2O_2作为氧化剂，生成的羟基自由基具有极强的氧化性，可以攻击并破坏有机物的内部分子结构，将其转变为可生物降解的无机物质。其中，影响芬顿氧化法的重要因素是氧化剂和催化剂的投加量。目前，该处理方法能有效降低化学需氧量，但实际运用中依然存在不足，如需要大量添加Fe^{2+}和H_2O_2，处理成本高；羟基自由基衰减速率快，造成氧化反应速率低；产生污泥量大，易产生二次污染。为了克服这些缺点，国内外正采用电芬顿氧化法来提高处理效果，通过电化学法来持续产生Fe^{2+}和H_2O_2，反应后能大量生成具有高活性的羟基自由基，提高氧化反应效率。

（2）臭氧氧化法是利用臭氧作为强氧化剂，在理想的反应条件下，可把废液中的难降解有机物氧化成最高氧化态，对有机物有强烈的降解作用和消毒杀菌作用。其中，臭氧的氧化能力仅次于氟，比氧、氯及高锰酸钾等常用的氧化剂都高。目前，在利用臭氧法处理返排废液时，依然存在不足，如臭氧对污染的去除表现出选择性，羟基自由基生成速率低等问题。为了克服这些缺点，国内外正采用臭氧催化氧化法，通过臭氧与活性炭的联用技术，促进臭氧分解生成羟基自由基，提高处理效率。

（3）电化学氧化法是通过电极氧化反应去除废液中污染物，具有氧化、还原、絮凝、气浮等功能的方法。以铁电极为例，反应过程中将发生：

氧化：$Fe-2e \longrightarrow Fe^{2+}$

还原：$2H^{+}+2e \longrightarrow H_2\uparrow$

絮凝：$Fe^{2+}+2(OH^{-}) \longrightarrow Fe(OH)_2$；$4Fe(OH)_2+O_2+2H_2O \longrightarrow 4Fe(OH)_3$

气浮：$4OH^{-}-4e \longrightarrow 2H_2O+O_2\uparrow$

其中，影响电化学氧化法的重要因素是电极和电化学反应器。目前，该处理方法能有效去除悬浮物颗粒和降低化学需氧量，但实际运用中依然存在不足，如电极使用寿命较短，易产生结垢等问题。

3）生物化学法

生物化学法是利用微生物将部分有机物作为营养物质来吸收转化，并合成为微生物体内的有机成分或增殖成新的微生物，其余部分被生物氧化分解成简单的无机或有机物质，从而使废液得到净化的方法。根据微生物对氧的需求可分为好氧生物法和厌氧生物法。

（1）好氧生物法是指在游离氧存在的环境下，以氧作为电子受体，微生物利用水中存在的有机污染物为底物进行好氧代谢，经过一系列的生化反应，逐级释放内部能量，最终以低能位的无机物稳定下来，满足处理的要求。

（2）厌氧生物法是指在无游离氧存在的环境下，以兼性细菌和厌氧细菌来降解有机物，反应过程包括水解阶段、发酵阶段、产醋酸阶段和产甲烷阶段。

总的来说，生物化学法处理返排废液，对于降低废液中的化学需氧量有一定的效果，但实际运用中，依然存在不足，该处理方法对环境和水质的要求比较高。如温度需在20～40℃，pH值在6～9，溶解氧保持在2 mg/L的适宜范围内，这样才有助于微生物的新陈代谢和保持酶的活性。

3. 压裂返排液处理再利用技术路线

压裂返排液处理再利用技术由降盐、除固、杀菌、防垢、除降阻剂和其他添加剂、脱烃等部分构成。除固、杀菌、脱烃与油田注入水的处理方法是一致的，但脱烃包括了脱去轻质油和CH_4；由于压裂返排液含盐量大，根据美国的开发经验，压裂返排液中的有毒盐水浓度是海水浓度的6倍，而压裂液的添加剂对盐浓度是有要求的，所以在压裂返排液地面处理中把降盐工艺作为深度处理考虑。

压裂返排液地面处理再利用的技术路线按预处理+降盐深度处理（脱除TDS）考虑。

（1）压裂返排液中盐浓度较少，通过掺清水可达到要求时，其地面处理只采用预处理工艺和掺清水工艺，其技术路线框图如图8-2所示。

（2）压裂返排液中盐浓度高，通过掺清水不能满足要求，其地面处理需采用预处理工艺+脱除TDS工艺才能达到要求，其技术路线框图如图8-3所示。

图8-2 压裂返排液预处理流程框图

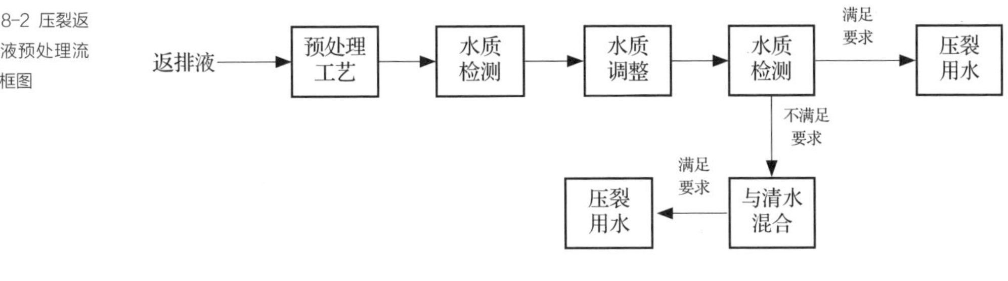

图8-3 压裂返排液预处理+脱除TDS工艺流程框图

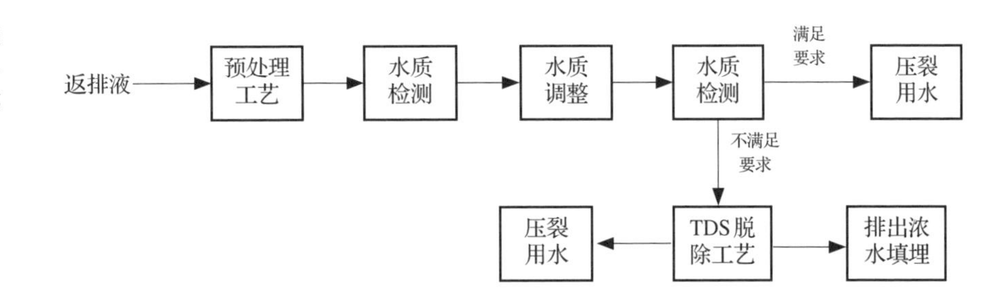

4. 压裂返排液地面处理方法

压裂返排液处理再利用技术由除固、降盐、杀菌、防垢、除降阻剂和其他添加剂、脱烃等部分构成。

（1）除固主要采取混凝、沉淀和过滤等污水净化工艺。

（2）降盐的目的是为了下次压裂时加入的添加剂能够正常工作，只需要将盐度降低到添加剂的工作范围内即可，一般采用与淡水或低盐度水混溶的方式来降低盐度；但对高含盐返排液，常用反渗透处理、地面蒸发结晶等处理工艺。

（3）杀菌、除降阻剂和其他添加剂主要采用化学氧化法。

（4）脱烃和其他有机物：返排液中含甲烷的，需采用气液分离设施，脱出的甲烷采用火炬燃烧或去集气管线；其他烃类和其他有机物主要采用活性炭吸附法脱除。

（5）除垢：脱除易成垢的无机复合物，如钡、锶等采用化学沉淀或澄清，防垢只针对富含钡、锶、钙元素的返排液，采用防垢剂。

（6）对于放射性物质及淤泥采用无害化处理并填埋。

5. 压裂返排液再利用地面处理技术工艺选择

1）压裂返排液再利用地面处理工艺的选择原则

随着页岩气的大规模开发，压裂返排液的处理将成为急需解决的重要问题。由于压裂返排液具有间歇式排放、悬浮物含量高、成分复杂、稳定性强等特点，在实际处理过程中，应遵循以下原则：

（1）选用成熟、高效技术，降低处理成本。平衡处理成本与处理目标的问题，研究不同处理方式的技术可行性和经济最优化的高效组合处理工艺模式。

（2）处理工艺技术的多样化。由于不同地层需要的压裂液不同，返排液也不同，所以压裂返排液的处理再利用工艺没有固定模式，需根据不同水质采用不同处理工艺。

（3）地面设施撬装式化。由于压裂作业的间歇性和短期性，在设施选择上宜采用可拆卸的撬装式设备，在排液高峰期可以多并联几组装置，在排液末期可以直接将空闲的装置拆卸运走。

（4）地面处理工艺满足环保要求，保护生态环境。

2）压裂返排液再利用地面处理技术工艺案例选择与分析

根据前边对返排液处理再利用的技术路线描述，从预处理工艺和脱除TDS工艺进行案例分析。

（1）预处理工艺

压裂返排液预处理工艺按脱除甲烷，除降阻剂和其他添加剂，杀菌，脱除其他烃类及有机物、金属、污泥、防垢、除固等步骤进行设计（表8-5、图8-6）。

表8-5 压裂返排液预处理工艺步骤表

步　骤	预处理方法	作　用	优　势
1	气－液分离	脱除甲烷	撬装式紧凑式设计，便于拖车安装
2	二氧化氯	脱油/脂，降阻剂/其他化学添加剂，杀菌，氧化复合物，如铁、锰、硫化物和氨等	
3	气浮装置	分离细小悬浮物/藻类及微絮体/金属/表面活性物质/悬浮油和乳化油，分离和浓缩剩余活性污泥	撬装式紧凑式设计，便于拖车安装

（续表）

步　骤	预处理方法	作　用	优　势
4	活性炭	脱除液体中大部分烃和其他有机物	撬装式紧凑式设计，便于拖车安装
5	化学沉淀/澄清	除易成垢的无机复合物，如钡、锶等	撬装式紧凑式设计，便于拖车安装
6	多介质砂滤	除去TSS	撬装式紧凑式设计，便于拖车安装

（2）脱除TDS工艺选择

对高含盐压裂返排液，蒸馏法、电渗析法、离子交换法、反渗透、蒸发、结晶都可用，但蒸馏法、电渗析法和离子交换法工艺和设备比较复杂，投资和运行费用都很高，而反渗透法、蒸发法和结晶法的工艺相对简单，且运行费用较低，表8-4是对这三种处理工艺的适用范围和运行成本的比较。

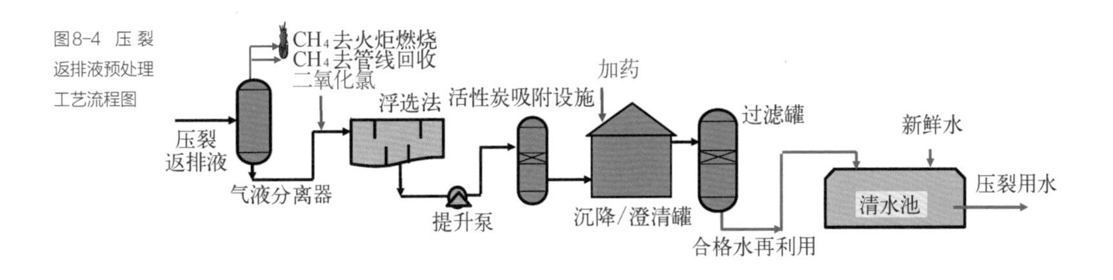

图8-4　压裂返排液预处理工艺流程图

反渗透技术是当今最先进、最节能、效率最高的分离技术。其原理是在高于溶液渗透压的压力下，借助只允许水分子透过的反渗透膜的选择截留作用，将溶液中的溶质与溶剂分离，从而达到纯净水的目的。反渗透膜是由具有高度有序矩阵结构的聚合纤维素组成的。它的孔径为1Å（0.1 nm）～10Å（1 nm），即10^{-9} m（相当于大肠杆菌大小的千分之一，病毒的百分之一）。利用反渗透膜的分离特性，可以有效地去除水中的溶解盐、胶体、有机物、细菌和病毒等。

表8-6 脱除TDS工艺方法比较

TDS脱除方法	适用范围	运行费用
反渗透	进水最大TDS浓度为80 000 mg/L	较低
蒸发器	进水TDS理想范围为40 000 ~ 120 000 mg/L，最大TDS浓度为260 000 mg/L	较高
结晶器	进水TDS浓度为260 000 ~ 1 000 000 mg/L	最高

① 反渗透法脱除TDS

图8-5是(预处理+反渗透法脱TDS)压裂返排液地面处理工艺流程图。

② 机械式蒸汽再压缩(Mechanical Vapor Recompression，MVR)蒸馏技术脱除TDS

MVR蒸馏技术是重新利用自己产生的二次蒸汽能量，从而减少对外界能源需求的一项节能技术。MVR蒸馏由蒸发器、换热器、压缩机及离心机等部件构成，主要去除压裂返排液中的重金属离子，从而降低总矿化度。具体工作原理是利用从蒸发器蒸发出来的二次蒸汽，经过压缩机压缩，压力和温度得到升高，同时热焓增

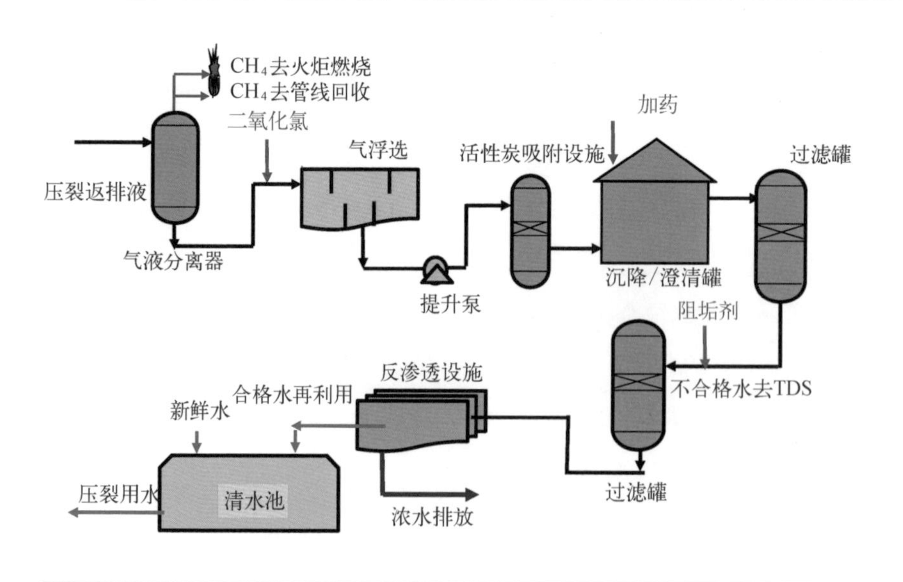

图8-5 预处理+反渗透脱除TDS工艺流程图

加。然后送到蒸发器的加热室作为加热蒸汽的热源使用，使液体维持沸腾状态，而压缩后的蒸汽将被冷凝成蒸馏水。这样原先要被废弃的蒸汽得到了充分的利用，回收了潜热，提高了热利用效率。MVR蒸馏技术相比传统蒸馏技术，在能源节约上的优势体现在：蒸汽被加热室利用一次后，产生的二次蒸汽中蕴含大部分的低品质能量，经过压缩机收集起来，并在花费很小电能的基础上，将这部分二次蒸汽提高为高品质蒸汽，送回蒸发器作为热源使用，因此可以达到能量循环利用的目的。目前，美国fountain quail公司正利用MVR蒸馏技术处理压裂返排液。该公司通过撬装设备首先回收蒸发或浓缩过程中损失的热量，然后再将回收的热量用来为另外的蒸发过程提供燃料，这样可以提高能源效率。压裂返排液经过处理后，就能得到纯净的蒸馏水，而留下的是少量浓缩的盐溶液，其中包含压裂过程中的所有污染物和残留物。

图8-6是MVR蒸馏脱除TDS工艺流程图。

图8-7是（预处理+MVR脱除TDS）压裂返排液地面处理工艺流程图。

图8-6 MVR脱TDS工艺流程图

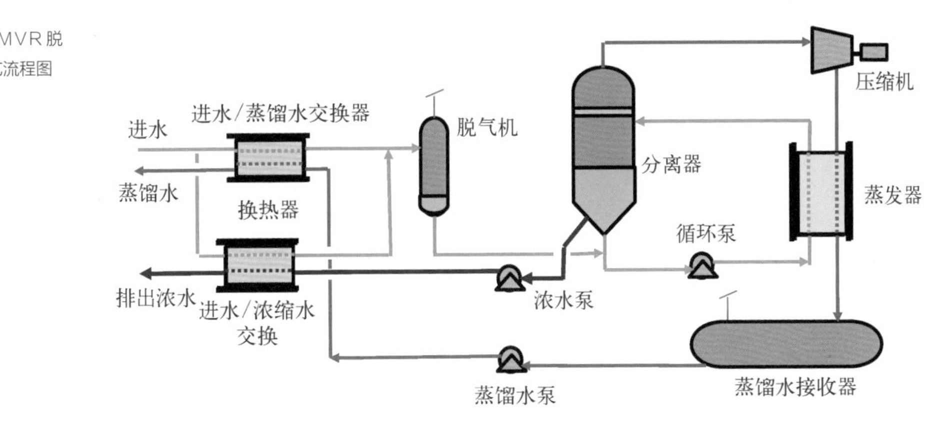

③ 电絮凝技术：电絮凝技术是利用电能的作用，在反应过程中同时具有电凝聚、电气浮和电化学的协同作用，由电源、电絮凝反应器、过滤器等部件构成，主要去除压裂返排液中的悬浮物和重金属离子。具体工作原理是首先在电源的作用下，利用铁板或铝板作为电絮凝反应器的阳极，经过电解后阳极失去电

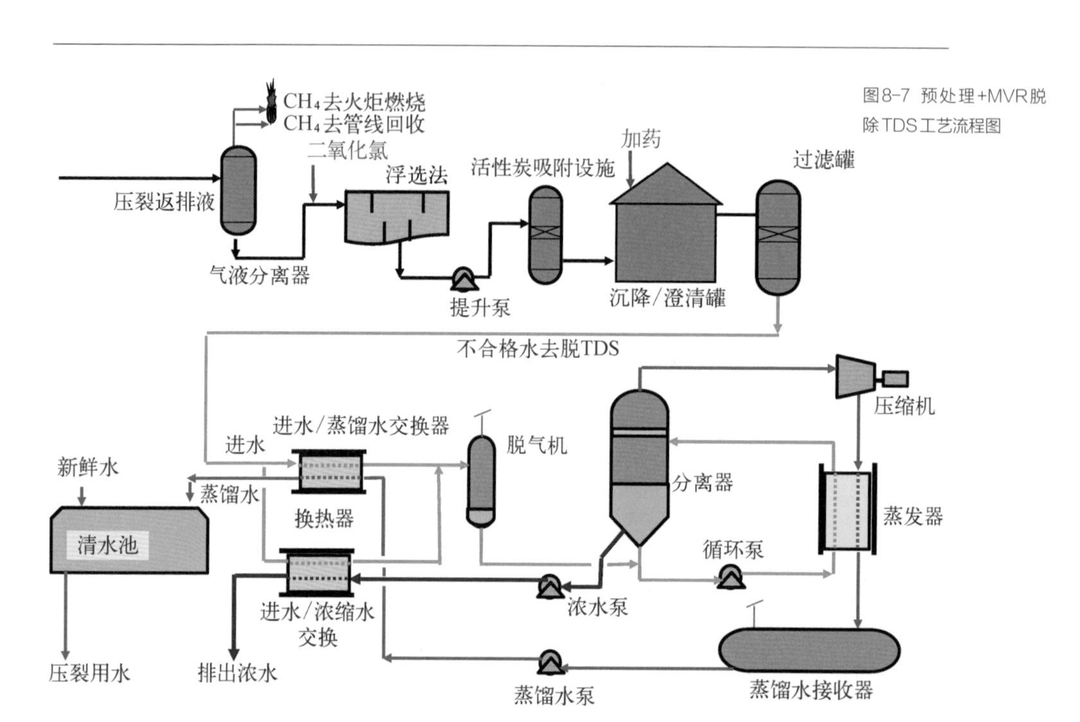

图8-7 预处理+MVR脱除TDS工艺流程图

子，发生氧化反应而产生铁、铝等离子。然后经过一系列水解、聚合及亚铁的氧化反应生成各种絮凝剂，如羟基配合物、多核羟基配合物以及氢氧化物，使污水中的胶体污染物、悬浮物在絮凝剂的作用下失去稳定性。最后脱稳后污染物与絮凝剂之间发生互相碰撞，生成肉眼可见的大絮体，从而达到分离。目前，美国halliburton公司采用cleanwave技术，通过车载电絮凝装置破坏压裂返排液中胶状物质的稳定分散状态。当压裂返排液进入该装置时，阳极释放带正电的离子，并和胶状颗粒上带负电的离子相结合，产生凝聚。同时，在阴极产生气泡附着在凝结物上，使其漂浮到水面，再由分离器除去，而较重的絮凝物沉到水底而排出。

④ 臭氧催化氧化技术：臭氧催化氧化技术是利用臭氧与活性炭联用的处理技术，由催化反应器、空气气源处理系统、冷却水系统、臭氧发生器等部件组成，主要用来去除压裂返排液中的难降解有机物和细菌。 传统的臭氧氧化技术是利用臭氧超强的氧化能力，打断各种难降解有机物的碳链结合键，使其快速氧化，

合成为新的化合物。与常用的化学氧化剂相比，臭氧氧化电位为2.07 V，作为氧化电位最高、氧化能力最强的物质，因此常用作处理难降解有机物。但是传统的臭氧氧化技术在应用范围上有一定的局限性，在处理过程中，臭氧对污染物的去除表现出选择性，将优先与反应速率快的污染物进行反应而将其去除，从而使反应速率低的污染物不能被去除。但是羟基却可以避免此问题，因此臭氧要与其他氧化技术组成催化氧化体系，其中臭氧与活性炭就是典型的联用技术。该技术采用活性炭表面附载纳米MnO_2金属氧化物作为催化剂，以提高其催化活性。同时加以超声波协同，发生水力空化反应，促进臭氧分解生成羟基，使难降解有机物的去除率显著提高。水力空化是指水进入含有超声波的反应器时，由于振动将产生数以万计的微小气泡，并逐渐长大，最后发生剧烈的崩溃，从而产生羟基去除难降解有机物。 目前，美国ecosphere公司采用以超声波催化，活性炭与臭氧氧化协同作用的处理方式，不使用化学药剂，用臭氧破坏细胞壁，从而杀灭细菌、抑制结垢。该装置为车载形式，可以根据页岩气开发的具体要求，提高或者降低处理速率，以满足不同的环境要求。

8.3.3 美国页岩气开发压裂返排液处理再利用技术使用情况

返排液处理回用技术取决于返排液水质、水量特点和压裂液配液水质要求。Halldorson总结了Marcellus页岩区的实践情况，在井场现场处理回用的情况下，一般需去除总悬浮颗粒，建议化学沉淀去除总钡含量和总锶含量，然后与清水混合稀释配液即可满足压裂作业要求。

目前美国商业化比较成熟的技术装置有哈里伯顿公司开发的移动式Clean Wave TM水处理系统，采用水质调节—电絮凝工艺—精细过滤等工艺流程，处理流量可达4 m^3/min，可去除99%的总悬浮固体和99%的总铁含量，适应总溶解固体含量在100 ～ 300 000 mg/L的进水水质。与该公司Clean Stream TM紫外杀菌工艺设备联用，可形成页岩气压裂返排液处理回用的全套技术解决方案，已在Haynesville页岩区等进行了工程应用并在其他非常规天然气领域得到了推广使用。

Veolia公司提供的Multiflo技术可同时完成悬浮颗粒去除和化学软化，处理流量可达4.5 m^3/min，出水硬度小于20 mg/L，浊度小于10 NTU，符合大多数处理回用的实际需求，是Marcellus等页岩区压裂返排液处理服务的主要提供商之一。

北美的工业实践表明，废水处理技术工艺是系统成熟的，返排液处理回用的关键在于结合实际合理选择经济有效、占地面积小、可移动式、处理速度快的工艺流程和技术。

8.4 页岩气工厂化作业简介

8.4.1 工厂化作业概念

工厂化作业主要指在同一井场钻多口井，通过机械设备和后勤保障系统共用，钻井液和压裂液等物资循环利用，以及体积压裂等项目连续作业，可以缩短投产周期、降低采气成本。

集中地面集输+生产资源集中+固定作业平台+工厂式管理=页岩气工厂化生产

在北美市场，以缩短区块的整体建设周期、大幅提高压裂设备的利用率，减少设备动迁和安装、方便回收和集中处理压裂残液为主要优势的工厂化作业已十分成熟。而在国内，布井模式经验缺乏、井场面积小、作业缺乏连续性是横亘在行业面前最难逾越的“三座大山”。以国家级页岩气示范区所在省四川为例，山地、高原和丘陵约占全省土地面积的97.46%，除四川盆地底部的平原和丘陵外，大部分地区岭谷高差均在500米以上。井场环境更是错综复杂，普遍作业面积只有900 m^2，这与北美大平原井场相比有着巨大的差别。 不过，实现工厂化作业是商业开发页岩气的必经之路，也是实现我国页岩气产量目标的最佳路径。

工厂化作业是北美页岩气产业化的重要经验之一。中国页岩气勘探开发起步虽晚,但进展迅速,未来中国页岩气开发也将进入工厂化时代。由于国内现行钻井系统工程造价均以单井为基础进行确定,与多井流水线式的工厂化作业要求不匹配。计价模式与管理水平、技术进步相脱节,造价水平对新技术、新管理机制敏感度差,不利于页岩气勘探开发投资效益评价和投资决策。为此,需要建立科学的计价方法,适应页岩气水平井工厂化作业需求,促进中国页岩气规模化、效益开发。

8.4.2 工厂化压裂

1. 工厂化压裂概念

工厂化压裂就是集中压裂,集中压裂是在工厂化钻井的基础上发展起来的一套全新的压裂作业模式,专门开辟一个压裂场地,用大功率的压裂泵组把压裂液通过高压管线泵注到周围的井组,实现多个丛式井组(Well Pad)的压裂。

美国非常规油气开发的成功之路就是降低钻完井成本,保证压裂质量,提高单井产量,一种重要的做法就是"压裂工厂"。2005年哈里伯顿率先提出"工厂化压裂"的概念,即在一个中央区对相隔数百米至数千米的井进行压裂。所有的压裂装备都布置在中央区,不需要移动设备、人员和材料就可以对多个井进行压裂。压裂工厂作业模式成为规模化作业的雏形。后来,这一概念逐渐扩展为"工厂化钻完井",即多口井从钻井、射孔、压裂、完井和生产整个流程都是通过一个中央区完成。通过采用工厂化钻完井的作业模式,完井周期从原来每口井60天降至目前的20天完成5口井,完井成本降低了近60%。

2. 工厂化压裂地面流程

工厂化压裂可实现:压裂水集中供应、重复利用,支撑剂、外加剂大量库存,压裂管线预铺设、移动件少,配套设备半永久式安装、工厂化管理,机械的复杂性低,作业可靠性高,减少非生产时间,作业半径可达4英里。

工厂化压裂地面流程及北美地区页岩气压裂现场见图8-8。

图8-8 工厂化压裂流程图

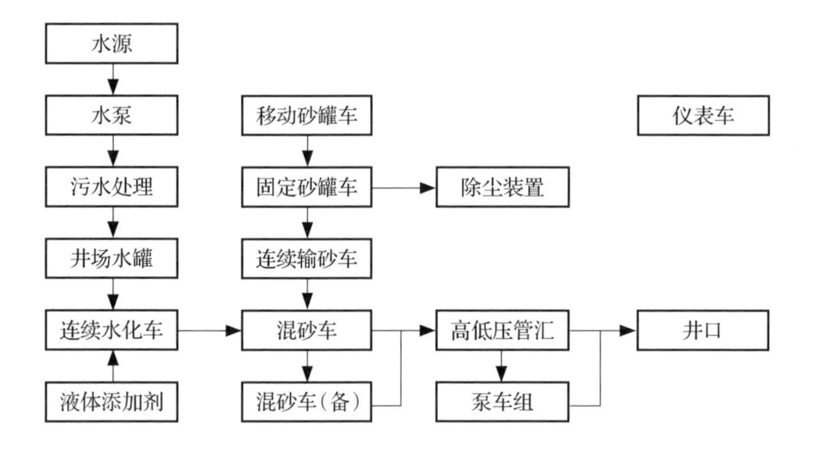

3. 北美工厂化压裂组成及主要设备

工厂化压裂,包括以下几大系统:

(1) 连续泵注系统(把压裂液和支撑剂连续泵入地层);

(2) 连续供砂系统(把支撑剂连续送到混砂车中);

(3) 连续配液系统(用现场的水连续生产压裂液);

(4) 连续供水系统(把合格的压裂液连续送到现场);

(5) 工具下入系统(射孔、下桥塞实现分层);

(6) 后勤保障系统(各种油料供应、设备供应、设备维护、人员食宿、工业及生活垃圾回收等)。

4. 工厂化压裂的优点

"工厂化"压裂就是通过优化生产组织模式,在一个固定场所,连续不断地向地层泵注压裂液和支撑剂,以加快施工速度、缩短投产周期、降低开采成本。一方面大幅提高了压裂设备的利用率,减少设备动迁和管线拆装时间,减少压裂罐拉运、清洗,降低工人劳动强度;另一方面方便回收和集中处理压裂残液,减少污水排放,重复利用水资源。

1) 提高压裂设备利用率

国内页岩气水平井单井分级压裂施工一般为3 ~ 5 d,其中辅助作业时间占60%

左右，平均每天可压裂2～3段。工厂化压裂为页岩气有效开发提供了高效运行模式，采用交叉或同步压裂方式不仅节省了机械设备搬迁时间，同时大幅缩短设备摆放、连接管线、压裂液罐清洗等辅助作业时间，施工效率可提高1倍以上。

2）重复利用水资源，减少污水排放

页岩气水平井压裂液用水量极大。美国国家环境保护局统计，2010年单口页岩气井平均用水量为0.76×10^4～$2.39 \times 10^4 m^3$，其中20%～85%压裂后滞留地下。中国页岩气多分布在四川、贵州、新疆、松辽等丘陵、山区地带，水资源匮乏，交通运输不便，剩余水资源和压裂后返排污水回收处理费用高。"工厂化"压裂可以重复利用水资源，每3口井就可以节约出1口井的用水量，大幅减少了污水排放，既保护了环境，也节约了污水处理费用。

3）设备配件材料利用率高

页岩气水平井单段压裂泵注时间超过常规压裂的2倍，对设备稳定性能要求高。从施工安全性考虑，每口井施工前需要对压裂车、混砂车、高压管汇车易耗配件进行检查，多数配件材料未达到规定使用寿命就被替换，必将造成一定程度的浪费。工厂化压裂连续多井施工，在现场提供设备检修并更换配件材料，单井设备配件材料更换次数减少，提高了配件材料利用率，可以有效降低设备材料成本。

8.4.3 工厂化钻井特点

工厂化钻井作业是指在同一井场钻多口井，共用机械设备和后勤保障系统，循环利用钻井液和压裂液等物资，采用体积压裂等措施连续作业，以实现降本增效的目标。典型特点是标准化设计、流程化施工、协同化作业。

工厂化钻井就是在一个固定的作业平台部署多口水平井，用不同作业机分开依次钻井，依次固井，实现钻井、固井、测井流水线作业，减少井场占地，缩短建井周期，循环利用钻井液，节约施工成本。具体特点如下：

1. 减少井场占地

页岩气井组钻井数量一般为4～32口，甚至更多，列间距为2.5 m，行间距为

3 m。参照中华人民共和国石油天然气行业标准SY/T5505—2006丛式井平台布置相关规定，以国内常用的ZJ40钻机为例，24口双排布置井组井场面积为1.23×10^4 m²，并且只建设1条进井场道路，共用1个生活区（0.2×10^4 ～ 0.3×10^4 m²）。如按单井井场用地计算，ZJ40钻机井场占地面积就达到0.9×10^4 m²。在当前用地紧张的大环境下，工厂化作业方式在节约用地方面效果突出。

2. 缩短建井周期

建井周期是指从钻机搬迁开始到完井（即钻井工程完工验收合格，一般指测完声幅或套管试完压）的全部时间。它是反映钻井速度快慢的一个重要技术经济指标，是决定钻井工程造价高低的关键数据。在工厂化钻井过程中采用流水线施工方式，小钻机用于表层钻进，大钻机用于二开、三开等阶段钻井，井间铺设轨道使钻机移动快速，不仅节约钻机搬迁时间，同时可节约固井作业、水泥候凝、测井占用钻机时间。与常规钻井模式相比，采用工厂化钻井作业可降低完井周期超过10%。塔里木油田公司在塔北地区推广工厂化钻井模式后，钻机等停时间大幅减少，平均机械钻速提高9%，完井周期缩短11%。

3. 循环利用钻井液

据统计，井深3 000 ～ 4 000 m的水平井完井后回收废弃的钻井液达300 m³，占总用量的40% ～ 50%。在工厂化作业模式下，同一开次钻井液体系相同，完全可以循环利用，不仅减少对资源的消耗，又能实现绿色施工，减少旧钻井液拉运和无害化处理费用。2012年下半年，中国石油川庆钻探工程公司在川渝地区累计重复利用旧钻井液近2×10^4 m³，减少超过1×10^4 t的重晶石粉消耗，极大地缓解了重晶石等资源性材料的供求矛盾，也减少了废弃钻井液的处理量，为川渝地区环境保护作出了贡献。

8.4.4 工厂化作业特点

1. 平台水平井代替直井

根据北美页岩气开发经验及页岩气特殊的储层特性、低产量和长生产周期的特点，决定了页岩气开发中以平台水平井或丛式水平井为主，其钻井工程技术集成与发展有两个原则：

（1）低成本。应用丛式井、分支井、快速钻井、简单实用的地质导向水平井等技术，在快和省上作好文章，降低开发成本。

（2）高质量。井眼规则、固井质量好、井筒完整性好、水平段长且位置准确，提高单井产量，为后期多次压裂改造打下基础，并尽量延长生产寿命，满足30～50年的生产要求。

2. 实现地面上集成集中的“小间距丛式井组”（井工厂），做到“组少井多”，减少地面占地和采输设备，降低开发成本；实现储层中水平井眼轨道空间分布，合理开发“地下立体井网”，做到“少井高产和高采收率”。

3. 实现一个井场开发一个区块，钻井、压裂、采气同时进行。自从美国Barnett页岩气成功开采以来，大型水平井组（PAD）的工厂化作业已成为页岩气开发的标准作业模式，而且平台井数，水平段长度，压裂级数都随时间而大幅度增加，实现了一个井场开发一个区块。从而减少了井场占用、基础建设和运输费用，缩短了非作业时间。加拿大Encana公司在水平井组钻井中还采用了双钻机作业，用小型、低成本钻机进行表层钻井，下套管和固井作业，深部井眼则采用大钻机作业，使用闭式钻井液循环系统，钻井液重复使用，降低了钻井液成本，减小了对环境的影响。大井组平台也使集中压裂成为可能。Williams公司曾在一个压裂场地完成多达140口井的压裂，压裂作业在钻井的同时进行，并将该模式延伸至气井生产，即在钻井、压裂的同时在同一平台上进行开采。

4. 实现工厂化管理

大量节约搬迁费用和时间、减少占地面积98%以上、降低环境影响、生产资源集中（人、材、物）、后勤保障高效（减少运输成本）、长期连续作业、工厂化管理。

在北美市场，以缩短区块的整体建设周期、大幅提高压裂设备的利用率，减少设备动迁和安装、方便回收和集中处理压裂残液为主要优势的工厂化作业已十分成熟。目前，美国致密砂岩气、页岩气开发，英国北海油田、墨西哥湾和巴西深海油田，都采用这种工厂化的作业方式。

第 9 章

页岩气田自动控制

9.1 页岩气田地面工程自控系统概述

页岩气田地面工程自动控制也就是页岩气地面集输及处理过程中的自动控制系统。

9.1.1 自动控制的目的

页岩气地面集输及处理是一个十分分散而又复杂的工业生产系统，它的工作条件苛刻，而且该生产系统与页岩气的地下储藏状况、用户的用气量、开发过程中的安全和环境保护密切相关。通过对生产过程的自动控制使生产中的工艺参数保持在给定的范围内；通过各地生产数据与信息的交换，使各站场的生产过程相互协调一致，以保证生产过程的正常运行，使地面集输及处理的生产过程符合气田开发方案，满足市场对商品气的要求并达到预期的经济效益。自动控制的目的：提高气田的最终采收率和最大限度满足用户的用气需要；维护生产过程的安全、环境保护和工作人员职业卫生的需要，避免或降低事故造成的人身伤害、财产损失和环境损坏；优化生产操作过程，降低生产中的能量、物料和人力消耗，以取得最佳经济效益。

9.1.2 页岩气地面集输生产的特点和对自控系统的要求

1. 我国气田内部集输自控现状

气田内部集输通常包括单井站、集气站、脱水站（脱水站通常设在集气站内）、集气管道和集气末站。气田内的单井站、集气站、脱水站一般地处偏远地域，站场之间较为分散，交通不便。

20世纪90年代以前，我国天然气田集成自控技术比较落后，基本采用常规仪表，实现压力、温度、液位的就地显示及超限报警。气田井口、集气站有人值守，工艺过程基本处于手动操作，流量采用双波纹管差压计进行计量、记录，产量是靠人工计算，采用电话或人工信息进行调度管理。

20世纪90年代以后，计算机技术、通信网络技术和先进集气工艺的大量介入，我国的天然气生产、经营管理的面貌，集气生产过程的数据采集、过程检测与监控得到了全面科学的发展，气田自控系统逐步采用远程监控与数据采集系统（Supervisory Control AndData Acquisition, SCADA），对气田的工艺过程参数进行监视、控制与数据采集，实现了远距离的集中监视、操作和管理。

2. 页岩气田内部集输自控

页岩气地面集输及处理生产大多在人烟稀少、自然环境差的环境，其生活和工作环境的社会依托条件差，生产区域分散而生产的模式又彼此相关联进行，而且生产过程的工作压力高，发生事故的风险性大，于是对自动控制系统要求高。采用反映现代计算机应用技术和信息处理技术的SCADA系统对生产过程进行全面自动控制和管理是十分必要的，也是当前生产必须具备的条件，对自控系统的要求如下：

（1）对生产过程实施全面监控，保证它的协调一致及平稳运行，避免灾难性事故的发生和扩大，提高整个生产过程的安全可靠性。

（2）通过对生产数据的分析处理，优化生产工艺参数，进行科学管理，为建立新型现代化生产调试和运营管理模式奠定基础，为生产管理、科学决策提供依据和创造条件。

（3）降低对能源及生产用料的消耗，有效地节省资源。

（4）实施新的运行管理机制，减少生产操作人员，降低运行成本，提高经济效益。

9.1.3 SCADA系统的发展

1. SCADA系统功能

国外天然气地面集输及处理过程自动控制已经达到很高的水平，SCADA系统，即监测监控及数据采集系统，已成为生产过程自动监视控制及管理的一种基本模式。一般都具有如下功能。

（1）通过计算机采集各井、站的压力、温度、流量、液位等工艺参数，并进行集中检测、显示、记录、报警。对流量进行温度、压力补偿运算并作累积处理。

（2）实现控制中心与各被控井、站之间进行数据传输及信息交换，对重要阀门及阀位状态进行监视控制，事故时联锁切断。

（3）动态趋势和流程画面显示。

（4）数据处理、分析及调度管理、决策和指导。

2. SCADA系统发展历程

SCADA系统自诞生之日起就与计算机技术的发展紧密相关。SCADA系统发展到今天已经经历了四代。

（1）第一代是基于专用计算机和专用操作系统的SCADA系统，这一阶段是从计算机运用到SCADA系统中开始到20世纪70年代。美国和加拿大在此阶段开发的气田都相继采用了SCADA系统，我国开始对含硫天然气净化处理引进SCADA系统。

（2）第二代是20世纪80年代基于通用计算机的SCADA系统，在第二代中，广泛采用VAX等其他计算机以及其他通用工作站，操作系统一般是通用的UNIX操作系统。在这一阶段，国内在天然气处理厂应用SCADA系统。第一代与第二代SCADA系统的共同特点是基于集中式计算机系统，并且系统不具有开放性，因而系统维护，升级以及与其他联网构成很大困难。

（3）20世纪90年代按照开放的原则，基于分布式计算机网络以及关系数据库技术的能够实现大范围联网的EMS/SCADA系统称为第三代。这一阶段我国的气田地面集输和处理都逐步应用 SCADA系统。

（4）第四代SCADA/EMS系统的基础条件已经诞生。该系统的主要特征是采用Internet技术、面向对象技术、神经网络技术以及JAVA技术等技术，继续扩大SCADA/EMS系统与其他系统的集成，综合安全经济运行以及商业化运营的需要。

9.2 页岩气地面集输及处理过程中的SCADA系统

页岩气地面集输及处理过程中的SCADA系统，是利用现代计算机及通信网络技术对页岩气地面集输及处理，即对井口采集、井组站预处理到页岩气净化全过程进行的集中调度、过程控制和生产管理。该系统的应用有利于实现以效益为中心的科学调度，保证生产过程的安全、连续运行，优化生产过程工艺参数，降低生产能耗及原材料的消耗，以及减少生产人员，实现现代化的管理目标。调度管理控制中心及区域站的配置是以以太网技术为基础的计算机网络和先进的监控及信息处理设备。

9.2.1 气田SCADA系统组成

根据气田实际情况，现场控制设备宜在井口采用RTU(Remote Terminal Unit)、集配气站采用PLC(Programmable Logic Controller)、页岩气中心处理厂采用DCS(Distributed Control System)系统。

1. RTU

RTU是构成SCADA系统的核心装置，通常由信号输入/出模块、微处理器、有线/无线通信设备、电源及外壳等组成，由微处理器控制，并支持网络系统。它通过自身的软件(或智能软件)系统，可理想地实现企业中央监控与调度系统对气田生产现场一次仪表的遥测、遥控、遥信和遥调等功能。RTU是一种耐用的现场智能处理器，它支持SCADA控制中心与现场器件间的通信。它是一个独立的数据获取与控制单元。它的作用是在远端控制现场设备，获得设备数据，并将数据传给SCADA系统的调度中心。

RTU 产品目前与无线设备，工业TCP/IP产品结合使用，正在发挥越来越大的作用。

RTU是一种远端测控单元装置，负责对现场信号、工业设备的监测和控制。与常用的可编程控制器PLC相比，RTU通常要具有优良的通信能力和更大的存储容量，适用于更恶劣的温度和湿度环境，提供更多的计算功能。正是由于RTU完善的功能，使得RTU产品在SCADA系统中得到了大量的应用。

远程终端设备(RTU)是安装在远程现场的电子设备，用来监视和测量安装在远程现场的传感器和设备。RTU将测得的状态或信号转换成可在通信设备上发送的数据格式。它还将从中央计算机发送来的数据转换成命令,实现对现场设备的功能控制。

监视控制和数据采集是一个含义较广的术语,应用于可对安装在远距离场地的设备进行中央控制和监视的系统。RTU一般包括通信处理单元、气井开关产量采集单元、脉冲量采集单元、模拟量采集单元、模拟量输出单元,开关量输出单元和脉冲量输出单元等。还有一些其他的接口方式,比如电力变压器的分接头,气象的格雷码接口,水文的BCD码接口等。RTU可实现流量的计算;分离器的自动排污;水套炉的水温控制;历史数据的存储;程序的下载;单井站还可进行实时数据的显示、手动/自动切换;水套炉水温高低限修改;远程关井、阀门远程控制;孔板内径的修改等。

SCADA系统可以设计满足各种应用(水、电、气、报警、通信、保安等),并满足顾客要求的设计指标和操作概念。SCADA系统可以简单到只需通过一对导线连在远端的一个开关,也可复杂到一个计算机网络,它由许多无线远程终端设备(RTU)组成并与安装在中控室的功能强大的微机通信。

2. PLC

PLC即为可编程逻辑控制器,随着PLC技术的发展,PLC的功能日益强大,与DCS、SCADA相互渗透,尤其在天然气田集气站过程控制领域应用广泛。

集气站的PLC控制系统:无人集气站控制系统将对天然气收集、汇合、平压、初步过滤、脱水、压缩、输送等环节的数据进行实时采集。并根据采集来的数据加以分析,发出相应的执行指令,以控制现场的执行器件。PLC以其优良的控制性能,配合各类传感器,完全能够胜任这些复杂的工作。PLC对采集来的数据进行分析和处理,对现场的设备能够迅速做出反应,并且也能够将数据通过现场总线传输给监控室。

3. DCS

DCS即为集散控制系统。它是由过程控制级和过程监控级组成的以通信网络为纽带的多级计算机系统,综合了计算机(Computer)、通信(Communication)、显示(CRT)和控制(Control),简称4C技术,其基本思想是分散控制、集中控制、分级管理、配置灵活、组态方便。

9.2.2 SCADA系统网络结构

根据现有生产管理模式，SCADA系统一般采用二级控制和二级管理机制。

1. 控制模式

SCADA系统控制模式根据现场控制层、井组站和中心处理站控制层（或为生产控制中心级）可分三级模式。

（1）第一级：监控中心集中监视、远程控制、统一调度与管理；

（2）第二级：各工艺站场、阀室控制系统（SCS与RTU）自动／手动控制；

（3）第三级：站场单体设备和自带控制设备的就地手动操作控制。

2. 管理机制

二级管理层为气田生产调试管理中心、总指挥部监视调度管理中心（该中心本不属于站场范围的内容，但考虑到SCADA系统的完整性、故也在此进行介绍）。管理层不负责对具体设备实施操作控制，管理模式见图9-1，系统结构框图见图9-2。

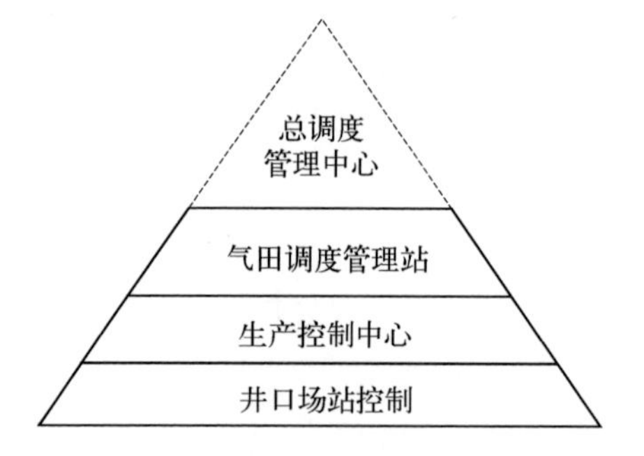

图9-1 管理模式图

SCADA系统具有数据采集、储存和处理，监视、控制功能，可为优化决策服务。其网络结构以星形状网络拓扑结构为主，网络系统应是符合ISO标准规定的开放型系统。

3. 气田管理等级设置

二层控制级和二层管理级系统由上级总调度管理中心、气田调度管理站、生产控制中心和井站控制这四个等级组成。

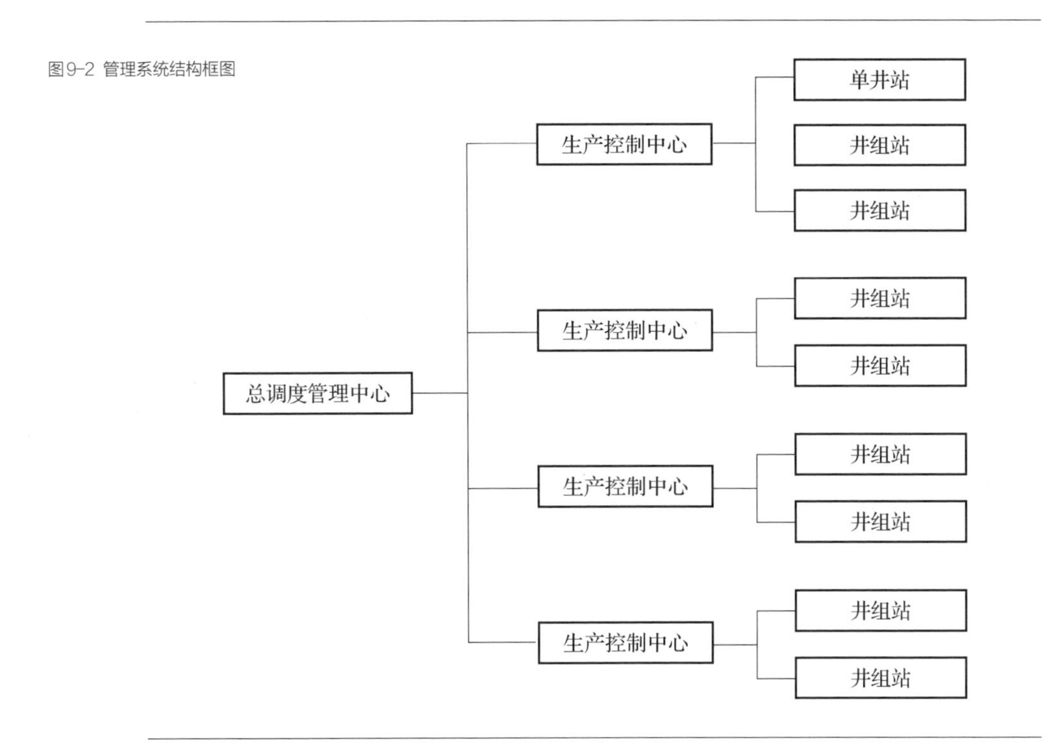

图9-2 管理系统结构框图

（1）第一级总调度管理中心：设置在全国各地区分公司的生产调度中心。通过各个气田生产控制中心上传的数据和信息对各井口、地面集输站场及各页岩气处理厂的运行状态进行监视和管理，对各种数据和信息进行综合检查、分析做出判断。设置在线模拟软件，建立综合气田模型，对整个气田生产过程进行优化处理，提出优化决策，进行综合调度。同时根据决策给气田调度管理站下达控制指令和生产计划决策指令。本级还包括与全分公司MIS系统的连接，以便将气田开发生产的数据和信息提供给分公司的管理部门及领导使用。同时可以与地质数据连接，将获得的气藏数据与地面开发数据结合起来，给地质研究提供宝贵的资料。

（2）第二级气田调度管理站：设置在分公司下属的二级单位或作业区的生产管理调度室。气田调度管理站的主要任务是根据该区域所管辖范围内的各气田（即包括气田的集气站和页岩气处理厂），上传的所有生产数据和信息进行监视和生产管理。同时对集气站（井组站或单井站）和页岩气处理厂之间进行协调管理。并根据分公司的调度指令对集气站及页岩气处理厂下达生产指令。如果该二级单位或作业区只有一座生产控制中心,气田调度管理站可与生产控制中心合建。

(3)第三级生产控制中心:设置在气田地面集输站场和页岩气处理厂的中央控制室。包括站控制系统(SCS)和页岩气处理的DCS组合而成的综合控制系统。这级是主要的生产监视控制级,对RTU/PLC或DCS控制模块的上传数据及信息进行处理、储存,对生产过程进行集中监视、操作、控制。同时将数据信息通过联网传至区域调度管理站,并将站场及处理厂的全部数据和重要信息通过通信系统上传至总调度管理中心。上级对站控系统及处理厂下达的指令,由生产控制中心的控制操作人员确认后执行。工厂与站场之间控制系统的相对独立减少了它们与RTU之间的数据通信量及主控机的负荷,使得整个SCADA系统的监视控制机制更加灵活可靠。生产控制中心由值班人员实施24小时监控,进行必要的运行操作和控制。

(4)第四级井口场站控制:设置在井场、阀室、阴极保护站和其他无人值守的集配气站等生产场所。通过现场安装的RTU对工艺参数和生产过程进行数据采集、控制,同时将采集处理后的数据上传至生产控制中心计算机系统(可设置就地手动或遥控功能)。井口、阀室和阴极保护站为无人值守。

9.2.3 各级系统结构设置

网络结构确定之后,系统结构组成是一个重要而又复杂的问题,它关系到系统的容量、运行速度、可靠性和操作维护等一系列事宜。系统结构组成应根据生产规模、控制对象的特点、工艺过程复杂程度和管理体制来决定。以下按大型的气田开发生产规模,并按有天然气处理厂存在的情况来叙述(图9-3)。

1. 总调度管理中心的系统结构

总调度管理中心是上级调度部门对所属各气田生产装置的生产过程进行实时监视和管理。该系统是以调度管理为核心,需要接受和处理经过生产控制中心加工处理的重要数据和信息,或发布重要的指令进行综合调度并将有关信息传送给总的气田信息管理系统(MIS)及气田地质开发数据网等。由于该系统数据量大、相应数

图9-3 气田SCADA系统结构示意图

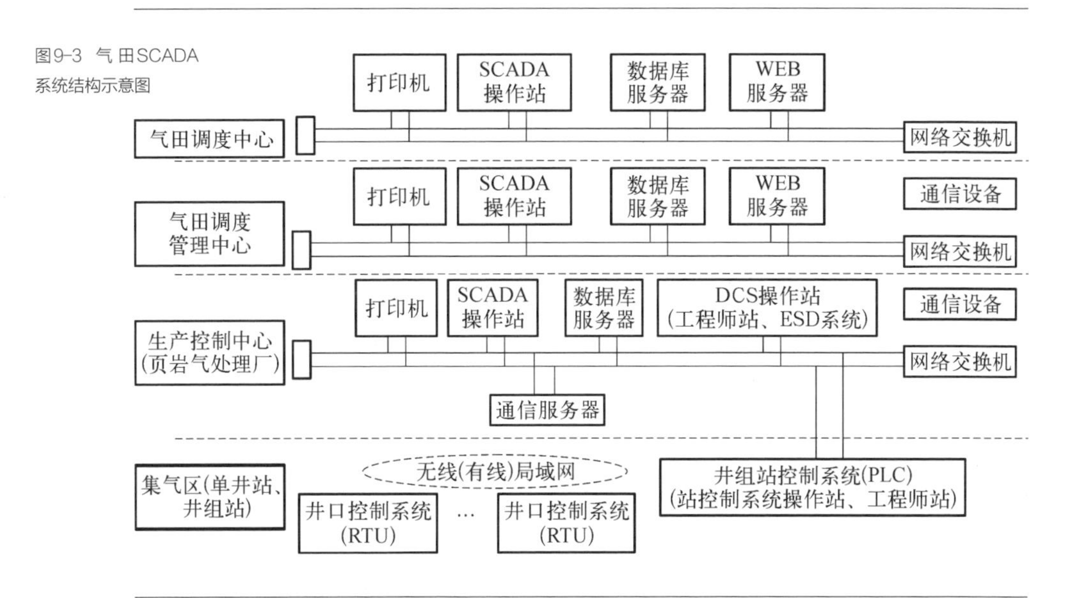

据处理工作量多、对地面集输及生产处理的全局性影响大的特点，因而显得特别重要。故这一级系统需要设置高等级的服务器、操作站、工程师站、模拟站、培训站，并设置高等级的投影仪和视频监控系统。系统按非冗余设置，与外部连接部位应设置防火墙。

操作系统软件：服务器可采用UNIX操作系统服务器软件；操作站、工程师站、模拟站、培训站系统可采用Windows 7操作系统软件。除采用完整的SCADA系统软件外，还须设置与气田开发和管网运行有关的模拟应用软件，以及调度管理的专用软件。

2. 区域调度管理站系统结构

区域调度管理站系统设置WEB服务器、显示终端，服务器选用32位的微机级服务器，区域管理显示终端选用32位的微型计算机。系统按非冗余设置，采用的操作系统为Windows 7，并配置相应的应用软件即可。

3. 生产控制中心系统结构

生产控制中心系统实施对天然气处理厂及站场生产过程的监视、控制，是生产过程操作、控制的中心，关系到安全生产的重要环节，系统设置至关重要。该系统设置服务器、操作站、工程师站、培训站，并设置视频监控系统和投影仪。服务器宜选用32位微机级服务器，操作站、工程师站、模拟站、培训站使用的计算机均宜选用32位的微型计算机，系统按冗余设置，操作站采用一机双屏显示。

操作系统软件：服务器采用Windows 7服务器软件；操作站、工程师站、培训站采用Windows 7操作系统软件。除采用完整的SCADA和DCS软件外，还可考虑设置生产过程优化软件，还应配置RTU/PLC连接软件和系统组态软件。

4. 井口及井组站控制系统结构

井口及井组站控制系统是对井口装置及井组站进行数据采集、处理和控制，该系统设置RTU或PLC，除生产过程复杂的井站外，一般可不设置操作计算机。根据井口、井组站数据量的多少、井站的重要程度来考虑RTU/PLC是否按冗余设置。井站配置软件为RTU/PLC软件，为无人操作站。

5. 关于ESD系统的设置

对于天然气地面集输及处理生产规模大、生产工艺复杂、有大型气体处理厂的场合，气田井站、集配气站、气体处理厂的紧急联锁系统应独立设置，并由专用的ESD系统来实施。为确保生产安全，采用专用的ESD系统，具有更高的可靠性，当然投资费用会增加许多。但要求ESD系统与SCADA系统相连接。

对于天然气地面集输及处理生产规模较小、生产工艺简单、没有气体处理厂的场合，进入紧急联锁系统的信号少，输出信号也少，紧急联锁关系也简单，而且当前的计算机控制系统已经非常可靠，只要DCS 或PLC及操作站按冗余设置，即可确保紧急联锁的可靠运行，该场合可以不设置专用的ESD 系统。

9.2.4 各级管理系统的功能

1. 总调度管理中心

总调度管理中心是气田地面集输及处理生产的决策机构和指挥管理中枢，是整个SCADA系统的最高监视和管理层。在生产过程控制和生产管理中起全局性的重要作用。其功能如下。

（1）监视生产过程中的主要工艺参数，了解实时生产运行情况。

（2）通过动态流程图和趋势图画面，显示各气田的地面集输站场和天然气处理厂的工艺参数、安全运行状态，进行集中监视、控制和管理。

（3）收集、处理各种生产数据，建立一套完整的历史数据库。

（4）建立报警及事件记录，根据优先级别进行各种声光报警、显示。

（5）进行报表数据的统计处理，并按时自动打印各种报表。

（6）建立工艺系统模型，利用在线运行模拟软件，对工艺运行参数进行优化处理，对生产运行状况进行预测预报，为管理、决策提供依据。

（7）按照指令，制订地面集输及处理生产运行方案，下达调度指令，进行生产调度。

（8）向各管理部门传送历史和实时数据，并接收来自相关部门或系统的有关信息。

（9）进行系统培训和功能开发。

2. 气田调度管理中心

气田调度管理中心执行气田调度管理功能，只是监控范围属于区域性的，系统规模小些。若该管理站下属只有一个生产控制中心可两者功能合并，即可建在一个控制室内。气田调度管理站的功能为：

（1）接受总调度管理中心下达的生产计划，制订和执行具体的实施方案。并对所辖地区的地面集输站场和处理厂下达具体指令。

（2）协助地面集输站场、天然气处理厂之间，以及站、厂内部之间的关系。

（3）掌握各重要生产装置及设备的运行状态，确保安全生产。

（4）建立历史数据库，形成生产报表。

（5）大小事故的显示、报警及安全检修指挥。

3. 生产控制中心系统

生产控制中心包含地面集输站场控制和天然气处理厂DCS控制系统，是SCADA系统的第三级，由SCADA系统的微型计算机和DCS系统组成。这一级是最关键的控制级，各种工艺数据采集及设备状况的监视、控制、保护、联锁报警等均由控制中心完成。控制中心有人24小时连续监视、操作。其功能如下。

（1）对系统的运行参数进行数据采集、处理，建立实时数据库和历史数据库，并向总调度管理中心发送实时数据及状态信息。

（2）通过动态流程画面和趋势图的显示，对地面集输站场和天然气处理厂的工艺参数、安全生产状态进行集中监视、控制。

（3）建立报警及事件记录，根据各优先级别进行各种声光报警、显示和即时打印。

（4）执行总调度管理中心的生产调度指令，对各生产装置工艺参数进行控制操作。

（5）对无人值守的站场及井口设备进行监视控制。

（6）单井页岩气流量计量，建立单井的数据库，供气田开发决策。

（7）在事故状态下实施站内紧急停车和安全保护。

（8）通过工程师站计算机可以给RTU/PLC下载组态软件或修改软件。

（9）进行报表数据的统计处理，并按时自动打印各种生产报表。

（10）进行管道泄漏检测且定位。

（11）进行系统培训和控制功能的完善开发。

9.2.5 生产过程的模拟及优化处理

页岩气气田地面集输及处理生产过程是一个复杂多变的系统工程。为了使这样一个复杂的、分散在广大区域内以连续生产方式进行的生产过程安全平稳地运行，设置一套完整的SCADA系统对生产过程的工艺参数进行数据采集，实现生产过程的实时集中监视和控制，是非常必要的。

用SCADA系统来实施保护功能，进行预测预报，提前报警及时防止事故的发生和进行及时处理，确保生产过程的安全平稳运行。

在正常生产的情况下，如何来优化井口采气量，保持气井的稳产高产，又如何来降低生产过程中的能耗，提高生产效率，降低运行成本，实现经济效益最大化。这就需要应用优化软件对生产过程进行模拟，对整个复杂的生产过程进行在线优化处理，求得最佳的决策方案，并用该方案来指导控制生产过程。

优化软件必须具备如下的功能：

（1）气井采气量与压力递减的关系分析，得出最佳采气指数。

（2）供气量与采气量、管线储气量、工厂处理量的平衡动态分析。

（3）工厂优化处理分析。

（4）生产安全分析及事故预报警。

（5）仪表及气质动态分析。

（6）综合经营计划调度管理分析。

9.2.6 生产过程的安全保护

页岩气属易燃易爆物质，在地面集输及处理中的页岩气处在压力很高的状态，这使页岩气地面集输及处理生产面临比其他工业生产有更大的危险性。除需要制订和严格执行安全工作制度以外，生产过程的自动控制必须充分满足防爆破、燃烧和页岩气着火爆炸发生的各种安全需要，设置相应的安全保护和控制设施。页岩气的生产过程是处于一种易泄漏、易燃、易爆的危险场所，所以安全生产是页岩气工业至关重要的问题。为了确保生产过程的安全平稳运行，必须从工艺生产过程到设备选择，系统配套，系统运行操作，都严格按照安全保护的有关规程规范进行，从气田地面集输自动化方面考虑，对如下方面应进行设置及选择：

（1）对生产过程设置安全保护控制，即设置独立的专用紧急联锁系统。

（2）对危险场所设置可燃气体泄漏检测，火灾报警系统及自动、半自动消防系统。

（3）处在爆炸危险场所的仪器仪表均按防爆要求设置。

（4）在多雷雨地区考虑浪涌对电气设备和生产过程的危害，仪器仪表及控制系统按防雷要求设置。

（5）控制系统选择时充分考虑系统自身的安全可靠性和它应具有的安全保护功能。

（6）控制系统的重要部件按冗余、容错配置，并要求系统功能的完整性，系统的性能指标要达到平均无故障使用5万小时以上的指标。

（7）运用生产安全分析及事故预报警软件，进行预报警，对已出现的危险现象做出分析处理。

（8）设置爆管紧急情况下自动切断气源的自动控制方案，避免事故的扩大。

9.2.7 系统的通信和接口

由于气田地面集输及页岩气处理生产是在大的地区范围内以分散的方式进行，大范围远距离数据及信息的交换传输成为SCADA系统实现集中实时监视和控制的必要条件，并需要为此花费很高的通信设施投资。充分利用地方电信的通信条件能有效地降低SCADA系统通信部分的建设投资。

由于SCADA、DCS系统的开放性，设备的连接越来越容易。随着国内通信事业的迅速发展，通信的媒介方式越来越多，通信设备先进而简单，主要包括无线通信方式和有线通信方式。有线通信以光纤通信为主体，有自建的和租用的公网；无线通信有卫星通信、微波和数传电台等。SCADA系统应根据数据传输的使用环境及地理条件进行选择。由于系统的开放、接口的标准化、通信的简化给系统的连接与扩展带来了方便。

9.3 地面集输站和页岩气脱水的自动控制及计量

页岩气地面集输生产过程包含井口采气、页岩气调压、计量及处理(分离、脱水、脱烃、增压)、管线集气及输送。下文主要介绍页岩气地面集输生产过程各站场的自动控制及计量。

9.3.1 单井站

井口装置自控系统的任务主要是数据检测、计量和控制，首先对采集出井口的页岩气压力、温度、流量进行检测、计量。并根据集气站管网的压力来调配单井的产量及压力，井口作为气田地面集输的源头，应能根据负荷的变化和每口井的开发现状，调节页岩气产量，紧急情况下能自动关闭井口，即进行压力、流量控制和紧急联锁控制。同时将井口有关生产数据传送至气田调度管理部门，完成气田统一调度管理。

单井站的主要工艺设备一般为调压节流阀，有时也有加热炉（水套炉）、分离器，部分站设有污水罐。

1. 井口安全系统

一般天然气井的关井压力在20～50 MPa，页岩气的关井压力也是如此。为了保证人身生命安全和集气站场的工艺设备安全运行，必须在井口装置上安装井口安全系统，以便在集气站场发生意外和失控的情况下快速截断井口气源。

井口安全系统又因井口截断阀安装位置的不同有以下几种设置方式：

（1）对于产量不高的气井，井口安全系统可设置两只截断阀，该阀通常与井口采气树手动翼阀串联安装。

（2）对于高产气量，介质腐蚀性强，为防止井口采气树被破坏造成井喷，还可以设置三只截断阀。第三只截断阀安装在井下，称为井下安全阀，通常安装在井下80～100 m的油管上，在完井时安装。由于井下的压力非常高，液压的驱动力大，井下安装阀的动力源通常为液压油。对于高压、高产量气井，宜在井下设置井下安全阀。

井口安全系统由检测装置、控制箱、执行机构、截断阀、信号管线等组成。系统要求如下功能：当高压检测装置检测到压力大于设定值，低压检测装置测到压力小于设定值或火灾时，易熔塞融化（井口/装置区发生火灾，124℃易熔塞融化）并自动关闭井口截断阀。

当净化厂、集气站关闭井站阀门或单井站发生泄漏，通过SCADA系统或单井站RTU远程信号关闭井口截断阀。

井口安全系统根据现场情况采用气动（井口页岩气）、液动、气液混合作为动力源。但井口页岩气需要经过调压、分离、过滤后才能作为井口安全系统的动力源。气动井口安全系统的关井时间短，主要取决于气动信号管线的长度。液动井口安全系统的关井时间长，主要取决于液动信号管线的长度。

2. 井口检测

检测井口油管和套管压力、页岩气流动温度，为气田开发部门提供数据。

3. 分离器液位控制

对分离器的液位进行控制，对气井的产水量进行计量，气井的产水量作为重要数据提供给气田开发部门，调整气井产水量。气井产水量通常较少，分离器的液位采用二位式控制，通过计算排液次数达到气田水计量的目的。由于气田水比较脏且含有一些杂质，选择液位检测仪表和控制阀时，应注意防止污染和堵塞仪表、控制阀和引压管线等。

4. 单井计量

对单井页岩气进行计量，可采用成熟的孔板节流装置。

5. 加热炉监控

对加热炉（水套）进行监控，对于页岩气产量较小（$1\times10^4\sim5\times10^4\ m^3/d$）的井站，加热炉可采用就地仪表对加热炉的水温、烟道温度和燃料气压力进行检测。对于页岩气产量较大的井站，加热炉的水温采用连续控制和二位式控制，同时对加热炉的火焰进行检测，设置熄火联锁保护。

6. 井口装置安全保护系统

在无人值守的井口装置设置安全保护装置，该装置的主要功能如下。

（1）当井口节流调节阀后出现超低压力时，紧急切断井口，防止和缩小因集气管线的破裂对上游设施带来的影响。

（2）当井口发生火灾事故，安全装置内的金属密封片快速熔化，关断井口。

（3）若井口采用二级节流方案，当一级节流压力超高，接近设备设计压力时切断井口。

（4）现场巡视时，发现紧急情况可用现场紧急按钮，手动控制切断井口。

（5）通过远程信号，可由站控和中心控制室联锁切断井口。

井口安全装置通常采用气动或气液联动作为切断阀的执行机构动力，可利用井口页岩气经简单的过滤分离减压至切断阀所需压力，直接作为动力源，或者利用集气站经过处理的返输气作动力，这种方式不需要外加电源，简单方便。

7. 井口压力控制

1）干气气田井口压力控制

气田井口流动压力调节至集气支干线压力，一般从几十兆帕降至几兆帕，压降很大，如何分配压降，有多种方案。

（1）根据计算，节流后若页岩气的温度不会产生水合物，不需中间加热，可采用井口一次节流降压。

（2）采用二次节流的方案，第一级采用井口手动针形阀，将井口压力降至25～30 MPa，第二级由调节阀将压力降至管输要求6～9 MPa，一、二级节流后温度均不会形成水合物。该方案的优点是充分利用井口的设施，将手动针形阀固定一个开度，由第二级调压阀对井口流量进行调节，因针形阀整体刚度较好，开度固定，在高压差状态下工作，也不容易损坏，而第二级压降相对较小，设备选择范围宽。井口控制可以根据阀后压力调节或恒定流量调节。

2）湿气气田井口压力控制

由于湿气中凝析油的凝固点大多较高，要求在进油气处理厂前的油气混合物温度不低于30℃，为此，地面集输方案采用单井调压、多井集气。井口装置为避免经二次节流降温，油气温度低于水合物生成温度和凝析油凝固点，高压页岩气出井口后首先要加热，然后经调节阀将压力降低后直接输至集气站。

对于油气加热水套炉的控制，由于高压油气在出井口或经一次手动针形阀节流后进入水套炉，与恒温常压的水进行热交换，使油气出水套炉后达到一定温度，以保证油气调压节流后不生成水合物和凝析油凝固。一般设置水套炉的水温控制，控制方案有常规的连续调节和二位式调节，可根据井口的实际情况和水套炉的特点进行选择。因水套炉水温时间常数很大，采用二位式调节比连续PID控制更容易获得较好的调节品质。

一般不需要根据油气出水套炉的温度控制燃料气，因为控制目的是油气节流后不形成水合物和部分油的凝固，而水套炉水温的给定值的设定有较大余量，没有必要对油气温度进行精确控制，如直接控制油气温度反而会造成频繁的调节，造成系统不稳定。

水套炉采用直接火焰加热，为避免熄火，应设置火焰探测器，熄火时报警并切断燃料气，这在井口无人值守的情况下更显重要。

9.3.2 井组集气站

在单井站通常采用只调压节流量较为简单的工艺流程，而井组集气站要承担每口井页岩气的分离、油气水的计量等重要任务。

页岩气进行计量之前必须进行分离。对来自干气气田的井口气，采用两相分离器将气和水、杂质进行分离，然后对水和气进行计量；而对来自湿气气田的油气，采用三相分离器将气、油和水进行分离，然后分别进行计量。

在出站管线上应设置自动截断阀和站内自动放空系统，当站内设备故障和发生泄漏时，关闭井口截断阀和出站截断阀，同时打开放空阀进行泄压。

1. 分离轮换计量井组站主要检测和控制

在分离轮换计量井组集气站内通常设有计量分离器和生产分离器。

轮换计量可采用手动切换和自动切换。自动切换可采用程序控制，计量分离器是对各单井站来气分别进行计量，然后再对气、液分别进行计量。分离器的液位控制、气田水、页岩气计量与所述单井站相同。

2. 气井产量计量

气井集输流程分离器分离的气、水及页岩气凝液应分别进行计量。以满足动态分析的需要，属于下列情况之一的气井，通常采用连续计量方式。

产气量在气田总产量中起到重要作用的气井；对气田的某一气藏有代表性的气井；气藏的边水、底水活跃的气井；产量不稳定的气井。

采用周期性轮换的气井，其计量周期应根据计量的路数决定，一般周期为5～10天，每次计量的持续时间不少于24小时，且当调整某路气井产量时应优先切换至该路计量。轮换计量器具的配置应能覆盖每路气井的流量范围。

1）气田气计量

由于孔板测量流量的固有缺陷即测量范围小，量程比一般只有3∶1，当单井产量变化较大，对可能出现调节每口井流量超出3∶1的范围，这种情况的单井计量装置可采用并联两台不同测量范围的差压变送器的方案，量程比可扩展为9∶1。

页岩气的组分变化造成页岩气介质的密度变化和超压缩系数的变化，是影响测量精度的重要因素。一般是在井组站设置一台在线色谱分析仪，采用测量管线切换的方式在线测量多路的页岩气组分，另外，采用将每套计量装置的差压、压力和温度信号引入计算机，按标准进行在线全补偿运算，来提高页岩气瞬时流量和累积流量计量精确度。

在井组站采用单井流量的轮换计量应具备以下条件：

（1）每路流量比较稳定，否则切换会频繁。

（2）若各井流量的差异很大，要求流量计具有较大的测量范围。

（3）宜采用两台流量计切换计量，所用流量计也应有较高精度。

（4）应简化切换流程，减少切换必须设置的阀门数量。

2）气田水的计量

单井水产量是页岩气开发生产的重要地质资料，因此，页岩气经过分离后应对分离出的水进行计量。因为每口井的带水量不是连续均匀的，采用流量计连续测量，要求流量计有很宽的测量范围，这给流量计的选型带来难度。因气田水含杂质并带有少量固体颗粒，不能采用容积式的测量方法，而速度式测量方法量程范围受限，一般采用储水容积计算和放水次数计量水的方案。采用分离器设置高低液位节点二位式控制水的排放进行计算。

3）凝液的计量

分离出来的凝液应按单井的产油量进行计量，凝液流量测量较为简单，常用的方法有容积式流量仪表，如椭齿流量计、罗茨流量计等。另一类为速度式流量仪表，如涡轮流量计、旋进漩涡流量计。

3. 页岩气输量计量

页岩气输量计量分为三级：

一级计量：气田外输气供用户的贸易计量；

二级计量：气田内部交接的生产计量；

三级计量：气田内部生活用气的自用气计量。

页岩气输量计量系统准确度的要求应根据计量等级确定：一级计量系统准确度可根据页岩气的输量范围（表9-1）的规定，二级计量系统的最大允许误差应在±5.0%以内，三级计量系统的最大允许误差应在±7.0%以内。

表9-1 一级计量系统的准确度等级

标准参比条件下的体积输量q_{nv}/（m^3/h）	$q_{nv} \geqslant 500$	$5\,000 \leqslant q_{nv} \leqslant 50\,000$	$q_{nv} \geqslant 50\,000$
准确度等级	C级（3.0）	B级（2.0）	A级（1.0）

4. 增压站的主要检测和控制

在进出站管线上应设置自动截断阀和站内自动控制系统。当站内设备故障和发生泄漏时,关闭进出站截断阀,同时打开放空阀进行泄压。在过滤分离器上设置液位高低报警或自动控制系统。可根据气田水的水量多少进行设计。

采用燃气机驱动压缩机时,燃气机驱动压缩机的启动气和燃料气应设置截断阀,在燃气机驱动压缩机故障或停车时截断启动气和燃料气。

压缩机房为全封闭设计时,应设置可燃气体检测报警系统、火灾检测报警系统和厂房内的温度检测报警系统。

压缩机自身检测与控制系统(Unit Control System,UCS)由压缩机制造商设计和提供,并由压缩机制造商负责调试和投运。如果设置站控系统,压缩机的UCS应与站控系统SCS进行通信。

9.3.3 低温分离集气站

低温分离集气站是通过在低温操作条件下的分离方法来分离和回收更多液烃的集气站场,它是对含凝析油和重烃较多的页岩气处理的一种集气站。这种集气站场的流程主要包括三个部分:一是井口采气和常温状态下的高压分离部分;二是低温分离部分;三是凝析油或重烃的稳定处理部分。第一部分的工艺流程与常温分离集气站的参数检测和控制回路基本相同,这部分内容在前面已进行了叙述,这里不再重复。下文仅对第二、第三部分的自动控制进行简要叙述。第二、第三部分生产过程的自动控制设置如下主要的检测和控制回路。

1. 换冷器进出口温度的检测

低温分离是指操作条件在0℃以下(通常−20～−4℃),对常温高压分离器过来的页岩气,通过低温分离器分离出页岩气中所含的凝析油和重烃,来回收更多的液烃。而低温操作条件是由井口采出的高压页岩气进行大差压的节流降压而产生的。但在该过程中,页岩气会生成水合物而结冰,为了防止水合物的生成,又不能采用加热的方式,必须采用在页岩气中注入抑制剂的防冻法来防止水合物的生成。

为了充分利用冷气的能量，对经过低温分离的冷页岩气与常温分离后的页岩气进行冷-冷交换，使冷页岩气升温到0℃以上，而常温分离后的页岩气进行预冷降温到0℃以下，以便减少所需降温的温差而降低压降能耗。在该过程中需对换冷器进出口页岩气进行温度检测，并对注入页岩气的抑制剂的注入量进行检测。

2. 大压差节流阀的控制回路

大压差节流阀是形成低温的关键设备，阀后形成低温的温度控制回路是页岩气处理过程中重烃分离效果的关键调节回路。该控制回路的被控参数是选用阀后温度参数还是压力参数或前后压差参数，需要根据工艺条件进行选择。一般若上游压力波动较大，为了确保下游输气管道压力稳定，可选择阀后压力为被控参数，设置压力控制回路；若上游压力波动较大，为了保证页岩气中烃的分离效果，以确保页岩气质量及烃的回收率为目的即选择阀后温度或压差为被控参数，设置温度或压差控制回路；也可对以上参数设置相关串级的控制回路。

由于这种控制回路的调节阀是工作在大压差条件下，阀门冲刷很大，同时产生极大的噪声，所以通常选用的J-T阀为低噪声结构，高强度耐冲刷材质的调节阀。

3. 低温分离器的液位控制

低温分离器的液位控制一方面为了保证烃的分离效果，另一方面为了防止高压页岩气窜入烃出口的下游低压设备，以确保生产安全，所以液位监视控制是极为重要的回路。为了保证控制回路的可靠运行，选择的液位计必须测量准确、性能稳定、可靠。通常选择的是高压雷达液位计、浮筒液位计或双法兰差压变送器。控制回路中需对液位超高或超低进行报警，并对液位进行紧急切断。

4. 闪蒸分离器的控制

对闪蒸分离器设置闪蒸分离罐的压力控制是为了保证闪蒸系统的操作压力稳定，使闪蒸过程平稳进行。检测参数为闪蒸分离器的出口压力，被调节参量是控制闪蒸气的排出量。

设置闪蒸分离器液位控制同样是一方面为了保证烃的稳定分离，提高分离效果，另一方面为了防止高压页岩气窜入烃出口的下游低压设备，以确保生产安全。液位监控是极为重要的，液位计的选择要求测量准确、性能稳定、可靠。控制回路中需对液位超高或超低进行报警，并对液位进行紧急切断。

5. 混合液烃换热后的出口控制

为了保证液烃组分的稳定，即确保闪蒸温度的稳定，液烃换热的出口温度控制就是确保闪蒸温度的稳定，该控制回路的检测参数为换热器的出口温度，即调节参量是控制进入换热器的加热源热量。

6. 三相分离器中的控制

在三相分离器中设置闪蒸气出口压力控制，同样为了保证闪蒸系统的操作压力稳定，使闪蒸过程平稳进行。检测参数为闪蒸分离器的出口压力，被调节参量是控制闪蒸气的排出量。

在三相分离器中设置分离罐的液位控制一方面为了保证烃的稳定分离，提高分离效果，另一方面为了防止高压页岩气窜入烃出口的下游低压设备，以确保生产安全。分离器液位检测的设置除分别设置油和水的液位检测外，还需设置油水界面检测，监视到油水界面的高低，以便掌握分离出的油中是否带水或者是水中带油。液位的监控是极为重要的，液位计的选择要求测量准确、性能稳定、可靠，控制回路中需对液位超高或超低进行报警，并对液位进行紧急切断。

7. 凝析油稳定塔的控制

对凝析油稳定塔的控制回路设置有稳定塔的压力控制、塔底液位控制、重沸器出口的温度控制。

设置的稳定塔压力是为了保持生产过程中塔的压力稳定，使凝析油组分稳定。控制回路是：被控对象为塔顶压力，即检测塔顶压力参数，调节塔顶的出口流量。

因重沸器出口温度是组分分割的重要参数，重沸器出口的温度控制是对塔底凝析油在重沸器加热将轻组分从凝析油中再闪蒸出来，该控制回路的检测参数为重沸器出口温度，调节进入重沸器加热源热量。

塔底液位控制是为了使凝析油在塔底有一定的停留闪蒸时间，同时避免塔底被排空及设备窜压。该控制回路的检测参数为塔底液位，调节塔底的凝析油出口流量。

9.3.4 页岩气净化处理厂

1. 页岩气脱水的自动控制

1）分子筛脱水装置检测和控制回路

（1）分子筛脱水塔进出口截断阀顺序控制系统（对分子筛吸附、再生和冷却过程进行程序控制）。

（2）加热炉再生气温度控制系统。

（3）再生气流量控制系统。

（4）对出口装置干气流量进行计算。

（5）在装置出口管路设置在线水分分析仪，对装置干气露点进行分析检测，以防止湿气进入输送干线等。

2）分子筛脱水后的干气中水含量可低于1 mg/kg，水露点可低于-50℃。但是由于分子筛脱水等固体吸附法存在对于大装置设备投资和操作费用较高、气体压降大、吸附剂易中毒和破碎、吸附剂再生时耗热量较高（在低处理量操作时尤为显著）等缺点，因此溶剂吸收法是目前天然气工业中较普遍采用的脱水方法，其中三甘醇（TEG）法脱水装置应用最为广泛。

3）TEG法脱水装置检测和控制回路

（1）为了保证脱水装置安全平稳运转，通常设置以下主要检测和控制回路：

① 吸收塔塔底液位控制；

② 吸收塔压力控制；

③ 溶液循环泵入吸收塔流量控制；

④ TEG再生重沸器溶液温度控制；

⑤ 燃料气系统压力控制；

⑥ 干气含水量分析检测；

⑦ 火管炉自动程序点火及安全联锁系统。

（2）吸收塔塔底液位控制

吸收塔塔底液位是保持TEG溶液循环系统平衡的一个重要控制点，也是隔离高压区和低压区的界面，当液位超低并进一步造成页岩气窜至低压区的溶液闪蒸罐时，将会造成重大的安全事故。通常在吸收塔底设置双重液位检测，一台用于正常液位控制；一台用于液位超低报警和富甘醇溶液的紧急切断。两台液位检测仪表在控制室可以进行比较监视，当信号差达到一定值时将报警，提醒操作人员即时到现场对两台液位计进行检测、处理，并切换正常的一台液位计作为液位控制的检测信号。液位调节阀安装在吸收塔富三甘醇溶液出口管线上，调节阀节流压降很大，考虑到在阀芯出口会有部分页岩气闪蒸，故调节阀口径应适当加大。从设备安全和改善液位调节系统调节品质考虑，吸收塔底液位在上下检测点之间宜留有10 min以上的停留时间；为保证闪蒸罐设备安全，闪蒸罐上的安全阀泄放量应按所选液位调节的口径（全开）在额定压差下能通过的页岩气量。

当TEG循环泵采用能量回收泵时，吸收塔底高压富液流经回收泵，依靠高压富液能量带动贫液泵从低压升至高压进入吸收塔。此时，吸收塔不设液位控制，液位依靠能量回收泵的转速和页岩气补充量自动平衡。

（3）吸收塔压力控制

吸收塔压力是通过控制出塔页岩气管线调节阀来实现的，调节阀前压力为吸收塔操作压力，阀后压力为出装置输气管线压力，通过的量为脱水装置最大处理量。

脱水装置一般不设进口页岩气流量控制系统，因为进脱水装置的页岩气量是由上游装置（如井组站）调配好的，当需要改变处理量时，需通过气田SCADA系统改变上游来页岩气流量。若油气处理厂有两套以上脱水装置运行时，为了均衡和调配每套装置处理量，可在每套装置前加设流量控制。

从安全考虑，在脱水装置入口处设置压力安全联锁系统，当压力超出集气系统和管线设置压力时，该联锁系统将自动打开通往火炬系统的紧急切断阀。

压力调节阀的选型可采用气动调节阀或自力式调压阀，采用气动调节阀便于在控制室操作和整定参数，采用自力式调压阀不需要压缩空气作动力，但随处理量变化会产生控制点偏差。考虑到油气处理厂控制回路较多，设置一个仪表压缩空气系统是较好的。

（4）溶液循环泵入吸收塔流量控制

TEG循环量稳定和根据页岩气处理量进行调整，是确保干气达到一定脱水深度的重要条件。循环量的控制有两种方法：一是采用调节阀控制入塔三甘醇的流量；二是采用变频调速器调节循环泵排量控制入塔三甘醇的流量，两种方法在实际装置中都有采用。由于要求三甘醇泵量程高（85 m以上）而排量小，故选择往复泵，而流量调节阀安装在泵进出口连通管线上又增加阻力降，泵消耗的功率要大于实际需要功率，特别是当脱水处理量减少需减少循环量时，电机功率浪费更大，不利于节能。此时采用变频调速的方法更为合理。采用变频调速方案的另一个优点是对泵可以实现软启动，从而大大降低启动电流。

对于三甘醇的流量测量，因介质的黏度大且流量较小，流体的雷诺数很难达到标准孔板计量装置的条件，故可采用旋进漩涡流量计进行测量。

（5）TEG再生重沸器溶液温度控制

脱水装置的溶液采用三甘醇（TEG），吸收水分后的TEG需加热再生才能循环使用，为了达到一定的脱水深度，TEG的再生温度应控制在202℃左右。如果用蒸汽作热源需要饱和蒸汽的压力等级为2.5 MPa，在工厂没有高压蒸汽来源时，采用直接火焰加热的火管式重沸器是最为简便的方法。火管式重沸器的控制系统应充分考虑以下问题：

① 采用火管式重沸器的TEG重沸器溶剂停留时间一般在30 min左右，温度变化缓慢，根据对重沸器内溶液温度场的分析，在接近重沸器内溢流堰处的溶液温度反应最灵敏，温度控制点宜设置在此处。

② 火管式重沸器火焰中心温度为1 427℃，其火管壁温度因受溶液侧传热系数大的控制，在接近火焰中心处的管壁温度为221℃，随着火管长度方向管壁温度逐渐降低，而TEG的分解温度按美国BSB公司数据为243℃，因此，在生产基置上不需考虑火管壁温的测量。为防止溶液温度升高引起壁温上升，可对溶液温度进行报警或联锁切断燃料气，其高限设定值为207℃。当重沸器内溶液液面降低造成火管不能完全浸没时，管壁温度接近火焰温度，因此应有可靠的液位监视措施，液位安全线处在火管上面7 mm处。

③ 采用干净化气作再生气提，在重沸器内温度一定时，可极大提高TEG 再生浓度。气体通过重沸器盘管预热时，气提气预热温度随重沸器内温度同步变化且有超前的趋势，因此，可考虑气提气预热温度作为辅助控制参数。

④ 火管式重沸器采用低噪声的低压火嘴时，其热负荷的调节范围为60%左右，超过此范围，火焰的形状发生变化。当火焰接触火管时，会使管壁温度局部上升，因此，当采用单火嘴燃烧的火管式重沸器时，应对火嘴前调节阀进行限位。更为有效的办法是，加宽热负荷调节范围，采用多火嘴燃烧，用切换火嘴数量获得理想的调节范围。该控制方案为温度在连续控制与二位式控制的组合方式，当操作负荷小范围变化时，可由温度调节器的输出信号连续改变调节阀的开度来控制，而当负荷较大范围波动时，由增减火嘴个数来调节温度。该系统在连续调节时，溶液温度控制精度为(202 ± 1)℃，在切换火嘴时最大超调为 ±3℃，可获得较理想的效果。

(6) 燃料气系统压力控制

脱水装置燃料气系统主要供给重沸器火管加热炉燃料，再生用气提气和火炬用燃料气，燃料气压力一般为0.4 MPa，燃料气取自装置干气管线，控制压力为0.4 MPa。若调节压降过大，对调节阀阀芯会产生冲蚀，同时节流后介质温度降低，当低于介质压力下的水露点时可能会造成冰堵，此时可采用两级调压。调压阀可采用气动机构，由控制室进行控制，也可以采用自力式的压力控制器，后一种方式简便，在装置停运期间仍能工作，不影响低压燃料气的使用。

脱水富液闪蒸罐的闪蒸气直接进入低压燃料气系统，从物料平衡角度分析，当出现闪蒸气量大于燃料气用量时，燃料气压力调节将会失控。此时，要采用燃料气压力分程调节方案，正常时压力控制高压气的补充量，当补充量调节阀全关，而压力仍然高于给定值时，调节器的输出将控制燃料气放空调节阀打开，这可取得较好的控制效果。

(7) 干气含水量分析检测

干气含水量在线分析是脱水效果的重要检测手段，可根据处理量变化及时调整三甘醇循环量。含水量分析有两种类型的分析仪：一种是测定干气的露点，即将干气冷却采用镜面结露原理的测量方法，根据检测到的水露点再换算出干气的含水量，这也可以检测烃露点；另一种测量方法是直接测量干气的含水量，如水晶振子振荡频率随干气水分含量变化的物理测量方法或采用五氧化二磷吸附水，再利用电解原理的化学测量方法。直接测量到的水分含量可通过软件换算成干气压力下的水露点。以上几种方法在已运行的脱水装置中都有实际应用，其中水晶振子振荡法可在线自动标定仪器零点、量程，仪器自动化程度高，维护工作量小，得到广泛应用。

（8）火管炉自动程序点火及安全联锁系统

火管式重沸器因无炉膛的蓄热作用，当熄火后，炉膛温度迅速降至燃料气自燃温度以下，此时再喷入燃料气很难再燃烧，需重新点火。而点火时若不按照一定程序，最易发生爆炸事故。因此，采用火管炉再生三甘醇的装置一般应设置自动程序点火装置。同时，为确保脱水装置安全运行，还设置了火管炉液位超低、温度超高及手动紧急切断燃料气的安全联锁系统。自动程序点火和安全联锁统一考虑在一套设备中，并与控制系统进行信息连接，形成一个整体。

2. 页岩气烃露点的自动控制

在气田投产初期，因压力有保证，通常采用J-T法工艺时的温度控制，后期因压力下降，改用外制冷设备取代节流阀，其他工艺和控制都是相同的。

1）低温分离器的温度控制

烃露点的保证主要靠节流阀来控制，采用压降的控制来实现温度的控制。在焦耳-汤姆孙（以下简称J-T）效应下，使页岩气的温度迅速降低，经分离液体后实现水和液烃的脱除。

采用压力调节实现温度控制：采用阀后压力控制（或采用阀前压力），在一定的压力降下，可以将温度降低约20～30℃。在入口温度为-5～0℃时，出口温度可以降低到-35～-20℃，这时可以在低温分离器中分离出液态醇烃液，即达到脱烃脱水的目的。同时，在干气出口增加温度控制，可以保证入口温度和压力的稳定，实现装置的平稳运行。

采用压差调节实现温度控制：采用压差控制，也可以实现压力降控制。此法优点是更易保证出口温度，使烃露点满足管输要求，但有可能造成压力波动，需要装置出口或总出口进行压力控制，以保证装置的压力稳定。

采用丙烷制冷装置实现温度控制：在气田开发后期，因气田压力下降，无压力源节流，需增加外制冷装置，将J-T阀改为制冷装置即可。

2）液-液分离器的测量和控制

液-液分离器的主要功能是分离从低温分离器中分离出的醇烃液，液-液分离器可以分为入口段，沉降段，收集段，液体停留时间一般为 10 ～ 20 min。

根据液-液分离器的结构，醇烃液经过沉降后，因密度不同，分别进入不同的收集段，醇水和烃液分别从不同的收集段进入下一装置处理。因分离器沉降段两相界面较为稳定，可以不进行测量，而收集段液位控制较为简单，分别在醇水腔和液烃腔的出口设置液位控制回路即可。

第10章

页岩气地面工程SHE

10.1 页岩气地面工程SHE要求

10.1.1 页岩气田开发 SHE 要求

1. 总体要求

（1）气田开发应建立SHE（安全、健康与环境一体化）管理体系，贯彻“预防为主，防治结合”“安全第一、预防为主”和“以人为本、环保优先”的职业卫生、安全和环境保护的方针。

（2）安全生产、职业病防护和环保设施应与气田开发主体工程同时设计、同时施工、同时投入生产和使用的“三同时”原则。

（3）建立、健全SHE责任制，逐级明确各级的责任；所有工程项目应签订SHE合同，明确甲、乙方责任。

（4）页岩气田地面工程建设应严格SHE投资管理，专款专用，禁止挪用。

（5）气田开发应按国家有关要求及企业的需要，开展安全评价、职业病危害评价及环境影响评价工作，评价单位必须具备国家颁发的相应资质。

（6）推行气田开发清洁生产，做到“三废”处理达标排放，防止污染环境。

（7）严格执行事故上报制度。对于发生的各类安全生产事故、职业伤害和环境污染事件，要及时、准确、全面地向相关部门进行上报，不得迟报、漏报和瞒报。

（8）气田开发各个阶段均应制订事故应急预案，并定期组织预案演练，提高员工对突发事故的应急处理能力。

2. 压裂作业要求

（1）压裂作业施工设计应包括SHE相关内容，并落实安全预评价、职业病危害评价、环境影响评价文件中提出的各项措施及相关部门的审批意见。

（2）压裂返排液应进行处理再利用，少量外排废液进行无害化处理。

3. 地面工程建设要求

（1）要求施工承包商严格遵守生产单位的有关安全管理规定，全面掌握作业环境的安全状况，严格按照审批的施工图设计方案组织施工，不得擅自改变施工方案。

（2）施工现场的甲、乙双方，要明确分工，密切合作，共同做好施工全过程的监督管理。甲方施工主管部门和乙方人员应该全过程现场监督，监护人员要全程在施工作业点监护。

（3）施工承包商必须承担过石油天然气工程建设，取得施工企业相应资质证书；建立质量保证体系，以确保工程安装质量。

（4）试运行前，建设单位应组织有安全、环境保护部门参加的工程验收，检查SHE相关措施的落实情况；投产试运行应按国家规定取得卫生、安全、环境保护和消防等部门同意。

（5）竣工验收前应按国家规定完成安全验收评价、职业病危害控制效果评价和环境保护验收评价。

（6）按国家相关规定及时进行包括安全、职业卫生、环境保护和消防设施在内的专项验收。

10.1.2 页岩气生产过程SHE管理要求

1. 一般要求

（1）SHE部门设置及人员要求：

① 新开发气田应设置SHE管理部门，并配备专职的SHE管理人员，负责对气田生产过程中的SHE管理。

② SHE管理人员应具备SHE专业知识、实际管理经验及SHE培训合格证书。

（2）各级SHE管理机构应建立、健全SHE台账，设专人负责管理。

（3）根据生产运行状况，委托有资质的安全评价机构进行安全现状评价，及时发现和消除安全隐患。

（4）投用的职业防护、安全、环保设施定期进行校验、检测，保证处于完好状态。

（5）建立SHE巡检制度。岗位巡检人员应做好巡检记录，发现隐患或事故应及时处理并上报。高危、高毒岗位巡检应携带必要的防护检测仪器。

（6）建立、健全场站人员、车辆安全准入制度、动火管理制度、进行高处作业制度、进入有限空间作业制度、动土作业制度及临时用电作业制度等各项制度，并严格执行。

（7）分析各生产过程中可能发生的事故，编制应急预案，并定期进行演练。

2. 试井作业地面SHE管理要求

（1）试井作业严格遵守行业标准和相关规定。

（2）试井仪器入井作业应按SHE作业计划、指导书和相关标准执行。

（3）试井作业放空测试时，应将放空管线引到安全区域，并按规定点火放空。

3. 压裂作业地面SHE管理要求

（1）对压裂作业工具选择、施工步骤进行优化，提出具体防护措施，编制应急预案。

（2）以施工井井口10 m为半径，沿泵车出口至施工井井口地面流程两侧10 m为边界，设定为高压危险区。高压危险区使用专用安全警示线（带）围栏，高度为0.8～1.2 m。高压危险区应设立醒目的安全标志和警示。

（3）地面流程应按设计要求连接。管汇出口至井口采用高压硬质管线连接。

（4）地面流程承压时，未经现场指挥批准，任何人员不得进入高压危险区 。

（5）压裂施工完毕，应按设计要求关井，拆卸地面管线。

（6）压裂施工人员离开现场前，应清除施工产生的油污、杂物。

4. 采气过程地面SHE管理要求

（1）加强对井口阀门冲蚀损害的监测，发现问题及时处理。

（2）地面安全装置及控制系统应定期检查，发现问题及时报修。

（3）落实事故应急预案，确保事故时工作人员及附近居民能安全迅速疏散。

5. 页岩气集输过程SHE管理要求

（1）页岩气集输站和页岩气处理厂的装置区、主要建（构）筑物、天然气集输管道的危险部位、关键阀门等应设置明显的警示标志。

（2）天然气集输站操作、维护过程应制订SHE“两书一表”和岗位操作卡，严格按照相关技术规范、规程及作业计划书和指导书进行操作、维护，对运行状况和各项参数进行监测，发现问题及时处理并上报。

（3）页岩气压缩机厂房等易积聚可燃气体的场所，应设置通风设施和可燃气体报警仪，对通风设施经常进行检查、维护和保养，并做好记录。

（4）含有酸性气体的页岩气采、集、输、处理厂站，应设置相应的酸性气体检测报警仪。

（5）页岩气净化厂、集气站应设有事故状态下紧急截断及放空设施；增压机要设置超压保护及泄放设施。

（6）页岩气管线的日常管理要满足《石油天然气管道保护条例》的要求。

（7）定期对管道进行巡检，汛期应加强巡视，并及时对损毁部位进行维护、修复。

（8）每三年开展一次管道现状评价，对管段进行剩余强度评估和剩余寿命预测；对检测、评价出的安全隐患应及时组织整改。

（9）管道检测、评价应由具备资质的检测、评价机构承担。

6. 弃田、弃井的处置

（1）弃田按有关规定处置。

（2）弃井处置后达到井口不冒、层间不窜，并恢复地表生态。

7. “三废”处理过程管理

（1）应实施污染源分类分级管理，明确每个污染物排放口达标排放的责任人；对于产生污染的生产过程，操作规程中应当有明确的污染物控制和排放规定。

（2）应当建立完整的废物处理和排放控制档案。

（3）未经环境保护管理部门许可，环境保护设施不得擅自闲置、停运或者拆除。

（4）生产装置开停车和进行检修、维修作业时，应制订并实施污染防治方案，有效处理、处置作业过程中产生的废物。

（5）产生危险废物的气田，按规定制订危险废物管理计划，并向环境保护行政主管部门进行申报；按规定处置危险废物，不得擅自倾倒、堆放；危险废物的转移，执行危险废物转移联单制度，经环境保护行政主管部门批准后转移。

（6）处理、处置可能污染环境的废物时，应核实受托方的资质和能力，并监督处理、处置过程。

（7）污染性生产项目和有毒、有害产品须委托或移交给有污染防治能力的企业生产和经营。

10.2 页岩气地面工程的安全生产(Safety)

10.2.1 事故类型和危害

1. 事故类型

1) 管道、设备的内压爆破

内压爆破与超压工作、设备自身的缺陷、腐蚀作用、自然环境变化或外力作用等因素有关。气体承压与液体承压结构爆破情况不同,它是在爆破的瞬间释放出气体所具有的全部压缩能,少量气体泄漏不能使构件失压。由于气体集输处理工艺的工作压力高(可达 10 MPa甚至更高)、承压构件的容积大、爆破对周边环境冲击和破坏作用也大。爆破中大量外泄的页岩气还会引发燃烧、爆炸、人体中毒等继发性事故的危险。

2) 页岩气的燃烧和爆炸

页岩气是以甲烷为主要成分的可燃气体混合物,密度比空气小。泄漏和爆破事故时自然释放的页岩气与空气混合并向周边区域扩散,可能遇火引起燃烧事故。当页岩气与空气在密闭空间中以一定比例混合时,该混合物还有遇火发生爆炸的危险。燃烧事故大部分发生在邻近管道、设备的外部空间,发生后可以扩展到更远的地方。管道、设备内部一般不会发生燃烧事故,因为管道、设备完好时外部空气无法进入其中,而且管道和设备破损时,在管内剩余压力作用下,外部空气也无法进入。

天然气与空气混合物的着火爆炸,是混合物在几何容积一定的密闭空间中遇火后瞬间完成的快速燃烧过程,产生的能量瞬间释放,其本质是一种特殊形式的燃烧事故。由于高温燃烧产物的体积剧烈膨胀受到限制,它所产生的高压使密闭空间结构受到像炸弹爆炸那样的破坏,完成能量释放。着火爆炸既可以发生在管道和设备的内部,也可以发生在管道和设备的外部密闭空间,如我国西南地区特殊地质环境下形成的矿洞内,当页岩气在浓度高于临界浓度时,也会发生爆炸,在重庆地区就发生过此类事故。页岩气发热值高、燃烧产物温度高、热辐射作用强、影响和危害作用大,而且有可能引发如地震、山体滑坡等其他衍生危害。

2. 事故危害

1）造成人身伤害和经济损失

内压爆破、燃烧和着火爆炸都对管道、设备以及周围环境有很强的破坏作用，而且在事故得到有效控制前，还会有大量页岩气通过破损部位继续外泄到空气中去，事故可能使现场操作人员和居民受到严重人身伤害，还会使临近居民的财产受到损失。若爆炸事故引发衍生地质危害，也会对周边交通、农业、工业等产业造成危害。

2）影响气田生产的正常连续进行

页岩气矿场集输与处理是个连续的生产过程，各生产环节之间相互依赖、相互影响；各工作参数和工作状态彼此密切相关，任何一个环节的事故都会对该环节上游和下游产生影响，关键环节出现事故还会造成大范围的生产停顿，甚至影响整个生产过程继续进行。

10.2.2 内压爆破事故防止和紧急处置

1. 防止低应力脆性断裂导致的管道和设备内压爆破

使管道、设备的材质与工作环境相适应，避免金属材料在工作状态下发生低应力脆性断裂是防止管道和设备爆破的重要手段。

1）金属脆性断裂的特点和脆性断裂原因

金属发生脆性断裂的基本特征是发生断裂的金属构件的实际工作应力处在允许的范围内，承载工作截面的强度尺寸也符合设计要求，构件断口光滑、无明显塑性变形。

金属材料低应力脆性断裂的原因主要有两个：低温环境下韧性不足或湿的H_2S与金属发生氢致开裂。由于目前页岩气中暂未发现有H_2S的存在，因此页岩气集输与处理中管道和设备的低应力脆性断裂主要原因与金属材料韧性和脆性温度有关。

2）脆性断裂的预防

金属材料的韧性随温度的下降而减小，冲击韧性、延伸率、断面收缩率是表征金属材料韧性的主要指标。冲击韧性随温度降低而减小的趋势明显，常用来表征金属材料韧性随温度降低的速度和速度变化，并据此核对金属在低温条件下工作时的安全可靠性。

一般情况下，金属材料冲击韧性随温度的变化是非线性的，当温度下降到某一限度值时冲击韧性的下降速度会陡然加快，冲击韧性值发生突然大幅度下降，这个温度称为该金属的脆性转变温度。脆性转变温度取决于金属的材质。

管道、设备工作时，工作截面上各点处的温度平均值称为管道、设备金属材料的工作温度。金属材料工作温度与工作介质（页岩气）的温度、周边环境温度和工作介质通过壳壁与外界环境热量交换状况有关，随内部介质流动状况和外部环境条件的变化而变化。承压构件在预计工况下工作时可能达到的温度最低值即是金属的最低工作温度。

金属材料的最低工作温度可按式（10–1）计算：

$$t_{w,\min} = \frac{t_{n,\min} + h_H \dfrac{t_{g,\min}}{h_B}}{\dfrac{h_H}{h_R} + 1} \tag{10–1}$$

式中 $t_{w,\min}$——承压构件的最低工作温度，K；

$t_{n,\min}$——页岩气在集输及处理中可能达到的最低温度，K；

h_H——承压构件表面与外界环境的传热系数，W/（m^2·K）；

h_B——承压构件内部页岩气与构件壳壁之间的传热系数，W/（m^2·K）；

$t_{g,\min}$——外部环境可能达到的最低温度，K。

通过式（10–1）可以看出，管道和设备的最低工作温度与很多因素相关，为保证管道和设备能在低温条件下不发生脆性断裂，应选用脆性转变温度足够低的金属材料，其强度值上限也应受到一定限制，目的是使它的脆性转变温度低于管道、设备工作的最低温度，且距离该最低温度有一定的安全余量。

此外，页岩气在处理过程中可能会存在其中的CO_2和水处理不彻底的情况，在管线和设备中发生电化学腐蚀。腐蚀可导致管道和设备穿孔或壳壁变薄，从而导致局部应力集中，继而开裂。两种情况都会造成页岩气泄漏，发生爆破事故。因此为最大限度防止或减小腐蚀，应尽量保证页岩气在管道和设备中的干燥状态，控制腐蚀环境。

2. 防止超压工作

1）超压的防止

除气田开采后期矿场集输与处理生产需要在增压条件下进行外，井口压力在集输及处理环节中最高。在井口一级节流阀的后面安装自动的高、低压安全紧急截断装置，当下游压力升高到限定值或突然下降到失压状态时，该装置都能自动紧急关闭，截断气源。这样不仅有助于防止超压现象发生，还能在下游生产装置发生爆破时及时自动关闭气源。

页岩气矿场集输与处理生产区按压力等级不同分为若干区域，当工艺流程、自动控制设计不合理，机械故障或操作不当时，可能引起阀前后产生超压并导致爆破事故发生。因此在压缩机出口设置与入口相通的限压阀、选用安全可靠的压力调节阀、生产流程设计中合理划分和布置压力等级不同的生产区、加强对调压过程的监视，这些措施是防止压缩机出口和压力调节阀前、后出现超压现象的主要措施。

对高压流体进行适当压力释放也能防止管道和设备爆破。气体物料以一定的速度在几何容积一定的空间集聚，使有限空间气体质量数不断上升产生超压现象，以同样的速度及时、适当对外泄放一部分气体即可使升压趋势受到缓解。矿场集输与处理中的安全泄压是以天然气自身压力为动力，通过在压力作用下自动开启，泄压完毕后自动关闭的安全阀实现的。泄压安全阀有直接载荷式和先导式两种。其中，直接载荷式因为维修简便、价格低，应用最为广泛。先导式安全泄压阀灵敏度高和精确度较高，主要应用于工作压力高的场合。矿场集输与处理中的压力容器、压缩机、加热炉等可能发生超压现象的部位都应设置泄压安全阀。若气源处已经设置泄压能力足够大的安全阀或超压安全截断装置，可以不在上述装置上设置安全阀。

除了通过设置安全装置防止管道和设备超压工作外，在合理选用金属材料并提高焊接质量也是防止事故发生的重要手段。使用不符合设计要求的原材料、焊接材料或者不合适的焊接工艺导致承压构件内压爆破的事故屡见不鲜。因此承压构件制作、安装中应使用符合设计要求的原材料和焊接材料，采用适宜的焊接工艺保证焊接质量，满足矿场集输与处理中对承压构件工作安全性需求非常重要。

2）防止电化学腐蚀

管道和设备的壁厚因腐蚀作用出现壳壁变薄或应力腐蚀使金属缺陷扩展，承压能力严重降低时，会导致不能在合理的试用期内保持原有的承载能力或在正常的载荷作用情况下发生内压爆破。

前面小节已经说明保证页岩气脱水效率、CO_2脱除效率，并维持集输及处理的干燥环境可以降低管道和设备腐蚀。但由于实际中很难通过工艺流程改进使腐蚀程度降到最低，因此在一般情况下可以通过使用缓蚀剂或者增加管道和设备壳壁的腐蚀余量，使承压构件工作截面上的强度尺寸始终高于工艺要求的最低允许值。

防止缺陷扩展导致内压爆破的重要措施之一是提高管道的水压试验压力，使已经存在而未被发现的缺陷在水压试验中充分暴露而被消除。对直径较大的埋地管道可以做定期智能清管检测，实时监测缺陷扩展情况。

3. 内压爆破事故紧急处理

1）处置原则

内压爆破事故处置原则如下：在可能的最短时间内使爆破引起的天然气外泄受到控制，缩小事故涉及范围和继发性事故发生概率；最大限度降低事故造成的损失。

2）爆炸事故紧急处置

爆炸事故紧急处置的工作内容有：组织有关人员进入事故应急状态，向上级安全生产管理部门报告事故情况，必要时请求提供帮助；根据需要扩大事故处理中的禁火区域，执行事故应急有关的各种操作，禁止无关人员进入事故区域，转移事故区域内的可燃危险物品；核查与爆破点连通的上下游气源通道是否关闭，对未自动截断的气源进行人工关闭，必要时开启放空装置使超压区内部分天然气燃烧后排放；救护在事故中受到伤害的人员。

10.2.3 页岩气燃烧事故防止和紧急处置

1. 可燃物质燃烧

1）燃烧条件和燃烧中止

燃烧是可燃物在一定条件下产生的伴随有发热、发光、发声现象出现的强烈氧化反应。

可燃物、助燃剂、出现明火(或达到一定温度)是燃烧的充要条件。缺少其中一个条件燃烧就不会发生,燃烧中消除其中的任何一个因素都会使燃烧中止。避免三个条件同时具备,是防止燃烧产生和使燃烧事故中止的根本措施。

2) 引燃温度和自然现象

在有助燃剂存在的情况下,引燃可燃物所必需的最低温度叫做该可燃物的引燃温度。不同可燃气体的引燃温度是在一定的试验条件下通过引燃试验实现的,表10-1列出了与页岩气有关的几种可燃气体在20℃和1 atm(绝对压力)下的引燃温度。

表10-1 与页岩气有关的几种可燃气体的引燃温度 单位:℃

可燃物种类	氢气	甲烷	乙烷	丙烷	丁烷	戊烷	一氧化碳
引燃温度	500	537	472	450	287	260	605

页岩气的引燃温度与其组分和组分构成比例相关,可以通过引燃测定试验测定,在各组分构成比例和引燃温度都已知的情况下,可利用式(10-2)计算:

$$t = \sum_{i=1}^{n} t_i y_i \tag{10-2}$$

式中 t——引燃温度,K;

t_i——i组分的引燃温度,K;

y_i——i组分在页岩气中的分子百分数,%。

压力高低、可燃气体与空气的混合物比例、是否存在助燃剂、混合物中惰性气体的含量,是影响引燃温度的主要因素。其他条件相同的情况下,可燃气体的引燃温度随压力升高而降低,随压力下降而升高,当压力低到一定程度时,将无法用提高温度的方法引燃可燃气体。环境中有助燃剂存在时,可燃气体的引燃温度下降,下降程度与助燃剂种类相关。可燃气体与空气的混合比例越趋近于化学计量的燃烧所需的比例(燃烧反应中各种物质的物质的量的比例),引燃温度越低。可燃气体与空气混合物中存在惰性气体时,可燃气体在混合物中的分压值降低使引燃温度升高。惰性气体的含量越多,引燃温度上升幅度越大。

3）火焰传播速度

火焰传播速度大小等于单位时间内火焰前锋沿火焰传播方向扩展的距离。火焰传播速度受可燃物的种类、可燃物与空气的混合比例、混合物所处环境的压力和温度以及与外界热传递效率等因素影响。温度、压力越高，与空气的混合比例向化学当量燃烧要求的比例越趋近，燃烧中与外界环境的热量交换越低都会使火焰传播速度越高。反之，传播速度越低。如表10–2所示，试验测定了一些可燃气体的火焰传播速度。

表10–2 一些可燃气体的火焰传播速度

可燃气体种类	氢气	甲烷	乙烷	丙烷	丁烷	一氧化碳	水煤气
火焰传播速度/（m/s）	4.83	0.67	0.85	0.82	0.82	1.25	3.1
在混合物中的体积百分率/%	38.5	9.8	6.5	4.6	3.6		43

可燃气体着火燃烧的火焰传播速度既可以通过试验测定，也可以通过式（10–3）进行理论估算：

$$v = \sum_{i=1}^{n} v_i y_i \tag{10-3}$$

式中 v ——火焰传播速度，m/s；

v_i——i组分的火焰传播速度，m/s；

y_i——i组分在页岩气中的分子百分数，%。

4）燃烧产物数量、组分构成和可能达到的最高温度

燃烧产物是对可燃气体燃烧时产生的高温气体混合物的总称。确定燃烧产物的量、组分和可能达到的最高温度是评估燃烧事故危害程度和制订灭火措施的条件。

页岩气事故性燃烧中的空气体积分数不确定，当空气量不足时燃烧产物中还会有未燃烧的烃类组分以及燃烧中间产物CO的存在。因此，为粗略估量事故燃烧中的燃烧产物数量、组分构成，只能假定事故燃烧时，页岩气与空气的混合比例与化学当量燃烧反应式中的比例相同。

正常空气中O_2与N_2比例为21 ∶ 79(即1 ∶ 3.761 9),据此燃烧反应方程式如下:

$$CH_4+2O_2+2\times 3.7619N_2 = CO_2+2H_2O+2\times 3.7619N_2+QC_1$$

$$2C_2H_6+7O_2+7\times 3.7619N_2 = 4CO_2+6H_2O+7\times 3.7619N_2+QC_2$$

$$4C_3H_8+20O_2+20\times 3.7619N_2 = 12CO_2+16H_2O+20\times 3.7619N_2+QC_3$$

$$8C_4H_{10}+52O_2+52\times 3.7619N_2 = 32CO_2+40H_2O+52\times 3.7619N_2+QC_4$$

式中,Q_i为页岩气中i组分的发热量,kJ。

如果假设,化学反应中所释放的热量均用来升高温度,那么燃烧产物可能达到的理论最高温度值为:

$$t_{max} = t_0 + \frac{Q}{\sum_{i=1}^{n} m_i c_i} \tag{10-4}$$

式中 t_{max}——燃烧产物达到的最高理论温度,K;

t_0——页岩气燃烧前温度,K;

Q——页岩气燃烧的发热值,kJ/kmol;

m_i——单位质量页岩气中i组分的物质的量,kmol;

c_i——燃烧产物中i组分的平均比热容,kJ/(kmol · K)(表10-3)。

表10-3 燃烧产物中各组分的平均比热容
单位:kJ/(kmol · K)

组分 温度/℃	二氧化碳	水	氧气	氮气
0	35.86	33.5	29.27	29.11
100	38.11	33.74	29.54	29.14
200	40.06	34.12	29.93	29.23
300	41.75	34.57	30.4	29.38
400	43.25	35.09	30.88	29.6
500	44.57	35.88	31.33	29.86
600	45.75	36.19	31.76	30.15
700	46.81	36.79	32.15	30.45
800	47.76	37.39	32.5	30.75
900	48.62	38	32.82	31.04

（续表）

温度/℃ \ 组分	二氧化碳	水	氧气	氮气
1 000	49.39	38.62	33.12	31.31
1 100	50.1	39.22	33.39	31.58
1 200	50.74	39.82	33.63	31.83
1 300	51.32	40.41	33.86	32.07
1 400	51.86	40.98	34.08	32.29
1 500	52.35	41.52	34.28	32.5

理论计算中假设全部热量被燃烧产物吸收，忽略了燃烧反应中与外界环境的热量交换，因此理论计算值并不准确，而是较真实值略高。但是以较高的理论计算值估量高温危害和制订灭火措施更为保险可靠。

2. 预防燃烧事故发生

1）降低页岩气泄漏量

（1）提高管道和设备的密封性。气体泄漏点一般位于承压管道和设备上的任何可拆卸连接部位，矿场集输与处理中应尽可能用可靠的、无泄漏的焊接连接代替各种形式的机械连接。但是由于安装、维修、定时更换和某些生产操作的需要，可拆的机械连接不可能完全被焊接连接替代。采用合适的密封结构、使用密封性良好的密封材料、定期检查密封性和按规定更换密封构件，是降低页岩气泄漏风险的重要措施。

（2）及时发现和消除管道和设备上的局部穿透性损伤。常见的穿透性损伤的方式主要有：腐蚀不均匀导致的局部腐蚀性穿孔；承压构件高应力集中区出现的穿透性裂缝或孔洞；管道和设备在外力作用下受到的穿透性机械损伤。及时发现和消除这些损伤以阻止页岩气外泄，阻断可燃物源头是防止燃烧事故发生的重要手段。

（3）按规定检测和监视管道、设备泄漏情况。检测页岩气泄漏的常用方法为：连续监测集输和处理不同环节的物料是否平衡；随机检测管道或设备的可疑泄漏点处的泄漏量；检查和确定泄漏可疑部位是否泄漏；测量可疑泄漏点附近空气中和空间各处的可燃物浓度变化间接判断泄漏量。通过核对页岩气在生产过程中的物料平衡来发现泄漏点和泄漏量，是一种较全面、可靠的方法。目前，常把这种方法与监控系统以及数据采集系统（SCADA）对生产过程的自动控制结合起来。

2）隔绝火源

（1）设置禁火警示标志。在防火区的进出口和重要防火生产部位设置禁火标志，禁止一切人员携带发火器材进入防火区；禁止在防火区内使用明火；禁止穿底部有铁钉外露的鞋进入防火区；禁止在没有取得安全管理部门许可的情况下在防火区内进行金属电弧焊和金属的火焰切割工作；禁止在防火区内用金属工具直接敲击金属设施或使金属结构间产生撞击作用。

（2）防止产生电器火花。在防火区应使用防爆电器，防止电火花产生。

（3）防止静电火花。页岩气流动过程中与金属材料间的摩擦和邻近导体间的电感作用，都可能使集输管道和设备带上静电。当带静电导体的电场强度超过周围介电质的绝缘击穿强度时，介电质发生电离，产生静电并放出能量。这部分放出的能量如果大于页岩气的最低引燃能量时，就可能发生燃烧事故。因此，使金属管线和设备与大地相连，使电荷泄放，可以有效防止导体静电放电。此外，人体自身也可产生静电，在进入页岩气处理设施区域内前，应通过专门的静电导流桩，将静电导入大地。

3）保持安全防火距离

一定的安全防火距离对预防和及时扑灭燃烧事故、降低燃烧事故危害都有重要作用。安全防火距离使气田生产区域与周边其他生产设施和居民区隔离开来，避免燃烧事故对周边区域造成影响。同时，生产区域内的设施之间，尤其是使火灾危险性大的区域与关键性生产设施（控制室、变电站等）保持一定距离，使各设施在消防工具有效工作半径之内，这些措施对防火安全有重要意义。防火安全距离被写入了GB50183《原油和天然气工程设计防火规范》，它是在总结以往火灾事故经验，利用各种燃烧危害试验取得的数据，在对燃烧事故的扩展和高温辐射作用宏观评估基础上，结合工程实践和生产作业实践具体情况制订的，是工程建设中必须遵循的强制性要求。

3. 设置必要的消防设施

必要的消防设施是及时扑灭火灾、控制火情、消除初生火情、保护火灾中尚未受到破坏的生产设施，最大限度降低页岩气燃烧事故损失的唯一途径。

1）消防设施种类和设置方式

消防设施分类方法较多，按安装方式不同可将消防设施分为固定式消防设施和移动式消防设施。固定式消防设施被固定安装在规定的位置,其有效工作范围受到安装位置的限制;移动式消防设施不固定安装在某一特定位置,能满足不同防火区域内的消防要求,有很强的地区公用性。按使用的灭火剂介质不同,消防设施又可分为水、泡沫、干粉、液态CO_2等几种,它们有各自的特点和使用范围。

页岩气矿场集输与处理中的消防设施可以按集中或分散的方式设置,集中设置时择点设置若干具有一定消防能力的消防站,以车载式的移动消防设施为一定区域内的防火区提供消防服务;分散式设置根据各个消防区实际需要进行配置,一般不为其他消防区提供消防支持。

2)设置原则

首先,消防设施的设置应符合消防对象的特点和实际需要,满足消防可靠性和经济性两方面要求。集输及处理生产设施的分散性强,覆盖区域大,不同生产设施在工作特点、分布状况、生产规模、火灾危害程度上有区别。按照生产设施自身的实际情况和所在地区的交通等环境条件确定消防设施配置中的集中和分散程度,合理划分消防区域和设置消防设施。

其次,消防设施的设置应以自救为主,并争取建立和利用各种消防协作关系。生产区分散,各地的消防协作条件差异明显,页岩气燃烧事故又具有危害程度大、扩展速度快的特点,矿场具备自救能力对及时有效降低燃烧事故危害意义重大。

此外,消防设施的设置应与气体燃烧事故的消防特点、集输与处理过程中的特殊消防要求相适应。这类燃烧事故发生时紧急截断通向事故点的所有气源是最为重要的措施,消防设施的主要工作任务是扑灭初生的火灾并防止火势蔓延。由于生产内容和工作环境的不同,不同页岩气生产装置的灭火方式也不同,如有的装置发生燃烧事故不能使用干粉和水灭火器,在有液态烃存储的站场中有要求在火灾中用水冷却火灾区域周边的储罐。消防设施的配置应与上述消防工作特点的特殊要求相适应。

3)消防站的设置

如果总的消防责任区内各消防区域相对集中、彼此间交通条件良好,要对集中设置消防站和在各消防区域内设置消防设施两种方案进行比较。当前者的消防功能能满足消防要求而又投资低的情况下,应优先设置消防站,避免消防设施分散。当有大型页岩气净化厂或气井凝液处理厂存在的区域也应设置消防站,这样不仅可以满足工厂区域的消防要求，还能为邻近的其他集输及处理设施提供消防支持。

GB50183《石油天然气工程设计防火规范》按消防区内生产装置处理能力的大小对消防站工作能力进行了等级划分，并根据站的等级和扑救消防责任区的最大火灾来规定了各级消防站消防车辆的种类和最低数量。消防责任区内有两座以上的消防站存在且可能在同一火场协同工作，其中一座为消防指挥站，承担消防中的协调任务。

4）常用消防设施

（1）水消防系统。水的热容量最大、汽化热较高、可分散性好、价格低廉而且对环境友好，是消防中良好的灭火和冷却介质。水与火焰接触时被加热和汽化从燃烧区域吸收大量热量，所生产的水蒸气又会降低空气中的氧气压，使燃烧受到抑制。足够的水喷淋强度可使燃烧过程因燃烧区温度降低到引燃温度以下而终止。水喷淋还能使着火区附近尚未受到破坏的生产设施（尤其是可燃气体或液体的储罐）受到冷却保护，冷却消防人员的工作环境和保护人员安全。但是气体矿场集输与处理中主要依靠截断气源的方式使燃烧事故得到有效控制，水作为消防介质只被用来扑灭火灾中已被引燃的其他可燃物和冷却尚未受到破坏的设备。一般集输场站内除了页岩气，其他可燃性物质不多，不需要单独设置水消防设施。只有在生产工艺过程复杂的页岩气净化厂、凝液处理厂、凝液储存区域需要设置固定式的消防设施。

消防用水的供水量、供水压力和连续供水时间，是表征水消防系统消防能力和保证消防效果的3项重要指标。消防水供应量根据生产装置的生产规模、火灾危险类别、生产区内可燃液体的储存量、储罐布置方式以及其他固定消防设施的设置情况等条件，按照扑灭消防区一次最大火灾的需要通过计算综合确定，一般为20～45 L/s。消防供水压力主要由消防工具对水压的要求、灭火时需要达到的最高喷水高度来决定，与消防水管网的压力等级也有一定关系。采用单独的高压供水系统时，消火栓的出水压力为0.3～1.2 MPa。燃烧事故中消防水的连续供水时间按照生产装置的生产规模、燃烧特点、其他消防系统设置情况以及火灾扩展特点确定。一般情况下，按生产装置3 h、辅助生产装置2 h来考虑。当生产区存在大容量的可燃液体储罐时，储罐冷却用水的连续供水时间要求更长些。

合理配置消防水管网、消防水泵和消火栓，有助于提高消防系统的可靠性。消防水管网既可以独立设置，也可以与生产或生活用水管网合用，但不允许与循环水共用。供水量大、压力高的供水管网应最好单独设置，管内流速一般在5 m/s以内，即使管道出现故障，管网仍能保证100%的设计通过能力。当消防水与生活、生产用水合用一个管网时，该管网在火灾时应保证能通过100%的消防水设计量和90%的生产和生活水用量。消防区的面积大、长轴和短轴方向上的距离相差不多时，供水干线最好设置成环形并用截断阀将其分割为若干段、降低管道局部受阻对管网供水的影响。消防水泵都应配置双电源和备用泵，并使其能在接到指令后最短时间内投入运行和达到要求的供水量。条件具备时，消防泵最好采用自灌式的进水系统，当水源水位可能低于自灌要求的最低水位时，还应设置能保证自灌过程正常进行的辅助系统。消防泵一般应独立设置吸水管，当泵组共用组合式吸水管时，吸水管应设置两根以上，且每根吸水管都能满足泵组的总吸水量。用容积式泵做消防水泵时应设置防止泵出口压力超压的安全装置（如自动开启的泄压阀），以免当消防用水骤然较少或停用时因超压作用使供水管道或泵受到损坏。消火栓一般使用地上式结构，其数量和规格根据消防区内的消防对象的分布状况、所用的水消防设施的最大保护半径、各消防点用水量、消防冷却对象对冷却水提供的某些特殊要求、消防通道的分布状况等因素来决定。一般沿主要消防通道设置在离路边距离不大于5 m的路旁或离建筑物距离不小于5 m的地方。生产装置区的消火栓沿设备四周设置，间距一般不大于60 m，当装置区宽度超过120 m时，还应在装置区内通道上设置消火栓。低压消防管道上消火栓的出水能力取决于消火栓的公称直径，公称直径100 mm和150 mm消火栓其出水能力分别为15 L/s和30 L/s；高压消防管道上消火栓的出水能力依据管道的供水压力和消防工具的工作压力计算确定。

（2）干粉、液态CO_2和泡沫灭火系统。与水消防系统不同，干粉、CO_2和泡沫灭火系统在矿场集输中主要用于扑灭气体可燃物。干粉灭火器所使用的灭火剂是由某些盐和盐类混合物制成的固体粉末，它能有效抑制可燃物质的氧化反应，促使燃烧过程中止。目前应用较多的是以碳酸氢钠或碳酸氢钠与其他盐类的混合物为基料的干粉灭火剂，用它扑灭可燃气体初期火灾更为有效。为防止灭火中可燃物质易于复燃，常将其与氟蛋白泡沫灭火剂联合使用。大规模的干粉灭火设施大部分为车载移动式的，也可以在火灾发生概率较大的地方设置固定式干粉灭火装置。

CO_2作为阻燃剂，不能燃烧也不支持燃烧。向燃烧环境中人为注入CO_2可以大大降低燃烧环境中氧分压和燃烧产物的温度，对燃烧起抑制作用。CO_2的密度是空气密度的1.52倍，易于液化（临界温度为31.06℃，临界压力为7.385 MPa），且便于罐存和在火灾时汽化使用。但液态CO_2快速汽化过程中需要从外界吸收大量的热，只有外界环境供热量不小于汽化吸热量时，才能使液态CO_2保持一定的汽化速度，保证形成的气态CO_2的量和可扩散性。否则液体CO_2汽化量达不到要求，甚至使液态CO_2凝结成固态干冰，不能及时发挥消防作用。在密封空间内使用CO_2灭火后空气中的CO_2浓度会升高很多，需要及时通风以免对人体呼吸产生窒息作用。

消防实践表明，泡沫灭火方式是扑灭可燃物火灾最有效的方式，也可以用来扑灭固体可燃物的燃烧。在消防区内设置较多烃类储罐时，这种消防方式应用广泛。消防用泡沫是由水和发泡剂的混合物在泡沫发生器内与空气混合后形成的充满空气的可流动泡沫气泡群，其密度比可燃液态烃低而又有很强的黏滞性，能在高温和热辐射作用下保持自身性质的稳定且不易在风力和气流冲击下发生破裂。因此它能完整而致密地覆盖可燃液态烃类表面，隔绝空气进入，起到灭火和防火作用。消防泡沫还具有很好的冷却、绝热性能，可降低易燃物质的温度、避免燃烧发生和降低灭火难度。

（3）灭火器。灭火器按灭火介质的种类分为化学泡沫灭火器、空气泡沫灭火器、液态CO_2灭火器、干粉灭火器、卤代烷灭火器等。按移动方式分为手提式、背负式和手推式。他们都具有轻便、机动性好和易于操作的优点，适合在分散设置的集输及处理场站中使用。但是，灭火器一般体积较小，可容纳的灭火介质有限，只适合不严重的初生火情。

集输与处理生产区一般设置干粉或泡沫灭火器；在防污染、防水要求高的场合（如仪表控制室、通信站、化验室等）宜采用卤代烷或CO_2灭火器。灭火器的移动方式由每只灭火器的灭火介质填充量来决定，生产区的主要消防部位常采用手推式，其他地方可采用手提式或背负式。灭火器的数量由消防区的面积大小、单个灭火器的灭火介质填充量和有效保护半径来确定，为保证灭火消防工作及时可靠，每个配置点处的灭火器数量不能少于2个。灭火器应放置在临近消防对象、明显、便于取用且火灾中人能够接近的位置。放置处应有防冻、防晒、防水和防止外部腐蚀所需的防护措施，还需要定期校验灭火介质有效性和灭火器可靠性。

4. 燃烧事故发生时的紧急处置

1）处置原则

及时消除初生火情，使火势受到控制为扑灭燃烧争取时间，将燃烧事故涉及范围和造成的损失降低到最低限度。

2）紧急处置的主要工作内容

（1）紧急抢救在燃烧事故中的伤员

现场对受伤严重的工作人员或居民进行紧急抢救，或为进一步向专业化医院送治争取时间和创造必要条件。

（2）紧急截断事故点的气源

气体燃烧事故多数是在管道、设备爆破或出现严重泄漏的情况下遇明火引起的，在燃烧事故扩展前截断通向事故点的气源即可使燃烧中止。周边可燃物已被引燃时，截断气源也有利于燃烧事故继续扩展和降低灭火难度。

（3）及时扑灭初生火灾或使火势受到一定程度的控制

燃烧初期热辐射区范围还比较小，温度也未达到最高值，向周围的热辐射作用和扩展能力相对较弱，利用这个最佳时间扑灭初生火灾，可以取得最佳灭火效果。若燃烧在初期难以及时扑灭时，要通过消防手段努力阻止火势继续蔓延，为后续采取各种灭火措施和等待更大力度消防支援争取时间。

（4）冷却和保护尚未被烧毁的设备，隔离燃烧区与周边可燃物质

处在燃烧影响区的金属设备和其他承压构件会受到高温燃烧产物的强烈热辐射作用，内部工作介质受热压力升高的同时，金属承压构件随温度升高强度降低，双重作用下使金属材料承压构件不能承受过高应力而受到破坏。此时，需要通过冷却措施保护金属承压构件。

10.2.4 着火爆炸事故的防范和紧急处置

1. 爆炸条件和爆炸极限

发生着火爆炸的充要条件为：烃类气体和空气在容积一定的密闭空间内形成均

匀混合物；混合比例处在一定范围内；遭遇明火或混合物达到一定的高温。

页岩气与空气混合物发生着火爆炸的页岩气最低体积百分率和最高体积百分率分别称为天然气的爆炸下极限和爆炸上极限，两者统称为爆炸极限。可燃气体体积百分率在爆炸上限和爆炸下限之间的变化范围称为可燃气体的爆炸范围。爆炸上下限越宽，爆炸范围就越宽，该气体的可着火爆炸性就越强；反之，可燃气体的着火爆炸性越弱。

实验室中测定了天然气中各种可燃气体的爆炸极限，爆炸极限值与可燃气体和空气混合物所处的状态（压力、温度）、实验空间的几何尺寸和火源的点火能量有关。天然气中烃类组分、H_2、CO等可燃气体在温度为293 K、绝对压力为101.325 kPa（1 atm）条件下爆炸极限实测值如表10-4所示。

表10-4　可燃气体爆炸极限　单位：%

可燃气体种类	甲烷	乙烷	丙烷	丁烷	戊烷	H_2	CO
爆炸上极限	15.4	15	7.3	8.5	8	70.85	75
爆炸下极限	4.9	2.5	2.2	1.9	1.43	4.15	12.5

可燃气体混合物的组分构成和各组分的爆炸极限已知时，也可以用下面公式近似估算爆炸极限：

$$L = \frac{100}{\sum_{i=1}^{n} \frac{V_i}{L_i}} \times 100\% \tag{10-5}$$

式中　L——可燃气体混合物的爆炸极限，%；

V_i——可燃气体混合物中i组分的体积组成，%；

L_i——可燃气体混合物中i组分的爆炸极限，%。

2. 着火爆炸最高温度和最高爆炸压力

1）着火爆炸生成物温度的影响因素和爆炸生成物瞬时最高温度的计算方法

影响爆炸生成物温度的主要因素主要有三个：可燃气体的发热值，空气混合比例和混合物的初始温度。当发热值越高，可燃气体与空气的混合比例向化学当量燃烧所需求的比例越趋近，混合物在爆炸前的初始温度越高时，爆炸产物的温度越高，反之爆炸生成的温度越低。

爆炸产物瞬时最高温度与燃烧产物的温度计算原理和方法相同,计算公式如下:

$$t_{\max} = t_0 + \frac{Q}{\sum_{i=1}^{n} m_i C_{vi}} \times 100\% \tag{10-6}$$

式中 $t_{\max}$——爆炸产物的瞬时最高温度,K;

t_0——可燃气体与空气混合物的初始温度,K;

Q——单位质量页岩气的低发热值,kJ/kmol;

m_i——单位质量页岩气着火爆炸后,爆炸产物中i组分的摩尔分数,kmol/kmol;

C_{vi}——爆炸生成物中i组分的比定容热容,kJ/(kmol·K)。

着火爆炸事故发生时,页岩气与空气混合物的混合比例是未知的,难以准确预计爆炸产物的组分和温度,因此只能假定混合物比例与化学当量燃烧所需求的比例一致,这会使爆炸产物的温度理论计算值比实际值偏高,但不会对评估着火爆炸的危害程度有太大影响。

2)着火爆炸可能达到的最高瞬时压力

着火爆炸中的燃烧反应是在几何容积不变的情况下完成的,瞬时最高爆炸压力,可按下式计算:

$$p_{\max} = \frac{t_{\max} p_1 m_2}{t_1 m_1 Z} \tag{10-7}$$

式中 $p_{\max}$——着火爆炸瞬间可能达到的最高爆炸压力,MPa(绝对压力);

$t_{\max}$——着火爆炸时爆炸生成物可能达到的最高温度,K;

p_1——可燃气体与空气混合物的压力,MPa(绝对压力);

m_1——可燃气体与空气混合物的总物质的量,kmol;

m_2——爆炸生成物总物质的量,kmol;

t_1——可燃气体与空气混合物的温度,K;

Z——爆炸生成物的压缩系数。

3. 着火爆炸事故的预防

(1)监视和控制密闭工作空间的可燃气体含量、断绝防爆区火源

不在密闭工作空间设置可能出现的严重泄漏的设备,各种管路和设备连接尽可

能采用无泄漏的固定连接(如焊接连接),并将它布置在存在页岩气泄漏生产区的上风向,以降低页岩气进入密闭工作空间的可能性。对可能出现的页岩气泄漏的密闭工作空间进行足够的强制通风并设置天然气浓度作监测和报警的装置,确保空间中的天然气体积百分率低于其爆炸下极限值。在按防火规范划定的防爆区内杜绝一切可能导致着火爆炸事故的火源、所使用的电器必须是防爆的。

(2) 防止空气进入管道和设备,不使管道和设备内出现明火源

当集输管道和设备在正压下工作时,它们能自动阻止外界空气进入。但在投入运行前和停工后气体相互置换过程中,会给两者的混合提供条件。当管道和设备内气体混合物满足着火爆炸的条件时,会发生着火爆炸,导致管道和设备破坏,并危害操作人员或周边居民人身安全。

(3) 着火爆炸事故的紧急处置

① 抢救在事故中受伤的人员。着火爆炸产生的强大的冲击波、热辐射会使密闭工作空间内的人受到灼伤,而且爆炸碎片的撞击作用都可以使人受到机械性伤害。需要对现场重伤人员实行紧急救治,为进一步救治创造条件。

② 截断通向事故点的气源,防止衍生事故发生(如燃烧事故)。管道和设备发生着火爆炸时一般都会受到破坏,密闭空间中的着火爆炸也可能使其中的管道和设备受到破坏,造成页岩气外泄,及时截断气源是阻止后续其他事故的发生的根本性措施。

10.3 职业卫生(Health)

10.3.1 概述

(1) 职业卫生是国家劳动主管部门为了使劳动者的工作环境符合卫生要求、防止劳动者的健康因从事职业工作的原因受到伤害,以法规的形式提出的,与劳动者从

事的职业劳动直接相关的卫生规定。

（2）国家要求工业生产的经营者和管理者根据规定，采取与职业卫生有关的技术和管理措施，使生产工作环境的卫生符合法定的职业卫生要求，保证劳动者在法定的工作制度和工作时间下工作不会因工作环境的卫生条件不符合要求而使自己的健康受到损害。

（3）职业卫生是对劳动者合法权益的保护，也是保护劳动力、保证工业生产持续发展的需要。我国宪法规定“公民有劳动的权利和义务”，“劳动是一切有劳动能力的公民的光荣职责”；同时又规定国家要通过各种手段和途径加强对劳动者的保护，并将“劳动者享有获得劳动安全卫生保护的权利”写进劳动法。

（4）职业卫生是对劳动者的劳动能力和劳动积极性的保护，即是对劳动力的保护，有利于工业生产的可持续发展和为社会经济发展提供优质人力资源有积极作用。因此，我国建立了较为完善的职业卫生监察制度来强化职业卫生工作，提高职业卫生技术和管理水平。

（5）在制订相关监察制度的同时，也制订了各种职业的卫生技术标准，这些技术标准涵盖了国内不同行业的职业卫生要求，主要包括：劳动强度和高温作业分级；空气中的粉尘和有毒物质；作业场所的噪声等级；各种辐射量限制；气象条件和卫生要求等。具体到页岩气矿场技术以及处理，卫生要求主要表现在有毒物质含量、噪声等级以及粉尘量等。

10.3.2 生产过程中的健康安全风险

（1）火灾爆炸：页岩气是以甲烷为主要成分的可燃气体混合物，燃烧发生时燃烧产物温度高、热辐射作用强、影响和危害作用大，发生着火爆炸时所能达到的爆炸压力也相应高，这些都会给劳动者造成伤害。

（2）中毒窒息：由于采用非常规开采方式，产出的页岩气中会有有毒和放射性物质，在地面集输、处理过程中，极易泄漏出来，如果在有限作业场所集聚，作业场所缺乏监控和人员违章操作，就存在中毒窒息的风险。

(3) 触电：电气设备漏电、保护装置失效、人员违章操作，均可能导致触电事故。

(4) 噪声危害：地面系统中的机泵、管道振动过大，大排量气流撞击，均可能导致噪声危害。

(5) 化学危害：压裂返排液主要成分为化学添加剂，易挥发，具有刺激性，如果操作人员缺乏防护、作业场所通风不良，都可能对健康造成危害。

(6) 辐射：页岩气田压裂返排液中携带出来的地下天然矿物可能含有较低的辐射，返排液处理后剩余的这些低辐射矿物可能对操作人员及周边环境造成污染和危害。

(7) 高处坠落：人员在高于2 m以上的设施上操作、巡检、维修时防护不当，可能发生高处坠落伤亡事故，等等。

10.3.3 防范措施

(1) 在地面工程设计、施工及投产运行管理过程中，严格遵守国家法律法规和行业标准要求，防范火灾、爆炸等事故发生。

(2) 地面集输管道、分离器、脱水塔、精馏塔、压缩机等设备，由有资质的设计单位设计、施工单位安装，材质和强度质量以及安装质量应确保满足使用要求。

(3) 所有电气设备，均安装漏电保护设施，定期检查线路，按章操作，防止触电、电气火灾等事故发生。

(4) 所有可能受到雷电危害的设备、设施，均设有可靠的防雷电措施，防止雷电引起生产安全事故。

(5) 高压、触电、易燃易爆、有毒有害、机械伤害、高处坠落等危险设施或场所，均应悬挂醒目的提示、警示标志。

(6) 在易产生易燃易爆、有毒有害气体的场所，均根据相关规定设置固定监测报警和通风设施；现场配置一定数量的可燃气体监测报警仪和正压式空气呼吸器。

(7) 地面建设应采取各种有效的防冻、防滑、防坠落、防暑、防风、防腐等措施，最大限度削减不良自然环境条件带来的风险。

（8）对所有可能造成辐射的设备应定时测量辐射强度，并设置警示标志，按照相关处理原则进行安全有效处理。

10.4 环境保护（Enviroment）

安全和职业卫生在常规气田开发和页岩气开发过程中具有相通性，在法律制度、管理经验和工艺技术方面我们已经积累了大量的经验。但是无论是对于已经有页岩气开发成功经验的美国和加拿大等国家，还是对于页岩气开发处于摸索阶段的我国来说，环境保护仍是面临的最大挑战。

10.4.1 保护目标

1. 页岩气地面集输和处理、压裂返排液处理对周围环境的破坏

1）改变雨水汇集和地表水流动状态

施工过程中若改变地面雨水汇集状态、流动方向以及地表河流流动方向和状态，易造成自然灾害。例如：施工可能使雨水汇集，或者汇入其他河流，使河流流量加大，形成洪水，造成泥石流或山体滑坡，给周边居民财产造成损失；改变河流流动方向可能使原来下游生态平衡受到破坏，或者影响下游居民正常生活。

因此，尽量采用不对河床结构和流动状态产生影响的管道穿越江河模式，采用水下穿越时将水下工程施工对江河流动状态的影响降低到最低限度。并且实际施工中，防止大量作业产生的固体材料进入江河，对河床产生淤积作用。

2）破坏地表植被

处理厂建设和管线建设需要征用土地，原有土地可能为农业用地、森林、牧场、防护林或人工培植的有特殊用途的植被带，这些地表植被被破坏后，不仅影响生态平衡，还将造成重大经济损失或影响当地居民正常生活。

为防止或降低施工和生产过程中对地表植被的破坏，应在集输管线修建过程中，规划好线路走向，尽量避开林区、牧区或耕地，在不影响生产要求设计参数的前提下，缩小管沟截面尺寸，减小破坏范围。并且，在施工结束后，采取相应恢复性措施。

我国页岩气潜力产区大多生态环境脆弱，易被破坏且恢复困难，因此在页岩气集输和处理工程施工过程中，要求优化工程建设规划的概念设计，使集输管线走向、站场布置与地形地貌相适应，最大限度降低对地表的改变程度。

3）地表水和地下水污染

压裂返排液中含有碳氢化合物、重金属、盐分以及放射性物质等100多种化学物质，在其处理过程中可能泄漏到地表水及地下水层中，对河流、湖泊、地下水蓄水层带来污染。

4）空气污染

页岩气地面集输及处理中会有甲烷的泄漏，甲烷是一种温室气体，能吸收来自地面的长波的辐射，使近地面空气温度增高，造成温室效应，污染大气；而压裂返排液的处理过程中会有挥发性气体、放射性物质和有毒物质，均对空气有污染；页岩气脱水后产生的有机化合物的挥发也会造成空气污染。

2. 页岩气地面工程环境保护目标

页岩气集输和处理、压裂返排液的处理整个过程中都对页岩气田生产区域周围的环境产生影响，页岩气田区域周边环境主要保护目标为：地表自然状态、地表植被、土壤、空气、地表水和地下水。其中，保护水资源免受污染、最大限度节约使用水资源在页岩气开发环境保护过程中更为重要。

10.4.2 主要污染源和污染物

1. 大气污染物和污染源

（1）少量挥发性有机化合物　在天然气脱水过程中，有可能存在挥发性有机化合物（VOCs），其主要成分为烃类、氧烃类、含卤烃类、氮烃及硫烃类、低沸点的多环芳烃类等。天然气生产中挥发性有机化合物的排放量一般低于石油生产中的排放量,因为天然气产量从井场到输送管线是一个封闭的过程,排放的条件差。

(2) 少量苯排放　苯、甲苯、乙苯、二甲苯等有毒物质在天然气流中大量存在,但其排放量低。

(3) 少量CO和微粒物质(PM)　PM通常在基础建设期间从尘土及土壤中、施工通道的交通中、交通工具和发动机的尾气中进入空气。此外,发动机使用的碳质燃料的不完全燃烧将会释放CO。

(4) 臭氧(O_3)　臭氧并不是在天然气开发过程中直接产生释放的,而是由开发和生产过程中的挥发性有机化合物和氮氧化物在阳光辐射作用下结合产生的。

(5) 甲烷(CH_4)　甲烷(CH_4)是天然气的主要成分,也是一种温室气体。尽管天然气从井下到销售的整个生产过程都是密封的,但是甲烷还是可能从管道和设备中有少量逸出。

(6) 天然气田另一种潜在的排放物来源——压缩机的发动机　许多气体压缩机的发动机以天然气为燃料,发动机会产生氮氧化合物的排放量。

2. 土壤污染物和污染源

生产过程中的土壤污染物主要包含管道铺设、集输站场建设中场地平整和道路建设施工过程中土石方作业产生的岩土碎屑、生产运行期间的设备腐蚀产物、动力设备燃料及润滑油、已失效物料(活性炭、吸附剂或其他化学试剂等)和工作人员生活区的生活垃圾等。

3. 地表水和地下水污染物和污染源

污染地表水和地下水的介质主要是气田污水、矿场集输与预处理生产过程中的污水和页岩气净化厂污水。

(1) 气田污水由两部分组成:一部分指在气田钻完井过程中因设备泄漏、人为操作不当等原因遗留在井场的钻井液、完井液、压裂液。页岩气开发单井产量不高,要想达到有经济效益的目的,需要规模化钻井和压裂,即使钻完井流体可循环利用,但是需求总量还是很大的。钻完井流体如果处理不当,就会形成泄漏、外排等事故。钻完井流体中含有大量的凝胶类物质、重金属、化学盐类和碱类等具有一定毒性的物质。这些物质若处置不当有可能随雨水流进河流或湖泊造成污染，或者深入地下含水层，影响水质。另一部分气田污水为开发采气过程中随气流从地下岩层上升到地表的液相水。液相水在地层中被矿化，并且溶解了页岩气中的各种组分、盐类和其他有害化学成分。

(2) 矿场集输与预处理生产过程中产生的生产污水主要指生产过程中某些管道、设备在低点处的定期排污；生产装置检修时管道和设备内壁的冲洗水；流经生产区受污染地面的雨水；研究化验室内实验残液。由于生产工艺上的差异，这类生产污水所含的主要污染物种类、浓度和处理方法不同于净化厂的生产污水。

(3) 页岩气净化厂污水产生的途径与集输及矿场预处理生产基本相同，但净化厂的生产规模一般都比较大，水循环系统以及锅炉等设备定期排污也是生产污水的重要来源。

4. 噪声污染源

1) 页岩气地面建设施工阶段

施工作业过程中，要使用各种工程机械平整场地、开挖管沟，需要运输车辆运送材料，在岩石地段还需要采用炸药进行爆破，由于这些施工机械、车辆的使用以及人员的活动会产生噪声，对附近居民的生活产生一定的影响，同时会惊扰附近的野生动物。

2) 运行阶段

运行阶段的噪声主要来自集气站、增压站、页岩气净化处理厂，各站场的污染源主要有：

(1) 站内汇管、调压阀、节流装置、分离器和火炬放空系统，这些装置在节流或流速改变时将产生空气动力噪声；

(2) 压缩机房、燃气发动机、低温分离器、空压站、各种机泵等均会发出不同程度的机械噪声或电磁噪声。

5. 固体废弃物

1) 施工阶段

施工过程中的固体废物主要来源于场站施工、管道铺设等废弃的焊条、建筑材料、保温材料、防腐材料和工人日常生活产生的生活垃圾等。

2）运行阶段

运行阶段的固体废物主要有：

（1）压裂返排液处理过程中产生的污泥、渣料；

（2）站场产生的生活垃圾及生活污水处理装置排出的污泥。

10.4.3 风险分析

页岩气开发可能导致的环境风险有四类：大气和气候污染，地下水污染，地表水污染和局部地区的水资源短缺。

1）大气和气候污染

基于美国经验，页岩气开发以及管理不当而导致的与空气和水相关的主要环境风险如下。

（1）温室效应　页岩气最基本、最重要的成分是甲烷气体，在生产中由于各种原因可能导致甲烷释放和泄漏。虽然人们总认为二氧化碳含量上升是全球气候变暖的主要原因，但也应该认识到甲烷也是一种非常重要的导致全球气候变暖的温室气体之一。同样质量的甲烷导致的气温上升能力是二氧化碳的几十倍。目前全球气候变暖的三分之一原因是由于甲烷气体产生的。在美国，CATF（Clean Air Task Force）组织基于美国EPA（美国环境保护局）的估算，从石油和天然气生产过程中释放出的天然气是全球电厂释放出的二氧化碳导致全球变暖效应的35%。从全球角度来看，到2030年，油气生产所释放的甲烷气体将是人为产生甲烷气体的最大来源，如果考虑最近几年迅猛发展的页岩气开发，该比例还会提高。

（2）地面臭氧烟雾污染　主要由天然气燃烧释放入大气中的氮氧化物、碳氢化合物等在特殊的气象条件下（强烈日光、无风或微风、夏季至秋初等），经过一系列复杂的光化学反应生成的。由于臭氧是经过光化学反应生成的新的污染物（又称二次污染物），其危害比一次污染物更为严重。在美国的一些地区，由于页岩气的大规模开发导致的地面臭氧烟雾污染（比如氮氧化物和有机质组分），使得一些农村地区的臭氧烟雾达到了污染的临界值。

(3) 有毒气体　放空天然气的燃烧以及使用柴油的钻井设备及卡车等都会产生大量的有毒气体和烟灰,天然气以及发动机燃烧也会产生有毒气体。

2) 地下水污染

非常规天然气开发过程中的来自地层的流体、压裂液及天然气(甲烷)可能窜入水层并且对水层带来不利的影响,尤其是在大规模的压裂和返排作业过程中,这种影响的可能性更大。污染地下水可能的来源主要有:① 固井和完井的不合理设计及管理;② 压裂、钻井设备及大型设备的地面震动以及扰动(目前在美国已经有证据显示这些震动导致了当地井水的混浊);③ 一些老的或没有封堵好的废弃井眼;④ 地表存在的一些水文通道,比如断层和裂缝区等。

目前美国有关报道认为页岩气的大规模压裂开发会导致地下水的污染,但这仍旧是一个非常有争议的问题。不过可以想象,在没有严格的作业标准情况下,这类报道随着页岩气的开发将会越来越多。美国纽约州2014年12月颁布了禁止水力压裂法,受此影响,加利福尼亚州、宾夕法尼亚州、马里兰州等地的环保主义者也强烈呼吁政府颁布类似法律。

3) 地表水污染

页岩气井的产出液、压裂液、常规钻井操作和意外的井喷等都会含有大量的污染物质,这些污染物包括压裂液中添加的各种化学药剂、天然气烃类物质、支撑剂、含有天然有毒物质的地层高矿化度水(比如放射性元素、有毒矿物质等)。如何处理这些含有污染物质的流体关系到地表水及地下水是否会受到污染。我国的下扬子地区页岩发育丰富,同时河流、湖泊密集分布,水网发达,在该地区进行页岩气开发,如何处理好与页岩气勘探开发相关的产出液、压裂液等含有污染物质的液体至关重要。稍有不慎,排入地表水的污染源就会随着发达的水网迅速扩散,给生态和社会生产带来不可预测的影响。

4) 局部地区的水资源短缺

目前页岩气主要开发技术是长水平井多段水力压裂,通常而言,每口井目前的压裂用水将高达几万立方米,甚至更多,与常规压裂用水量相比剧增。仅美国2000年在Fort Worth盆地Barnett页岩中开采页岩气就用掉了$8.63 \times 10^5\ m^3$的水资源。到2007年水资源用量激增10倍,其中60%～80%的水会返回地面,其中含有大量的化学剂及放射性元素。如何处理日益增多的废水和压裂液是必须面临的问题，处理不当会造成环境污染。因页岩气的产量和井数有着密切的关系，增加生产井数是增加页岩气产量最直接有效的手段。可以预测，随着开发井数激增，水资源用量也会激增。基于我国目前的统计工作，我国部分页岩气发育较好的盆地，水资源短缺问题很严重，如何有效、合理地利用好水资源是非常重要的，既要做到有效开发页岩气，也应做到不与自然界抢水，维持生态的协调可持续发展。我国《页岩气发展规划（2011—2015）》提出了2015年页岩气产量达到65亿立方米的目标，据此推算耗水量可达4.5～13.8亿立方米，占到全国工业总耗水量的1.3%～3.9%。

10.4.4　防范措施

1. 环境风险的防范措施

1）控制气体排放

尽管已经有可行的技术去减少上述提到的污染物质的释放，但在美国目前的一些州法律和联邦法律框架下，还没有明确要求采取相关技术来减少上述的排放行为。因此需要制定操作标准以使得上游的释放最少，而且，正如下面所讨论的那样，目前非常规油气导致的气候问题所关注的焦点仍旧是这些油气燃烧之后释放出的二氧化碳。大部分减少页岩气开发所释放的甲烷及其他气体污染物的方法是商业可行的，并且成本也不高。这些方法和措施包括：

（1）减少页岩气井甲烷及其他气体污染物的排放，所有压裂操作的返排液应该直接排放在专用设备内，然后进行气液分离。分离后的气体尽可能进入管线用以销售和使用。不能被捕获的气体必须进行燃烧。

（2）在脱水的情况下安装闪蒸分离器，可回收将被燃烧掉或者排放到大气中的甲烷的90%～99%。

（3）使用集中处理设施，可减少发动机废气和粉尘的排放量。

（4）将脱水装置中的乙二醇脱水泵从最高的泵速降低到一个最优的泵速，将减少苯、甲苯、乙苯、苯乙烷和总二甲苯（BTEX）的排放量。这些单位往往以最大生产量或接近最大生产量的速率运转，以适应油气田初期或者最高的天然气生产。然而，当生产量下降,脱水装置应进行调整,以符合低的产气量,减少排放量。

(5) 在页岩气井口安装活塞气举系统,以优化天然气生产,减少放气操作而减少甲烷排放量。

(6) 优化压缩机和泵大小以减少所需的功率,从而减少废物排放。

(7) 利用红外摄影机能可视化识别任何短暂的碳氢化合物的泄漏,从而能够得到迅速修复,减少能源损失。

2) 保护地表水和地下水

在页岩气开发中,保护地表水和地下水的黄金准则。

(1) 采用全风险管理框架,尽可能运用先进技术探明地下地质构造,使得污染物质进入地下水层的风险最小化。

(2) 在完井期间以及完井后,启动地下水监测体系,不但要监测当地的水井,也要监测其他的井,以保证能够尽早发现污染物对地下水的污染情况。

(3) 采用严格的返排液处理标准,确保由于正常作业、意外井喷及泄漏导致的压裂液和压裂返排液,地层水以及烃类的释放与自然环境和地下水隔绝。

(4) 确保在地表的作业,比如震动和扰动不影响到浅部含水层。

3) 噪声污染防治控制

(1) 尽量消除噪声源及降低噪声等级

消除噪声源或降低噪声等级主要包含以下工作内容: ① 限制页岩气或其他气体物料在地面管道、设备中的流动速度。页岩气或其他气体物料在地面管线、设备内以较高速度流动时与管道设备内壁的摩擦作用是矿场集输与处理过程中普遍存在的噪声源。一般气流速度以限制在15 m/s以内为宜。② 尽可能避免气体物料在高速流动中流动截面发生剧烈变化: 降低流动截面发生变化时的变化幅度; 在变化截面前、后设置能有一定缓冲作用的锥形管接头。③ 降低高噪声设备的噪声等级。矿场增压中使用的压缩机、燃气轮机、页岩气净化设备是矿场集输与处理过程中的高噪声设备。降低此类噪声危害的主要措施有: 选用低噪声设备; 进出口处设置降噪装置; 对高噪声设备采取隔离措施。④ 降低阀件产生的噪声。矿场集输与处理过程中大量使用放空阀,当高压页岩气流经放空阀时,部分压力转化为很强噪声。可选用低噪声阀件、优化阀件结构或安装消声器等降低阀件噪声。

（2）控制噪声传播

噪声在空气中传播随着距离的增加而减弱，因此使工作环境与噪声源保持适当的距离，并在两者间种植绿化带或设置障碍物可以在一定程度上控制噪声对人体的危害。

（3）自身防护

自身防护对于防止噪声危害非常有效，尤其是针对经常在噪声等级高的环境中工作的现场人员。常用的自身防护措施是佩戴耳塞、防声棉或者防噪头盔等。

2. 控制与治理污染的方案

1）制订监测计划，对目前页岩气开发区域的气体排放量、空气质量以及地下水、地表水进行监测。其内容主要包括：

（1）定量评估燃烧和排放气体以及排放气体的组分（对所有有明显气体排放以及燃烧的过程）。

（2）对于典型的操作或生产过程，测量燃烧后排放物的组成。

（3）对处理厂存放液态烃类的罐或者其他排放富含VOCs的过程进行监测和测量。

（4）对优质完井的数量和质量进行统计，估算优质完井的概率，即监测完井过程中几乎不排放气体的完井作业概率。

（5）监测和测量非常规气开发地区空气中烃类（包括甲烷气）的含量，测量精度要达到能够监测出单一气体组分的浓度，在空间上的测量精度和频率应满足估算烃类气体单个组分在该区域不同位置的空间分布情况。

（6）监测和检测在现场条件下从发动机中排放出的NOX（氮氧化合物的总称，通常包括NO和NO_2等）和微小粒子。

2）实行第三方监测、评估和认证体制，以监督和保证相关公司遵循制定的标准和法规政策。这种体制可以包括不定期的检查和独立测量监测。

对于页岩气开发环境影响评估，国内科研工作者做了大量有价值的工作，中国石油大学（北京）的孙仁金和汪振杰，根据页岩气开发项目的特点比较筛选和改进了环境影响评价方法，构建了我国页岩气开发环境影响评价体系和评价模型。该模型既考虑了页岩气开发对水资源、空气、地表、噪声和辐射等自然因素的影响，又将社会、政策法律、经济等宏观环境因素纳入评估范畴，将环境影响程度最终结果量化，使得该模型既可用于页岩气开发项目对环境有无影响及影响前后比较评价，也可以用于不同项目之间的横向比较。

我国还处在页岩气开发的初期，在针对性的政策和法规方面还有很多空白，还缺少传统油气开发法规和非常规油气开发法规相结合的专用法律制度，在这方面美国是成功的。因此，需要借鉴美国已经成熟的，或者正在调整制定的法规政策，结合我国页岩气发展的总体规划、具体页岩气富集情况、开发特征、环境现状等因素，因地制宜，制定适合我国页岩气发展的可操作性强的、较为严格的法规政策。同时，还需要加大政府、民间监督力度，完善和落实污染责任制度，着力发挥如四川海相页岩、陕西陆相页岩等“国家级示范区”的示范作用，以保证从一开始就步入正轨，避免出现走别人已经证实为错误的老路。

第11章

页岩气地面工程建设投资明细

11.1 页岩气田地面工程建设投资构成

页岩气地面工程建设投资由工程费用、其他费用、预备费用组成，工程费用又按生产需要的主次分为主要生产工程、公用工程、辅助生产工程、服务性工程、生活福利工程、厂外工程、环境保护许可和废弃费用八部分，详见图11-1。

图11-1 页岩气田地面工程投资构成结构图

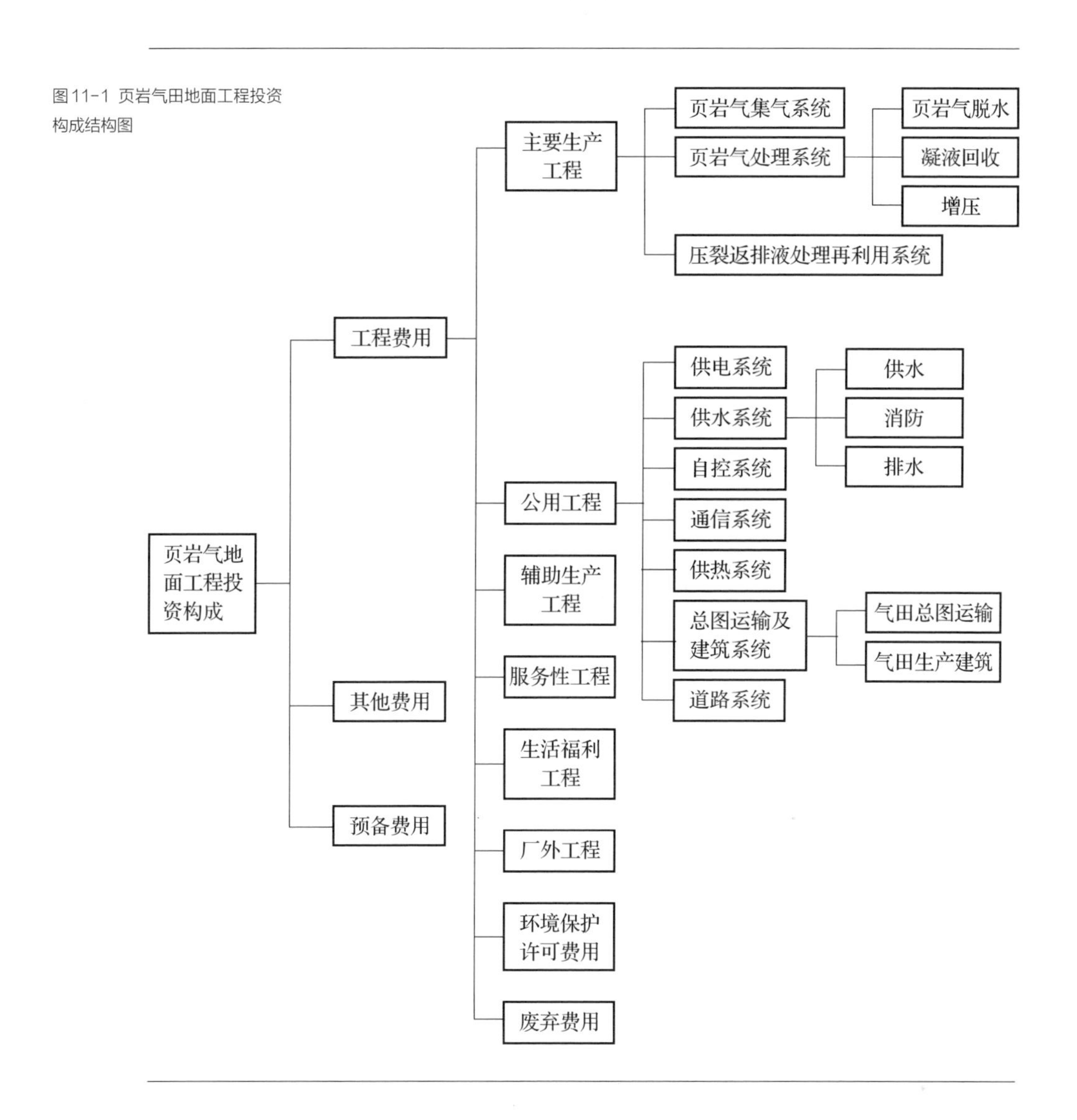

11.2 工程费用

11.2.1 工程费用组成

工程费用一般由设备费、安装费和建筑费三部分组成。下边举几个例子进行说明。

表11-1为页岩气处理厂中的脱水装置的工程费用估算举例(具体项目要根据实际情况计算)。

表11-2为页岩气净化处理厂总投资估算举例(具体项目要根据实际情况计算)。

表11-3为天然气地面集输管道总投资估算举例(具体项目要根据实际情况计算)。

表11-1 页岩气净化处理厂中的脱水装置工程费用估算

序号	规模/($10^8 m^3/a$)	规模/($10^4 m^3/d$)	设备费 × 10^2/万元	安装费 × 10^2/万元	建筑费 × 10^2/万元	合计 × 10^2/万元
1	5	1 × 150	197.938	79.733	16.867	294.538
2	10	1 × 300	395.875	159.466	33.734	589.075
3	15	1 × 450	510.679	205.711	43.517	759.907
4	20	2 × 300	672.988	271.092	57.348	1 001.428
5	25	2 × 380	874.884	352.419	74.553	1 301.856

表11-1中的设备费指的是脱水装置中所有设备的费用(每套设备的单价乘以数量);安装费用指所有设备的安装及工艺管线、阀门等费用;建筑费指设备装置在安装中动用的土方量、基础、土建等费用。

在页岩气处理厂中还有压缩装置、凝液回收装置、系统配套设施等,一般其他费用按工程费用的10%考虑,基本预备费用按(工程费+其他费用)总和的12%考虑。

表11-2 页岩气处理厂总投资估算表

序号	项　目	5×10^8 m³/a /$\times10^2$万元	10×10^8 m³/a /$\times10^2$万元	15×10^8 m³/a /$\times10^2$万元	20×10^8 m³/a /$\times10^2$万元	25×10^8 m³/a /$\times10^2$万元
一	工程费用	428.48	856.96	1 105.47	1 456.83	1 782.47
1	设备费	291.63	583.26	752.40	991.54	1 213.17
2	安装费	112.95	225.91	291.42	384.05	469.89
3	建筑费	23.90	47.79	61.65	81.24	99.40
二	其他费用	42.85	77.39	106.79	136.01	178.25
三	基本预备费用	56.56	112.12	145.47	191.14	235.29
四	合计	527.88	1 046.46	1 357.74	1 783.97	2 196.00

表11-3 集输管道总投资估算表

序号	项　目	单　位	管径×壁厚				
			Φ60×3.5	Φ76×4	Φ89×4	Φ114×4	Φ159×5
一	管材耗量	t/km	4.940	7.210	8.510	11.010	19.270
二	工程费用	万元/千米	10.800	13.280	14.640	88.080	154.160
1	建筑费	万元/千米	2.160	2.240	2.240	17.600	25.520
2	安装费	万元/千米	8.640	11.040	12.400	14.960	2.640
2.1	预制管材费	万元/千米	5.760	7.520	8.800	11.040	22.880
三	其他费用	万元/千米	1.120	1.360	1.440	1.760	17.600
四	基本预备费用	万元/千米	1.440	1.760	1.920	2.320	2.560
五	合计	万元/千米	13.360	16.400	18.000	21.600	3.360
	吨管材静态投资	万元/千米	2.704	2.275	2.115	1.962	27.120

11.2.2　主要生产工程投资

主要生产工程：包括直接参加生产产品和中间产品的工艺生产装置、页岩气井场设施、页岩气地面集输管道和设施、页岩气处理设施、压裂返排液地面处理设施、页岩气长距离输送管道；储运工程包括装卸设施、场区工艺管网、火炬等。这里页岩气田地面主要生产工程指气田集气、页岩气处理、压裂返排液地面处理再利用三部分，不考虑页岩气外输设施及管道。

（1）气田集气

气田集气是指从井口到页岩气处理厂前的采集过程，气田集气主要包括收集、调压、分离、计量等功能。

（2）页岩气处理

页岩气处理是指对页岩气进行脱水、凝液回收的过程。

（3）压裂返排液地面处理再利用

压裂返排液地面处理再利用是指对压裂后返排废水进行净化处理并重复利用的过程。

11.2.3 公用及辅助生产工程投资

（1）公用工程　是指为全厂统一设置的公用设施工程项目。

① 给排水工程：包括循环水场、给排水泵房、水塔、水池、消防、给排水管网等。

② 供热工程：包括锅炉房、热电站、软化水处理设施及全厂热力管网。

③ 供电及电信工程：包括全厂变（配）电所、开闭所、电话站、广播站、微波站、全厂输电线路、场地道路照明、电信网络等。

④ 总图运输及建筑：总图包括厂区及竖向大型土石方、防洪、厂区路、桥涵、护坡、沟渠、铁路专用线、运输车辆、围墙大门、厂区绿化等；建筑指气田内站场的厂房等。

（2）辅助生产工程　是指为主要生产项目服务的工程项目包括集中控制室、中央试验室、机修、电修、仪修、汽修、化验、仓库工程等。

（3）服务性工程　是指为办公生产服务的工程。包括传达室、厂部办公楼、厂区食堂、医务室、浴室、哺乳室、倒班宿舍、招待所、培训中心、车库、自行车棚、哨所、公厕等。

（4）生活福利工程　是指为职工住宅区服务的生活福利设施工程，包括宿舍、住宅、生活区食堂、托儿所、幼儿园、商店、招待所、卫生所、俱乐部以及其他福利设施。

（5）厂外工程　是指建设单位的建设、生产、办公等直接服务的厂区以外的工程。包括水源工程、输水与排水管线、厂外输电线路、通信线路、输气线路、铁路专用线、公路、桥梁码头等。长距离输送管道工程及页岩气加工工程，可参照上述项目排列，按其主次内容另行划分。

（6）环境保护许可费用　环境许可和保护费用。

（7）废弃费用　一旦气井达到它的经济极限，根据国家规定该井将被填塞废弃。包括井场和道路等按要求恢复其原始植被和原貌或者达到土地所有者要求的状况，这些地面恢复所需要费用（回收大约需要几天，完全恢复则需要数年时间）称为废弃费用。

11.3　其他费用

其他费用是指应在工程建设中支付的而又不宜列入建筑、安装工程费用和设备及工器具购置费用项目内的费用。

1. 费用内容

（1）土地征用及拆迁补偿费　是指依据批准的设计文件规定的范围，按照《中华人民共和国土地管理法》等法律、法规规定，应支付的土地征用及拆迁补偿费用。

（2）建设单位管理费　是指建设项目从立项、筹建、设计、施工、生产准备、联合试运转、竣工验收交付使用等全过程所需的管理费用。

（3）研究试验和专有技术转让费。

（4）勘察设计费　是指为本建设项目提供项目建议书、可行性研究报告及勘察设计文件等所需费用。

（5）工程保险费　是指建设项目在建设期间根据需要，实施工程保险部分所需费用。

（6）供电贴费　指页岩气生产方向供电部门缴纳的供电贴费。

（7）办公及生活家具购置费　是指新建项目为保证初期正常生产、生活和管理所必需的或改、扩建项目需补充的办公、生活家具、用具等购置费用。

（8）生产准备费　是指新建企业或新增生产能力的企业，为保证竣工交付使用、正常生产而进行必要的生产准备所发生的费用。

(9) 引进工程其他费用　计算方法详见《石油建设引进工程概算编制办法》。

(10) 施工队伍调遣费。

(11) 联合试运转费　是指新建企业或新增加生产能力的工程，在竣工验收前按照设计规定的工程质量标准，对整个生产线或车间进行联合试运转所发生的支出大于试运转收入的差额部分费用。不包括应由设备安装工程费项下开支的调试费及试车费用。

(12) 场地准备及临时设施费。

2. 计算方法

对页岩气田，其他费用按工程费用的 10% ～ 15% 计算。

11.4　预备费用

预备费包括基本预备费和工程造价调整预备费。

11.4.1　基本预备费

基本预备费是指在初步设计及概算内难以预料的工程费用。

1. 费用内容

(1) 在批准的初步设计和概算范围内，技术设计、施工图设计及施工过程中所增加的工程和费用(如设计变更、局部地基处理等)。

(2) 由于一般自然灾害所造成的损失和预防自然灾害所采取的措施费用。

(3) 竣工验收时为鉴定工程质量对隐蔽工程进行必要开挖和修复的费用。

2. 计算方法

基本预备费一般以工程费用与其他费用之和(包括引进部分)乘以基本预备费费率来计算：

基本预备费=（工程费用+工程建设其他费用）×基本预备费费率（%）

基本预备费费率按国家及部门规定计算，视研究的深度取值，一般的项目建议书阶段取10%～15%，在初步设计阶段取7%～10%，外汇与人民币均须计取基本预备费用，并应按人民币、外汇分别列出。

11.4.2 工程造价调整预备费

工程造价调整预备费也称价差预备费，是指建设项目在建设期内由于政策、价格变化引起工程造价变化的预测预留费用。

1. 费用内容

工程造价调整预备费包括人工、设备、材料、施工机械价差；建筑安装工程费用及工程建设其他费用调整；利率、汇率调整等。

2. 计算公式

价差预备费的估算只限于国内购置的设备及安装和建筑工程所用材料，为简化计算，可将国内部分工程费用作为计算基数来计算，价差预备费估算方法：

$$C = \sum_{t=1}^{m} G_t[(1+X)^{n+1}-1]$$

式中 C——价差预备费；

n——自可行性研究报告评估意见上报至项目建设期前的年份数；

G_t——以编制可行性研究报告当年价格计算的国内部分工程费在建设期的分年费用；

m——建设期年份数；

t——建设期第t年；

X——设备、材料价格上涨指数。

式中的价格上涨指数X现阶段取值6%，将来国家有新规定时再进行调整，价格指数6%仅适用于可行性研究报告报审期及建设期的设备材料价格计算。

11.5 页岩气田地面工程建设投资估算

本节以较系统的列表来介绍页岩气主要生产工程投资明细，在实际应用中为方便计算，按具体设施的单价进行估算，由于没有具体产能规模和开发方案，表11-4～表11-7中只给出了工程量部分内容。

11.5.1 页岩气集气部分投资估算

表11-4 页岩气田集气系统主要工程量及投资明细表（部分）

序号	工程内容	单位	单价/万元	规模（数量）	投资/万元
一、主要生产工程					
1	气井井口装置	PCs			
2	单井站集气站	PCs			
2.1	加热炉	PCs			
2.2	三相分离器	PCs			
2.3	抑制剂注入器	PCs			
2.4	计量装置	PCs			
2.5	截断阀、节流阀、液位控制阀等	PCs			
2.6	……				
3	井组集气站	PCs			
3.1	加热炉	PCs			
3.2	三相分离器	PCs			
3.3	抑制剂注入器	PCs			
3.4	计量装置	PCs			
3.5	清管设施	PCs			
3.6	阀组（截断阀、节流阀、液位控制阀等）	PCs			
3.7	……				
4	单井集气管线	km			
5	集气干线	km			
二、公用工程					
5	自控设施	PCs			
7	供电及通信设施	PCs			
8	气田内部道路	km			
三、总投资					

11.5.2 页岩气处理部分投资估算

表11-5 页岩气处理系统主要工程量及投资明细表（部分）

序 号	工 程 内 容	单 位	单价/万元	规模（数量）	投资/万元
	页岩气总处理能力	10^8 m^3/a			
	一、主要生产工程				
1	脱水单元	PCs			
1.1	脱水装置	PCs			
1.2	进料过滤器	PCs			
1.3	三甘醇吸收塔	PCs			
1.4	气体-贫三甘醇换热器	PCs			
1.5	富三甘醇闪蒸罐	PCs			
1.6	活性炭过滤器	PCs			
1.7	三甘醇重沸器	PCs			
1.8	三甘醇贫-富液换热器	PCs			
1.9	三甘醇缓冲罐	PCs			
1.10	泵	PCs			
1.11	……				
2	凝液回收单元	PCs			
2.1	冷却器	PCs			
2.2	干燥器	PCs			
2.3	压缩机	PCs			
2.4	膨胀机	PCs			
2.5	换热器	PCs			
2.6	凝液分离器	PCs			
2.7	脱甲烷塔	PCs			
2.8	……				
3	增压单元	PCs			
3.1	分离器	PCs			
3.2	压缩机	PCs			
3.3	压力调节单元	PCs			
3.4	放空系统	PCs			
3.5	燃料气系统				
3.6	……				
4	站内工艺安装				

（续表）

序　号	工 程 内 容	单　位	单价/万元	规模(数量)	投资/万元
二、公用工程					
1	供电及通信				
2	给排水				
2.1	供水				
2.2	消防				
2.3	排水				
3	自控				
4	供热				
5	站内总图道路				
6	生产及办公土建部分				
三、总投资					

11.5.3　压裂返排液处理再利用部分投资估算

表11-6 压裂返排液处理再利用主要工程量及投资明细表（部分）

序　号	工 程 内 容	单　位	单价/万元	规模(数量)	投资/万元
	返排液总处理规模	104 m^3/a			
一、主要生产工程					
1	预处理单元				
1.1	气液分离设施	PCs			
1.2	气浮选设施	PCs			
1.3	活性炭吸附设施	PCs			
1.4	泵	PCs			
1.5	沉降罐	PCs			
1.6	过滤设施	PCs			
1.7	……				
2	脱除TDS单元				
2.1	阻垢剂注入器	PCs			
2.2	过滤器	PCs			
2.3	反渗透设施	PCs			

（续表）

序 号	工 程 内 容	单 位	单价/万元	规模(数量)	投资/万元
2.4	清水池	PCs			
2.5	脱气机	PCs			
2.6	蒸发器	PCs			
2.7	井水/浓缩水交换器	PCs			
2.8	……				
3	临时征地及总图				
4	工艺安装				
二、公用工程					
1	供电设施				
2	供水设施				
	……				
三、总投资					

11.5.4 页岩气地面工程投资估算

表11-7 页岩气田投资汇总表（万元）

工 程 费 用		
1	页岩气集气系统	
2	页岩气处理系统	
3	压裂返排液处理再利用系统	
4	辅助工程（集中控制室、中央试验室、机修、电修、仪修、汽修、化验、仓库等）	
5	服务性工程（生活营地及食堂等）	
6	生活福利工程	
5	厂外工程	
5.1	水源工程	
5.2	输水与排水管线	
5.3	厂外输电线路、通信线路	
5.4	厂外道路	
5.5	页岩气外输管道	

（续表）

工 程 费 用		
	……	
6	环境保护及安全生产设施	
7	废弃费用	
其他费		
预备费		
1	基本预备费	
2	工程造价调整预备费	
总投资		

11.5.5 页岩气开发成本案例分析

1. 美国页岩气开发成本分析

1）投资主体

中小公司推动美国页岩气产业。美国有8 000余家油气公司，85%的页岩气由中小公司生产。在高成本、低回报的压力下，中小型独立油气开发商的技术革新行动更为快捷，而大公司可以在长期性和财政稳定性上给予更多保证，因此出现了中小公司取得技术和产业突破，大公司则通过对中小公司进行收购和兼并参与市场的现象。有序的竞争机制，在页岩气勘探开发中具有显著的效果。

2）单井成本分析

在美国，就一口标准的页岩气气井而言，其生命周期可以大致分为八个阶段：取得采矿权、矿址建设、钻井、水力压裂、完井、产气、气井检查与维修、气井废弃。仅矿权使用费、钻井和水力压裂约占总成本的85%。

（1）取得矿权

在美国，探矿和采矿的企业首先需要和矿产所在土地的持有人协商签署矿产开采的合同，合同条款包括使用的土地面积，采掘的深度和宽度，收入的分成方式，自然资源（特别是地下水）的保护方式，开采完毕的废井处理等。此外，还需获得地方以及州政府的书面许可。该阶段属于法律环节，需要律师参与合同的签订，相关人工费用较大，可占据总开采费用的四分之一强。

（2）矿址建设

在建设矿井之前，需要选择合适的矿井位置，并铺设相应的基础设施。这一步骤包括：前期调查、设计井台的方位与布局、水资源规划（水储存方法、通过车辆或管道供水）、建设井台的运输通道和外部的道路、布置拖车、建设水池和防腐处理。

由于美国天然气管网发达，页岩气在开发后可以就近进入管道网向需求地区输送，大大降低了页岩气开发利用的成本；所以美国页岩气运输投资相对低。美国的页岩气资源临近于常规的油气田，开采商可利用现有的管网将页岩气输入市场，基础设施投资相对较小。

（3）钻井

每口井，包括垂直钻井和水平钻井部分，通常需要23～35天，其中5天用于安装设备，18～21天用于钻探。页岩气钻井步骤复杂，垂直和水平等钻井技术均需要较多组件，起到支持钻探装置、供应能量、处理钻井过程中固液废弃物的作用。

3）美国页岩气开发成本分析

美国页岩气远景成本6.3美元/千立方英尺（1.4元/立方米）。在表11-8中，我们以预计最终开采量（EUR）来估算美国页岩气单位成本。假设EUR天然气全部采出，并根据美国大陆48州气井的平均固定成本估算，得到美国全部可采页岩气的平均负担的单井固定资产成本为2.22美元/千立方英尺。根据前文提到的页岩气井成本比例，以矿权使用费等其他成本与固定资产成本比为35：65计算，美国页岩气的总成本是6.3美元/千立方英尺（1.4元/立方米）。这也意味着当前约2.3美元/千立方英尺（0.5元/立方米）的Henry Hub价格不能为页岩气带来盈利空间，在贫气地区开采的公司将陷入亏损。

4）美国四大页岩气区开发成本案例

四大页岩气区的成本为4～6美元/千立方英尺，盈亏平衡价格在5～9美元/千立方英尺之间。由于各个区域的地质条件不同，成本并不一致。Labyrinth咨询公司2012年一月发布的一项报告对四大页岩气区的盈亏平衡生产价格分别进行了测算。结果显示，四大地区的成本在3.93～6.42美元/千立方英尺之间，若以8%折现率计算出的盈亏平衡价格来计，新开发地区的页岩气最低成本为Marcellus 页岩气7.84美元/千立方英尺，最高为Barnett 页岩气8.75美元/千立方英尺。继续开发地区的页岩气最低成本为Fayetteville 页岩气5.06美元/千立方英尺，最高为Haynesville页岩气6.80美元/千立方英尺，总体而言在5～9美元/千立方英尺之间。表11-8为2010年美国四大页岩区开发参数和具体成本统计表。

表11-8 美国四大页岩区2010年成本统计表

参　数	Barnett	Marcellus	Haynesville	Fayetteville
技术可采储量/(tcf)	44	490	235	42
初产/(mmscfd)	2.47	4.23	9.88	1.87
第一年递减率/%	70	75	81	68
采收率/%	0.74	0.75	0.82	0.62
单井建井成本/(MM$)	2.80	3.50	7.00	3.00
固定成本/($/mcf)	1.39	1.12	1.44	1.64
勘探成本/($/mcf)	≤1.5	≤2	≤2	≤2
2010年开发总成本/($/mcf)	4～6.25，Avg：4.65			

2. 国内页岩气开发成本

1）投资主体

2）基础设施

中国天然气产业目前投资主体单一。按照现行规定和管理体制，中国油气矿业权主要授予中石油、中石化、中海油和延长油矿这四大石油企业。投资主体的单一化，制约了资源开发的市场竞争。国土资源部已有计划打破垄断地位，预计页岩气独立矿种地位的确立将带来更多的竞争鼓励政策。

中国的页岩气区主要位于中西部，但主要用气位于东部，输气距离较长。中国天然气管网设施建设起步晚，到2015年，国内天然气管道规划总长将接近10万千米。其中，主干道和支干线的建设将达到2.5～3万千米，支线建设将达到3.5～4万千米，管道的建设将减缓迅速上升的天然气需求对管输的压力，也将降低页岩气开发的运输成本。

由于输气管道的长度、经历的地势地貌、周围的生态环境、管输压力要求等因素各有不同，因此国内天然气管道建设单位投资额度差异较大。一般认为投资范围在每千米800～6 000万元，国内普遍投资额约在1 000～2 000万元/千米。

表11-9为国内西气东输1～4线长输管道投资案例，其中管道总投资中的分项投资按照美国2007年管道投资的结构进行计算（和实际可能存在差异，仅作参考）：压缩机站和设备投资约占28%，管线施工投资为35%，管材和管配件投资为21%，其他杂项为11%，施工用地费用占5%。

表11-9 国内天然气长输管道建设投资案例

序号	项　目	单　位	西气东输长输管道			
1	长输管道名称		西气东输1线	西气东输2线	西气东输3线	西气东输4线
2	输气能力	亿立方米/年	150	300	300	300
3	长输管道总长度	km	3 836	9 102	7 378	2 454
4	总投资	亿元	1 400	1 422	1 250	346.2
5	建设时间	年	2002～2004	2008～2009	2012～2014	准备阶段
6	长输管道单位投资	万元/千米	3 650	1 562	1 694	1 411
6.1	管材及管配件费用（21%）	万元/千米	766	328	356	296
6.2	压缩机站设备（28%）	万元/千米	1 022	437	474	395
6.3	管线施工费用（35%）	万元/千米	1 277	547	593	494
6.4	其他杂项费用（11%）	万元/千米	401	172	186	155
6.5	施工用地费用（5%）	万元/千米	182	78	85	71

3）开发现状及成本分析

根据国内规划目标的要求，我国页岩气在“十二五”期间以勘探开发为主，具体的商业化开采留到“十三五”中进行。这一方面是因为我国开采技术严重不足，需要一段时间与空间引入外方合作，学习技术并制造装备，另一方面相应的配套管网建设和LNG设施不足，整个行业处于发展起步期。表11-10为近年中石油和中石化页岩气开发的主要工程量和开发成本统计表。

序　号		中　石　油	中　石　化
1	2012年9月前		
1.1	完钻井/口	23	26
1.2	压裂井数/口	14	
1.3	总投资/亿元	40	23
2	2013年～2015年规划		
2.1	完钻井/口		253
2.2	建成产能规模/亿立方米		35
2.3	投资估算/亿元		215
3	2014年～2015年规划		
3.1	完钻井/口	154	
3.2	建成产能规模/亿立方米	25	
4	投资估算/亿元	112	
5	开发成本/元/立方米	4.48	6.14

表11-10　中石油和中石化页岩气开发成本统计表（数据来源于公开资料）

参考文献

[1] 斯伦贝谢.全球页岩气资源概况.油田新技术,2011,23(3).

[2] 卫秀芬.压裂酸化措施返排液处理技术方法探讨.油田化学,2007,24(4):384-388.

[3] 陈德强.高级氧化法处理难降解有机废水研究进展.环境保护科学,2005,31(132):20-23.

[4] 景小强,耿春香.胜利油田井下压裂废水处理研究.化工技术与开发,2008,37(6):36-38.

[5] 涂磊,王兵,杨丹丹.压裂返排液物理化学法达标治理研究.西南石油大学学报,2007,29(52):104-106.

[6] 杜贵君.油田压裂返排液处理技术实验研究.油气田环境保护,2012,22(4):55-57.

[7] 姜妛.电化学处理高浓度有机废水的研究进展.广东化工,2011,38(9):104-105.

[8] 刘秀宁,乐飞,汤捷.多维电催化+臭氧组合技术处理制药废水研究.医药工程设计,2011,32(2):61-62.

[9] 许剑,李文权,高文金.页岩气压裂返排液处理新技术综述.中国石油和化工标

准与质量,2013(12): 166-167.

[10] 迟永杰,卢志福. 压裂返排液回收处理技术概述. 油气田地面工程,2009,28(7): 89-90.

[11] 钱伯章,李武广. 页岩气井水力压裂技术及环境问题探讨. 天然气与石油,2013,31(1): 48-52.

[12] 顾家瑞. 美国多措并举控制页岩气开发环境污染. 石油和化工节能,2013(1): 45-47.

[13] 李允,诸林,穆曙光,等. 天然气地面工程. 北京: 石油工业出版社,2001.

[14] 苏建华,许可方,宋德琦,等. 天然气地面集输与处理.北京: 石油工业出版社,2004.

[15] 冯叔初,郭揆常,等. 油气地面集输与矿厂加工. 2版. 青岛: 中国石油大学出版社,2006.

[16] 沈琛. 污水处理工艺技术新进展. 北京: 中国石化出版社,2008.

[17] 赵彬林,张金辉. 石油石化废水处理技术及工程实例. 北京: 中国石化出版社,2013.

[18] Kennedy R L,等. 页岩气和致密气开发的相同点和不同点——北美开发经验和趋势. 石油科技动态,2012,总第324期: 50-73.

[19] Wilkson J D, et al. Improved NGL Recovery Designs Maximize Operating Flexibility and Product Recoveries. Proc. 71st GPA Annu.Conv., 1992:318-325.

[20] Lynch J T, et al. Argentine Plant Increases Capacity, Improves NGL Recoveries. Oil Gas J, 1997, 95(40): 74-79.

[21] 司光,林好宾,丁丹红,等. 页岩气水平井工厂化作业造价确定与控制对策. 天然气工业,2013,33(12): 163-167 .

[22] 刘文士,廖仕孟,向启贵,等. 美国页岩气压裂返排液处理技术现状及启示. 天然气工业,2013,33(12): 158-162.

[23] 岑康,江鑫,朱远星,等,美国页岩气地面集输工艺技术现状及启示. 天然气工业,2014,34(6): 102-110.

[24] GUARNONE M, ROSSI F, NEGRI E, et al.An unconventional mindset for shale

gas surface facilities. Journal of Natural Gas Science and Engineering, 2012, 23 (6):14–23.

[25] Kevin A, Lawlor, Michael C. Gas gathering and processing options for unconventional gas. 90th Annual Gas Processors Association Convention Proceedings, 4–6 March 2011, San Antonio, Texas, USA. San Antonio:GPA, 2011.

[26] Mancini F, Zennar R, Buongiorno N, et al. Surface facilities for shale gas: A matter of modularity, phasing and minimal operation: SPE Offshore Mediterranean Conference and Exhibition, Ravenna, Italy, 23–25 March 2011. New York: SPE, 2011.

[27] Guarnone M, Ciuca A, Rermond S. Shale gas:from unconventional subsurface to cost-effective and sustainable surface developments. Nanjing: Oil & Gas Symposium, 2010.

[28] 舟丹. 美国页岩气革命引发环保争议. 中外能源,2015,20(2): 40.

[29] 任玉琴, 桂红珍, 温礼琴, 等. 我国页岩气开发利用现状分析. 国土资源情报, 2014(12): 23–26.

[30] 向波, 曲月. 气田外输天然气水露点确定研讨. 天然气与石油,2005, 23(4): 16–18.

[31] Matthew E. V. Desiccants Reduce Dehydration Cost. American Oil Gas Reporter, 1997, (40)(Mar): 84–91.

[32] 马卫峰, 张勇, 李刚, 等. 国内外天然气脱水技术发展现状及趋势. 管道技术与设备, 2011(6): 50–51.

[33] 刘凯, 马丽敏, 邹德福, 等. 清管器应用技术的发展. 管道技术与设备, 2007(5): 41–42.

[34] 金朝文. 输气管道清管球速度控制. 天然气与石油, 2009, 27(1): 31–35.

[35] 罗勤, 许文晓, 高军, 等. 国际标准化组织天然气技术委员会ISO/TC 193第18届年会情况报告. 石油与天然气化工, 2007, 36(5): 423–426.

[36] 罗勤, 李晓红, 许文晓. 国际标准《ISO 13686天然气质量指标》修订浅析. 石油

与天然气化工,2010,39(1): 68-70.

[37] 陈赓良,朱利凯. 天然气处理与加工工艺原理及技术进展. 北京: 石油工业出版社,2010.

[38] 孙景齐,董永生,闫亮. 天然气脱水新工艺探讨. 轻工设计,2011(5): 60-61.

[39] 谢滔,宋保建,闫蕾,等. 国内外天然气脱水工艺技术现状调研. 科技创新与应用,2012(21): 48-49.

[40] 刘刚. 天然气凝液回收技术发展现状. 油气田地面工程,2008,27(5): 1-2.

[41] 崔雷,吴海平. 天然气轻烃回收工艺发展的探讨. 化工技术(中国石油和化工标准与质量),2012(4): 54.

[42] 王遇东,王璐. 我国天然气凝液回收工艺的近况与探讨. 石油与天然气化工,2005,34(1): 11-13.

[43] 诸林. 天然气加工工程. 2版. 北京: 石油工业出版社,2008: 229-267.

[44] 刘龙伟. 浅析轻烃回收制冷工艺的选择. 才智,2012(8): 64.

[45] 张东华,汤颖,郭亚冰,等. 轻烃回收不同制冷工艺的技术分析. 石油化工应用,2014,33(5): 80-85.

[46] 靳朝霞,高铭志. 天然气压缩机的选型和应用. 石油和化工设备,2012(5): 23-25.

[47] 薛爱芹,李延宗,张莹. 煤层气田集气站压缩机选型及驱动方式比较. 煤气与热力,2011,31(9): 36-38.

[48] 李模刚. 谈油田地面工程建设项目初步设计安全专篇. 油气田地面工程,2008,27(3): 34-35.

[49] 葛秀珍. 页岩气开发技术及其对环境的潜在影响. 中国人口·资源与环境,2014,24(3): 260-263.

[50] Shindell D T, Faluvegi G, Koch D M, et al. Improve Attribution of Climate Forcing to Emission. Science,2009,326(5953): 716-718.

[51] Howarth R W, Santoro R, Ingraffea A. Methane and the Greenhouse — gas Footprint of Natural Gas from Shale Formations. Climatic Change, 2011, 106(4): 679-690.

[52] 肖钢,白玉湖. 基于环境保护角度的页岩气开发黄金准则. 天然气工业,2012,32(9): 98-101.

[53] 王玲,熊永生. 水平井压裂技术下的页岩气开发环境影响研究. 生态经济,2013(12): 118-120.

[54] Warner N R, Christie C A, Jackson R B, et al. Impacts of Shale Gas Wastewater Disposal on Water Quality in Western Pennsylvania. Environmental Science & Technology, 2013, 47(20): 11849-11857.

[55] 王熹, 王湛, 杨文涛, 等. 中国水资源现状及其未来发展方向展望. 环境工程,2014(7): 1-5.

[56] 张徽, 周蔚, 张杨, 等. 我国页岩气勘查开发中的环境影响问题研究. 环境保护科学,2013,39(4): 133-135.

[57] 夏玉强, Marcellus. 页岩气开采的水资源挑战与环境影响. 科技导报,2010,28(18): 103-110.

[58] 张建良,黄德林. 我国页岩气开发水污染防治法制研究——对美国相关法制的借鉴. 中国国土资源经济,2015,28(18): 60-63.

[59] 苟建林,张吉军. 天然气勘探开发项目综合环境影响评价指标体系研究. 资源开发与市场,2012,28(6): 523-528.

[60] 孙仁金,汪振杰. 页岩气开发综合环境影响评价方法. 天然气工业,2014,34(12): 135-141.

[61] 郭旭升. 涪陵页岩气田焦石坝区块富集机理与勘探技术. 北京: 科学出版社,2014.